21 世纪高等学校精品规划教材

JSP 程序设计实用教程

（第二版）

主　编　梁建武

副主编　何英姿　陈语林　赵　晶

中国水利水电出版社
www.waterpub.com.cn

内 容 提 要

本书按易学、易懂、易掌握的原则，结合 JSP 内部知识体系，由浅入深、循序渐进地介绍了如何用 JSP 进行 Web 动态网站的开发和基于 B/S 的网上教学系统的规划、设计、代码编制、调试。全书共 11 章，从 JSP 基础开始，到 Web 页面制作基础、语法、JSP 中的内置对象、Web 数据库开发、JavaBean 的应用、文件操作、综合实例等，循序渐进地对 JSP 进行了全面的介绍。

本书内容丰富、讲解清晰，在讲解过程中力避代码复杂冗长。简短的实例特别有助于初学者仿效理解、把握问题的精髓和对应用程序框架的整体认识；综合实例为读者开发大型的应用程序提供经典范例。本书的创新之处在于为读者提供了开发的过程，而不局限于每个知识点。

本书可作为高等院校计算机或相关专业的教材，也可供广大工程技术人员学习参考。

本书源代码和电子教案可到中国水利水电出版社或万水书苑网站上免费下载，网址为 http://www.waterpub. com.cn/softdown/或 http://wsbookshow.com。

图书在版编目（CIP）数据

JSP程序设计实用教程 / 梁建武主编. -- 2版. -- 北京 : 中国水利水电出版社, 2013.12
21世纪高等学校精品规划教材
ISBN 978-7-5170-1600-7

Ⅰ. ①J… Ⅱ. ①梁… Ⅲ. ①JAVA语言－网页制作工具－高等学校－教材 Ⅳ. ①TP312②TP393.092

中国版本图书馆CIP数据核字(2013)第317497号

策划编辑：雷顺加　责任编辑：李　炎　加工编辑：史永生　封面设计：李　佳

书　名	21 世纪高等学校精品规划教材 JSP 程序设计实用教程（第二版）
作　者	主　编　梁建武 副主编　何英姿　陈语林　赵　晶
出版发行	中国水利水电出版社 （北京市海淀区玉渊潭南路 1 号 D 座　100038） 网址：www.waterpub.com.cn E-mail：mchannel@263.net（万水） sales@waterpub.com.cn 电话：（010）68367658（发行部）、82562819（万水）
经　售	北京科水图书销售中心（零售） 电话：（010）88383994、63202643、68545874 全国各地新华书店和相关出版物销售网点
排　版	北京万水电子信息有限公司
印　刷	北京泽宇印刷有限公司
规　格	184mm×260mm　16 开本　19.25 印张　473 千字
版　次	2007 年 5 月第 1 版　2007 年 5 月第 1 次印刷 2013 年 12 月第 2 版　2013 年 12 月第 1 次印刷
印　数	0001—4000 册
定　价	35.00 元

前　言

JSP 是当前主流的 Web 开发技术，它是一种基于 Java 的服务器语言。由于 JSP 的强大功能和显著优势，JSP 技术已经成为网络时代的宠儿。应用 JSP 技术不仅能制作出具有各种功能的 Web 页面，还能开发基于 B/S 结构的大型软件系统，如 MIS、ERP 系统等。

本书第 1 章介绍 JSP 的基本概念和开发环境的配置，以及一些常用开发工具，还介绍了 Web 应用程序的工作原理以及 B/S、C/S 等软件编程体系结构，同时在第一版的基础上更新了开发环境版本。第 2 章介绍 Web 网页的基础知识——HTML 语言以及 CSS 层叠样式表，同时还介绍了网页制作工具 Dreamweaver 的配置和使用。第 3 章介绍开发动态网页的脚本语言 JavaScript 和 JSP 必备语言 Java，并将这两种语言进行简要的比较。从第 4 章到第 8 章详细介绍 JSP 语法，其中包括 JSP 基本语法、JSP 内置对象、JSP 与数据库开发、JavaBean 的使用、JSP 与文件操作等，并通过实例和习题让读者深化理解和巩固要点。其中第 6 章删除了第一版中内容比较过时的 Access 数据库内容。第 9 章和第 10 章分别对两个大型系统进行实例分析，带领读者学习基于 JSP+JavaBean 开发模式的 JSP 应用技术。这两章都从系统的总体设计起步，讲述了系统数据库设计以及各功能模块的具体设计，对应第 6 章数据库内容，第 9 章把上一版本使用的 Access 数据库改成目前更为流行的 SQL Server 数据库，与上一版不同的是，第 9 章源代码单独作为一个项目从整本书的项目代码中分离。为了减少篇幅，把少量类似的功能模块留给读者自己完成，读者可以参照中国水利水电出版社网站上的代码。第 11 章对 JSP 程序设计进行总结与展望，介绍了 Servlet 技术、MVC 模型、Java 对象持久化技术等开发大型系统所应掌握的知识以及简单介绍现在广泛使用的 SSH 框架知识。此外，在各个章节对第一版都有更新、删除、完善，如图片印刷出来看不清楚的问题，语言逻辑错误问题等。

本书的最大特点在于对 JSP 中的每个知识点都精心编排了必要的实例。通过对实例的学习，读者会对所学知识有更深的理解，并能更全面地掌握用 JSP 开发 Web 动态网站、B/S 结构的大型软件等系统的思路、技巧和体系。

本书深入浅出、循序渐进、选材适当、结构严谨，所有界面和代码都通过了编者的验证调试，同时本书配有完整代码，读者可到中国水利水电出版社网站 http://www.waterpub.com.cn/softdown/或万水书苑 http://wsbookshow.com 上下载。

本书不仅可以作为高等院校或相关专业的教材，也可以作为 Web 技术开发人员的参考书。

本书由梁建武担任主编，何英姿、陈语林、赵晶担任副主编。各章主要编写人员分工如下：梁建武负责全书的体系结构并编写了第 3、4、6、7、10 章及全书统稿，何英姿负责全书的稽核并编写了第 8、9、11 章，陈语林编写了 1、5 章，赵晶编写了第 2 章。此外，参与本书编写工作的还有程浩辉、李洪臣、陈语林、张雷、杜伟、付世凤、何志斌、刘军军、李华伟、谭海龙、文拯等。

本书编写过程中，得到了许多专家和同仁的热情帮助和大力支持，还得到中国水利水电出版社万水分社的领导和编辑的指导与帮助，谨此向他们表示最真挚的感谢！

由于计算机技术发展十分迅速以及作者水平所限，加之时间仓促，书中疏漏和错误在所难免，敬请广大读者批评指正。

编者　于中南大学

2013 年 9 月

目　　录

第1章　JSP和Web应用程序

JSP是一种开发Web应用程序的新技术。自发布以来，它一直受到密切的关注。为什么JSP发展如此迅猛，原因之一是它基于Java技术，而Java极适合企业级计算。另一个原因在于JSP支持强大的Web应用程序开发模式，它可以把外观呈现与处理过程分隔开来，使得擅长图形制作、布局的网页设计师与精通服务器端技术（例如多线程资源池、数据库和高速缓存）的程序员能够协调地工作。尽管其他一些技术也支持类似的开发模式，例如ASP、PHP和ColdFusion，但它们当中没有一种能具备JSP的所有优点。

- JSP概述
- JSP开发环境的配置
- JSP常用开发工具
- Web应用程序
- 软件编程体系

通过学习以上内容，读者要初步了解动态网站开发的相关技术。

1.1　JSP概述

JSP（Java Server Pages）是由Sun公司于1999年6月在Java语言基础上开发出来的一种动态网页制作技术，在Sun正式发布JSP之后，这种新的Web应用开发技术很快引起了人们的关注。

1.1.1　什么是JSP

网络技术日新月异，细心的网友会发现许多网页文件扩展名不再只是".htm"、".html"，还有".jsp"、".asp"等，这些网页都是采用动态网页技术制作出来的。

早期的动态网页主要采用CGI技术，但由于编程困难、效率低下、修改复杂，所以有逐渐被新技术取代的趋势。目前颇受关注的几种新技术有JSP、PHP（Hypertext Preprocessor）和ASP（Active Server Pages）。

JSP是一种动态网页技术标准，在传统的网页HTML文件（*.htm，*.html）中加入Java程序片段和JSP标记（tag），就构成了JSP网页（*.jsp）。Web服务器在遇到访问JSP网页的请求时，首先执行其中的程序片段，然后将执行结果以HTML的形式返回给客户。程序片段可以操作数据库、重新定向网页等，这就是建立动态网站所需要的功能。所有程序操作都在服务器端执行，网络上传送给客户端的仅是得到的结果，对客户浏览器的要求很低，可以实现无

Plugin，无 ActiveX，无 Java Applet，甚至无 Frame。

注意：动态网站并不是指具有“动态效果”的网站，而是指网站的底层信息会不断变化，例如实时显示更新的天气、新闻等信息。

1.1.2 JSP 的优点

JSP 技术在多个方面加速了动态 Web 页面的开发，它具有很多优点。

首先，它将 Web 页面设计工作与服务器逻辑设计工作分离。使用 JSP 技术，Web 页面开发人员可以使用 HTML 或者 XML 标识来设计和格式化最终页面；使用 JSP 标识或者小脚本来生成页面上的动态内容。生成内容的逻辑被封装在标识和 JavaBean 组件中，并且捆绑在小脚本中，所有的脚本在服务器端运行。如果核心逻辑被封装在标识和 Bean 中，那么其他人，如 Web 管理人员和页面设计者，能够管理和编辑修改 JSP 页面，而不影响内容的生成。在服务器端，JSP 引擎解释 JSP 标识和小脚本，生成所请求的内容（例如，通过访问 JavaBean 组件，使用 JDBC TM 技术访问数据库，或者包含文件），并且将结果以 HTML（或者 XML）页面的形式发送回浏览器。这有助于作者保护自己的代码，而又保证任何基于 HTML 的 Web 浏览器的完全可用性。

其次，强调可重用的组件。绝大多数 JSP 页面依赖于可重用的、跨平台的组件（JavaBean 或者 Enterprise JavaBean TM 组件）来执行应用程序所要求的更为复杂的处理。开发人员能够共享和交换执行普通操作的组件，或者使得这些组件为更多的使用者或者客户团体所使用。基于组件的方法加速了总体开发过程，并且使得各种组织在他们现有的技能和优化结果的开发努力中得到平衡。

最后，采用标识简化页面开发。Web 页面开发人员不会都是熟悉脚本语言的编程人员。JSP 技术封装了许多功能，这些功能可以在 XML 标识中进行动态内容的生成。标准的 JSP 标识能够访问和实例化 JavaBean 组件，设置或者检索组件属性，下载 Applet，以及执行用其他方法更难于编码和耗时的功能。

1.2 JSP 开发环境的配置

要学习 JSP 开发，必须先搭建一个符合 JSP 规范的开发环境。Sun 推出的 JSP 是一种执行于服务器端的动态网页开发技术，它基于 Java 技术。执行 JSP 时需要在 Web 服务器上架设一个编译 JSP 网页的引擎。配置 JSP 环境可以有多种途径，但主要工作就是安装和配置 Web 服务器和 JSP 引擎。本书以实用为原则，介绍了以 JDK+Tomcat 配置 JSP 环境的方法。

（1）JDK。Java 的软件开发工具，是 Java 应用程序的基础。JSP 是基于 Java 技术的，所以配置 JSP 环境之前必须要安装 JDK。本书使用的版本是 JDK 1. 7。

（2）Tomcat 服务器。Tomcat 服务器是 Apache 组织开发的一种 JSP 引擎，本身具有 Web 服务器的功能，可以作为独立的 Web 服务器来使用。同时该软件也是免费的，对于初学者来说，Tomcat 是一个很不错的选择。本书使用的版本是 Tomcat 7.0。

以上的软件都可以到 Sun 公司的网站免费下载。

1.2.1 JDK 的安装和配置

下载好 JDK，单击安装，选择好安装路径，正确安装在计算机上。安装完成后右击桌面上的“我的电脑”，选择“属性”，然后选择“高级”里面的“环境变量”，在打开的界面中需要设置三个系统变量 JAVA_HOME、Path、CLASSPATH。在没安装过 JDK 的环境下，Path 变量是本来存在的，而 JAVA_HOME 和 CLASSPATH 并不存在，需要新建。

（1）新建一个系统变量，变量名为 JAVA_HOME，顾名思义该变量的作用就是声明 Java 的安装路径，笔者的安装路径为“D:\Program Files\Java\jdk1.7.0_09”。新建 JAVA_HOME 变量，如图 1.1 所示。

（2）在系统变量里面找到 Path，然后单击“编辑”，Path 变量的含义就是系统在任何路径下都可以识别 Java 命令，在其变量值处填入“%JAVA_HOME%\bin”，修改 Path 变量，如图 1.2 所示。

图 1.1　新建 JAVA_HOME 变量截图

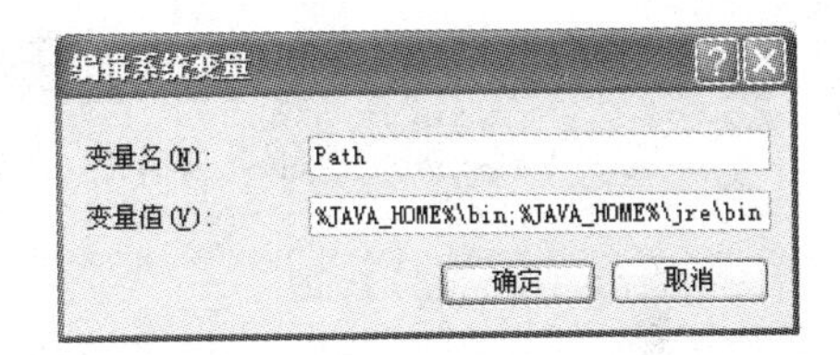

图 1.2　修改 Path 变量截图

（3）再新建一个系统变量，变量名为 CLASSPATH，该变量的含义是为 Java 加载类（class or lib）路径，只有将类加载在 CLASSPATH 中，Java 命令才能识别。其值为“.;%JAVA_HOME%\lib\tools.jar;”，新建 CLASSPATH 变量，如图 1.3 所示。

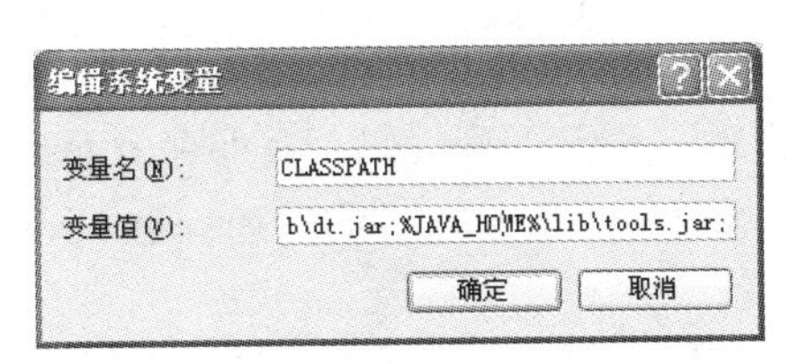

图 1.3　新建 CLASSPATH 变量截图

以上三个变量设置完毕，则单击“确定”按钮直至属性窗口消失，接下来是验证安装是否成功。先打开“开始”→“运行”，输入 cmd，进入 DOS 系统界面。然后输入 java -version 命令，如果安装成功，系统会显示 java version "1.7.0_09"（不同版本号则显示不同）。显示界面如图 1.4 所示。

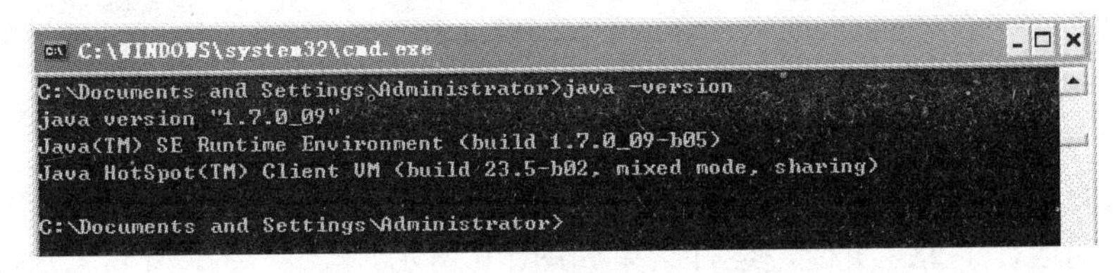

图 1.4　显示版本信息截图

1.2.2　Tomcat 的安装与配置

下载并安装 Tomcat，读者可自行选择安装路径，笔者的安装路径为 D:\Tomcat。安装程序会自动搜索 JDK 的安装路径，如果没有正确显示，则可以手工修改，同时访问端口号也可以更改，默认是 8080。接下来就开始拷贝文件了，成功安装后，程序会提示启动 Tomcat 并查看

readme 文档。

如果下载的是 zip 压缩包格式的，直接解压缩到 D:\Tomcat（当然也可以是其他目录），并且按照前面设置系统环境变量的方法设置新的系统环境变量 TOMCAT_HOME，值为安装路径 D:\Tomcat。默认访问端口是 8080，如果想改动，可以在文件夹 conf 下找到 server.xml 文件，用记事本打开，查找到 8080，然后改成你想设置的端口号即可。

至此安装与配置都已完成，重启计算机，在 Tomcat 的安装文件夹 bin 里找到 startup.bat 文件，双击即可启动 Tomcat，打开浏览器输入 http://localhost:8080（如端口更改，则将 8080 改成你所更改的数字，下同）即可看到 Tomcat 的相关信息，如果不能打开如图 1.5 所示的页面，则表示没有正确配置。

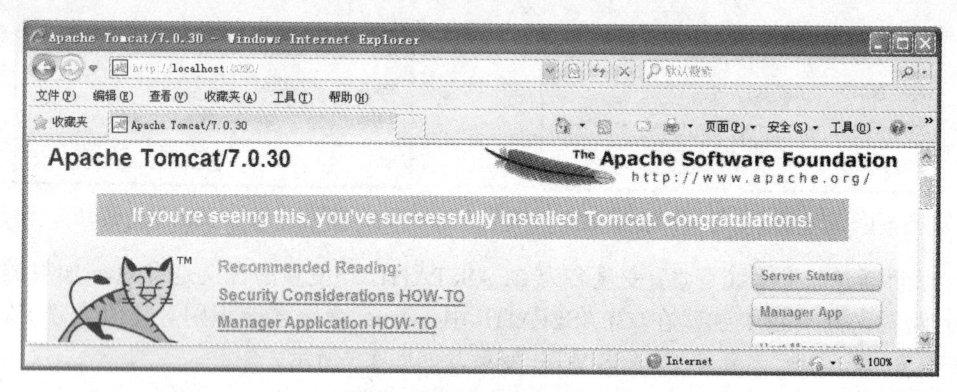

图 1.5 Tomcat 欢迎页面

打开文本编辑器，如记事本，输入下列代码，并保存为 test.jsp（注意扩展名为.jsp）。

```
<%@ page contentType="text/html; charset=gb2312" language="java" errorPage="" %>
<html>
<head>
<meta http-equiv="Content-Type" content="text/html; charset=gb2312" />
<title>JSP 测试页面</title>
</head>
<body>
<**输出字符串"Hello World!"*>
<%out.println("<h1> Hello World! </h1>");%>
</body>
</html>
```

把 test.jsp 放在 D:\Tomcat\webapps\目录下，在地址栏中输入 http://localhost:8080/ test.jsp，如果浏览器中显示“Hello World！”，则说明已经成功运行了 JSP 页面，运行结果如图 1.6 所示。

图 1.6 JSP 测试页面

1.2.3 Tomcat 的目录结构

/bin——存放 Tomcat 的脚本文件。

/conf——存放 Tomcat 的配置文件。

/server 有三个子目录 classes，lib，webapps：

/server/lib——存放 Tomcat 所需要的各种 jar 文件（不能被其他 Web 服务器访问）。

/server/webapps——存放 Tomcat 两个自带 Web 应用——admin 应用和 manager 应用。

/common/lib——存放 Tomcat 服务器以及所有 Web 应用都可以访问的 jar 文件。

/shared/lib——存放所有 Web 应用都可以访问的 jar 文件（不能被 Tomcat 访问）。

/logs——存放 Tomcat 日志文件。

/webapps——当发布 Web 应用时，默认情况下把 Web 文件夹放于此目录下。

/work jsp——生成的 servlet 放置在此目录下。

注意：在每个 Web 应用下/wen-inf/lib 下也可以放 jar 文件，但只对当前应用有效。

由于 Tomcat 本身具有 Web 服务器的功能，因此不必安装 Apache。但其处理静态 HTML 页面的速度比不上 Apache，且其作为 Web 服务器的功能远不如 Apache，因此通常把 Apache 和 Tomcat 集成起来，用 Apache 充当 Web 服务器，而 Tomcat 作为专用的 JSP 引擎。这种方案的配置比较复杂，但是能让 Apache 和 Tomcat 完美整合，实现强大的功能。有兴趣的读者可以查看相关资料进行设置。

1.3　JSP 常用开发工具

JSP 引擎搭建起来后就可以着手使用开发工具进行 JSP 的编程了，现下流行的 JSP 开发工具主要有 Eclipse、JBuilder、NetBeans、EditPlus、UltraEdit、Dreamweaver 等。最简单的方法是用记事本创建 JSP 文件，然后将文件拷贝到 Webapps 目录下运行。本节主要介绍 EditPlus、Eclipse 两种工具的一些基本情况，在第 2 章中再详细介绍 Dreamweaver，实际开发时可以参照其各自的特点，结合自身开发环境选择合适的开发工具。

1.3.1　EditPlus

EditPlus 是一款功能非常强大的文本编辑工具，它支持自定义工具组、自定义文件类型等功能，对于从事程序设计和网页制作的工作者实在是不可或缺！

EditPlus、UltraEdit、Notepad、记事本等是很多高手至今坚持使用的开发工具，其中 EditPlus 最为方便，可以只把它当作高彩显示代码的工具。EditPlus 支持 HTML、CSS、PHP、ASP、JSP、Perl、C/C++、Java、JavaScript 和 VBScript 的语法加亮，还可以自己扩展定制。不仅如此，EditPlus 经过设置后还能直接编译和运行 Java 等程序，读者可以在网上查阅相关的资料。

EditPlus 的运行界面如图 1.7 所示。

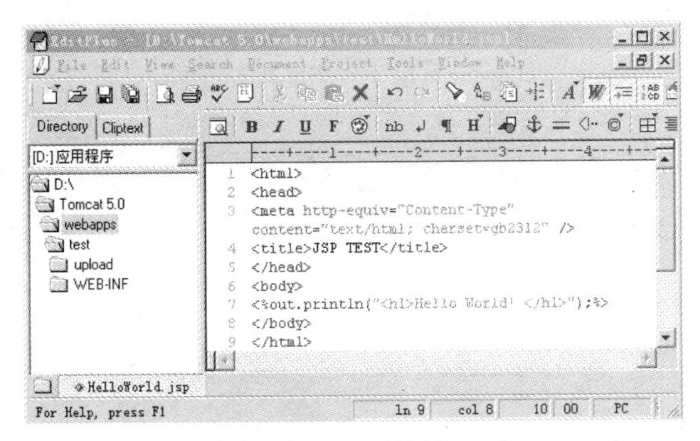

图 1.7　EditPlus 的运行界面

1.3.2 Eclipse

目前 Java 开发领域的各种集成开发环境（IDE）呈现出百花齐放的局面，在所有的 IDE 中，Eclipse 可以说是最有发展前途的产品之一。Eclipse 是一个开放的开发平台，通过插件系统，可以拥有几乎无限的扩展能力，因此越来越多的程序员使用它来开发程序。鉴于本书讲述的是 JSP 的开发，因此将重点讲述怎样使用 Eclipse 开发 JSP。

首先，下载 Eclipse 的 Win32 安装文件，官方网站 http://www.eclipse.org/提供了较新版本的下载（读者可根据自己需求下载），直接运行 eclipse.exe，程序会自动找到 JDK 并完成相应的配置。下载 Sysdeo Eclipse Tomcat 6.x，它是 Tomcat 在 Eclipse 上的一个插件，一直以来用它做 Eclipse 下 Tomcat 的启动开发平台，解压 TomcatPluginV31beta.zip 到 Eclipse 安装目录下的 plugins 目录中。

下面开始配置 Eclipse。

（1）启动 Eclipse。

（2）打开菜单 Window→Preferences。

（3）在左侧选择 Tomcat，可以看到右侧出现一些表单。

（4）Tomcat Version 选择 Version 6.0.x，Tomcat Home 选择 Tomcat 的安装路径，Configuration File 中会自动填入 Tomcat 的配置文件 server.xml。

（5）展开左侧的 Tomcat 菜单，选择 JVM Settings，JRE 选择 Detected VM，单击 Apply 后单击 OK。

（6）工具栏中应该多了一个小猫的图标，如果没有的话，选择菜单 Window→Customize Perspective，展开 Other 选项，在 Tomcat 上打勾即可。

（7）单击 Start Tomcat 按钮，Tomcat 便在控制台中启动了。

运行界面如图 1.8 所示。

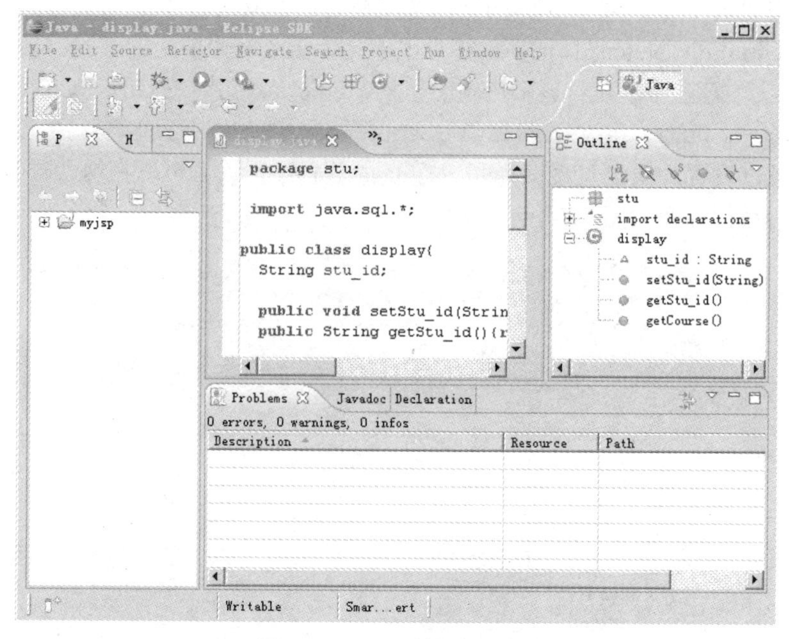

图 1.8　Eclipse 的运行界面

1.4　Web 应用程序

前面的几节中已经使用过 Web 应用程序术语，其所指的既不是一个真正意义上的 Web 网站，又不是一个传统的应用程序。换句话说，它是一些 Web 网页和用来完成某些任务的其他资源的一个集合。这些网页存储在 Web 服务器上，其部分内容或全部内容是未确定的。只有当用户请求 Web 服务器中的某个页面时，才确定该页的最终内容。页面内容基于用户的操作，随请求的不同而变化，这种页面称为动态页面，反之则称为静态页面。因而 Web 应用程序是一组静态和动态 Web 页的集合。

静态页面是指服务器接收到请求后，Web 服务器直接将该页发送到浏览器，不对其进行修改。相反，将动态页面发送到浏览器之前，服务器将对该页进行修改。例如，读者可以设计一个页面来显示学生名单，而这些信息（例如学生姓名和结果）在接到请求时根据查询条件再确定。

建立 Web 应用程序是为了解决多种问题，Web 应用程序的一般用途如下：

（1）用户可以快速方便地在一个内容丰富的 Web 站点上查找信息。

（2）收集、保存和分析用户提供的数据。

（3）对内容不断变化的 Web 站点进行更新。

1.4.1　Web 应用程序的工作原理

1．处理静态页面的工作原理

一般的 Web 站点由一组相关的 HTML 页面和文件组成，这些页面和文件保存在运行 Web 服务器的计算机上。当用户在执行某些操作时，如单击 Web 页上的某个链接、在浏览器中选择一个书签、或在浏览器的“地址”文本框中输入一个 URL 并单击“转到”时，便生成一个页面请求。

静态页面的内容由网页设计人员确定，当接到请求时，内容不发生更改。页面的每一行代码都是在将页面放置到服务器之前由设计人员编写好的。严格来说，“静态”页可能不是完全静态的。例如，鼠标经过一个图像或一个 Flash 影片可以使静态页活动起来。但是，本系统所说的静态页面是指发送到浏览器时不进行修改的页面。

当 Web 服务器接收到对静态页的请求时处理流程如图 1.9 所示。

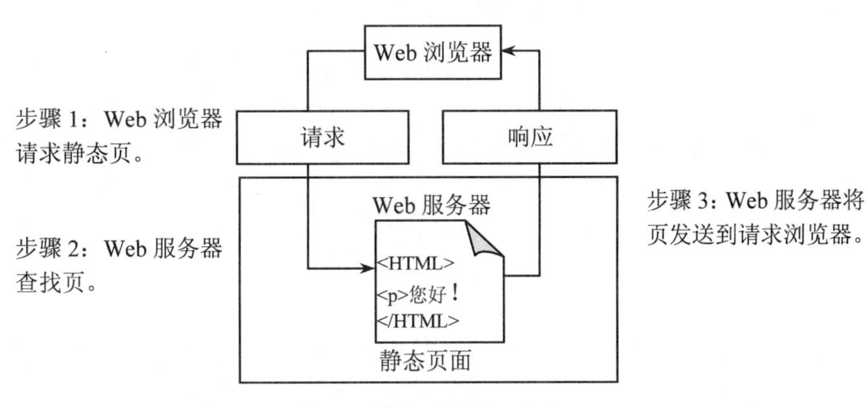

图 1.9　静态页面处理流程

2. *处理动态页面的工作原理*

当 Web 服务器接收到对常规 Web 页的请求时，服务器将该页发送到请求浏览器，而不进行进一步的处理。当 Web 服务器接收到对动态页的请求时，它将做出不同的反应，将该页传递给一个负责完成页面的特殊软件扩展，这个特殊软件叫作应用程序服务器。

应用程序服务器读取页上的代码，根据代码中的指令完成页面，所得的结果将是一个静态页，应用程序服务器将该页传递回 Web 服务器，然后 Web 服务器将该页发送到浏览器。当该页到达时，浏览器得到的全部内容都是纯 HTML，处理流程如图 1.10 所示。读者可以通过浏览器查看源文件得到该 HTML 文件。

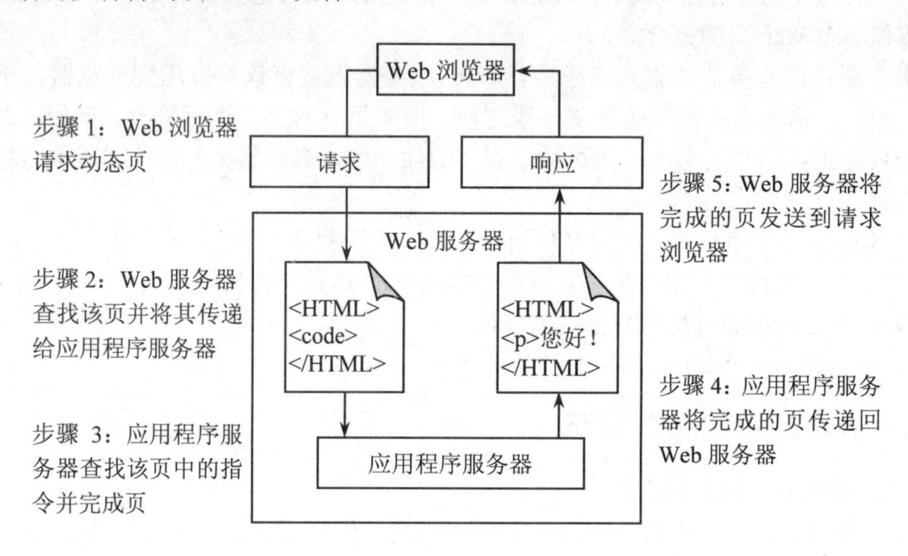

图 1.10 动态页面处理流程

JSP 页面的执行过程是通过 JSP 引擎把 JSP 标记符、JSP 页中的 Java 代码甚至连同静态 HTML 内容都转换为大块的 Java 代码，JSP 引擎和 JDK 在这里充当应用程序服务器的角色。这些代码块被 JSP 引擎组织到用户看不到的 Java Servlet 中去，然后 Servlet 自动把它们编译成 Java 字节码。这样，当网站的访问者请求一个 JSP 页时，在他不知道的情况下，一个已经生成的、预编译过的 Servlet 实际上将完成所有的工作。JSP 引擎将该页传回 Web 服务器，然后 Web 服务器将该页发送到浏览器。这整个过程对用户而言是透明的。

1.4.2 Web 服务器和应用程序服务器

Web 服务器专门处理 HTTP 请求，一般通过浏览器。而应用程序服务器是通过很多协议来为应用程序提供事务逻辑处理，提供的是客户端应用程序可以调用的方法。

Web 服务器可以解析 HTTP 协议。当 Web 服务器接收到一个 HTTP 请求时，会返回一个 HTTP 响应，例如送回一个 HTML 页面。为了处理一个请求，Web 服务器可以响应一个静态页面或图片，进行页面跳转。把动态响应的产生委托给一些其他的程序，如 CGI 脚本、JSP 脚本、ASP 脚本、服务器端 JavaScript，或者一些其他的服务器端技术。无论它们的目的如何，这些服务器端的程序通常产生一个 HTML 的响应来让浏览器浏览。

Web 服务器的代理模型非常简单。当一个请求被送到 Web 服务器时，它只单纯地把请求传递给可以很好地处理请求的程序（服务器端脚本）。Web 服务器仅仅提供一个可以执行服务器端程序和返回响应的环境，而不会超出职能范围。而服务器端程序通常具有事务处理、数据库连接和消息发送等功能。

应用程序服务器是一种软件框架，提供一个应用程序运行的环境。用于为应用程序提供安全、数据、事务支持、负载平衡、大型分布式系统管理等服务。

应用程序服务器的客户端可能会运行在一台 PC、一个 Web 服务器甚至是其他的应用程序服务器上。

另外，现在大多数应用程序服务器也包含了 Web 服务器，这就意味着可以把 Web 服务器当作是应用程序服务器的一个子集。虽然应用程序服务器包含了 Web 服务器的功能，但是开发者很少把应用程序服务器部署成这种功能。相反，如果需要，他们通常会把 Web 服务器和应用程序服务器独立配置。这种功能的分离有助于提高性能，而且给最佳产品的选取留有余地。

1.5　软件编程体系

软件编程体系主要分两种，一种是基于浏览器的 B/S（Browser/Server）结构，另一种是 C/S（Client/Server）结构。现今市面上主流技术研发企业和用户对“B/S”和“C/S”技术谁优谁劣、谁代表技术潮流发展等问题争论不休。因此本节就此两项技术发展变化和应用前景做些探讨，供读者参考。

1.5.1　C/S 和 B/S

1. 什么是 C/S 结构

C/S 结构，简单地说就是传统意义上拥有客户端和服务器端的网络软件或系统，即两层架构模型。传统开发环境有 VB 或 VC 等语言，随着 Java 体系以及.NET 体系的发展，目前更流行后两种编程体系。通过在客户端安装应用程序，它可以充分利用两端硬件环境的优势，将任务合理分配到客户端和服务器端来实现，服务器与本地用户数据交互方便，同时也方便控制客户端。不过这种机制要求每个用户都安装客户端，相比而言比较繁琐，同时对于跨平台的操作系统不能很好实现。

2. 什么是 B/S 结构

B/S 结构即浏览器和服务器结构。它是随着 Internet 技术的兴起，由 C/S 结构进行改进而形成的。在这种结构下，用户工作界面通过 WWW 浏览器来实现，极少部分事务逻辑在前端实现，主要事务逻辑在服务器端实现，形成所谓三层结构。这样就大大简化了客户端的负荷，减轻了系统维护与升级的成本和工作量，降低了用户的总体成本。

以目前的技术来看，局域网建立 B/S 结构的网络应用，并通过 Internet/Intranet 模式下数据库的应用，相对易于把握、成本也较低。它是一次到位的开发，能实现不同的人员，从不同的地点，以不同的接入方式（比如 LAN、WAN、Internet/Intranet 等）访问和操作共同的数据库；它能有效地保护数据平台和管理访问权限，服务器数据库也很安全。特别是在 Java 这样的跨平台语言出现之后，B/S 架构管理软件更显方便、快捷、高效。

1.5.2　C/S 和 B/S 之比较

C/S 和 B/S 是当今开发模式的两大主流技术。C/S 由美国 Borland 公司最早研发，B/S 由美国微软公司研发。目前，这两项技术已被世界各国所掌握，国内公司以 C/S 和 B/S 技术开发出的产品也很多。这两种技术都有自己一定的市场份额和客户群，各家企业都说自己的管理软件架构技术功能强大、先进、方便，都能举出各自的客户群体，可谓仁者见仁，智者见智。

1. C/S 架构软件的优势与劣势

（1）应用服务器运行数据负荷较轻

最简单的 C/S 体系结构的数据库应用由两部分组成，即客户应用程序和数据库服务器程序。二者可分别称为前台程序与后台程序。运行数据库服务器程序的机器，也称为应用服务器。一旦服务器程序被启动，就随时等待响应客户程序发来的请求；客户应用程序运行在用户自己的计算机上，对应于数据库服务器，可称为客户端，当需要对数据库中的数据进行任何操作时，客户程序就自动寻找服务器程序，并向其发出请求，服务器程序根据预定的规则作出应答，送回结果。应用服务器运行数据负荷较轻。

（2）数据的存储管理功能较为透明

在数据库应用中，数据的存储管理功能，是由服务器程序和客户应用程序分别独立进行的。前台自己保存运行所需的数据，并且常把那些不同的（不管是已知还是未知的）运行数据分散到服务器程序中实现。所有这些，对于工作在前台程序上的最终用户，都是“透明”的，他们无须过问（通常也无法干涉）背后的过程，就可以完成自己的一切工作。在 C/S 架构的应用中，前台程序并不“瘦小”，很多事情可以自行完成，而并不是都交给了服务器和网络。

（3）高昂的维护成本且投资大

首先，采用 C/S 架构，要选择适当的数据库平台来实现数据库数据的真正“统一”，使分布于两地的数据同步，完全交由数据库系统去管理，但逻辑上两地的操作者要直接访问同一个数据库才能有效实现。有这样一些问题，如果需要建立“实时”的数据同步，就必须在两地间建立实时的通信连接，保持两地的数据库服务器在线运行，网络管理人员既要对服务器进行维护和管理，又要对客户端进行维护和管理，这需要高昂的投资和复杂的技术支持，维护成本很高，维护任务量大。

其次，传统的 C/S 结构的软件需要针对不同的操作系统开发不同版本的软件，由于产品的更新换代十分快，因此传统的 C/S 结构的软件代价高，效率低，已经不适应工作需要。在 Java 这样的跨平台语言出现之后，B/S 架构更是猛烈冲击 C/S 架构，并对其形成威胁和挑战。

2. B/S 架构软件的优势与劣势

（1）维护和升级方式简单

目前，软件系统的改进和升级越来越频繁，B/S 架构的产品明显体现着更为方便的特性。对一个稍微大一些的单位来说，如果需要系统管理人员在几百甚至上千部电脑之间来回奔跑，效率和工作量是可想而知的，但 B/S 架构的软件只需要管理服务器就行了，所有的客户端只是浏览器，根本不需要做任何的维护。无论用户的规模有多大，有多少分支机构都不会增加任何维护和升级的工作量，所有的操作只需要针对服务器进行；如果是异地，只需要把服务器连接专网即可，实现远程维护、升级和共享。因此客户机越来越“瘦”，而服务器越来越“胖”是将来信息化发展的主流方向。今后，软件升级和维护会越来越容易，而使用起来会越来越简单，这对用户人力、物力、时间、费用的节省是显而易见的。因此，维护和升级革命的方式是“瘦”客户机，“胖”服务器。

（2）成本降低，选择更多

大家都知道 Windows 占领了桌面操作系统的大部分市场，浏览器成为了标准配置，但在服务器操作系统上 Windows 并不是处于绝对的统治地位。现在的趋势是凡使用 B/S 架构的应用管理软件，只需安装在 Linux 服务器上即可，而且安全性高。所以服务器操作系统的选择是很多的，不管它选用哪种操作系统都可以适应大部分人使用的 Windows 操作系统，这就使得免费的 Linux 操作系统快速发展起来。除了 Linux 操作系统是免费的以外，数据库也可以选用免费产品，这种几乎全免费的平台现如今非常盛行。

比如说很多人每天上“网易”网，只要安装了浏览器即可，并不需要了解“网易”的服务器用的是什么操作系统，而事实上很多网站确实没有使用 Windows 操作系统，但用户的计算机安装的大部分是 Windows 操作系统。

（3）应用服务器运行数据负荷较重

由于 B/S 架构管理软件只安装在服务器（Server）端上，网络管理人员只需要管理服务器就行了，用户界面主要事务逻辑在服务器（Server）端完全通过 WWW 浏览器实现，极少部分事务逻辑在前端（Browser）实现，而所有的客户端只有浏览器，因此网络管理人员只需要对客户端做硬件维护。但是，应用服务器运行数据负荷较重，一旦发生服务器“崩溃”等问题，后果不堪设想。因此，许多单位都备有数据库存储服务器，以防万一。

JSP（Java Server Pages）是由 Sun 公司基于 Java 语言开发出的一种动态网页制作技术，JSP 技术在多个方面加速了动态 Web 页面的开发。JSP 技术实际上是通过 JSP 引擎把 JSP 标记符、JSP 页中的 Java 代码甚至连同静态 HTML 内容都转换为大块的 Java 代码。这些代码块被 JSP 引擎组织到用户看不到的 Java Servlet 中去，然后 Servlet 自动把它们编译成 Java 字节码。由于是 JSP 引擎自动生成并编译 Servlet，因此不用程序员动手编译代码，JSP 就能提供高效的性能和快速开发所需的灵活性。

Web 应用程序所指的既不是一个真正意义上的 Web 网站，又不是一个传统的应用程序。它是一些 Web 网页和用来完成某些任务的其他资源的集合。Web 服务器传送页面使浏览器可以浏览，而应用程序服务器提供的是客户端应用程序可以调用的方法。确切一点说，Web 服务器专门处理 HTTP 请求，而应用程序服务器通过很多协议来为应用程序提供事务逻辑处理。

C/S（Client/Server）结构是传统意义上拥有客户端和服务器端的网络软件或系统，B/S（Browser/Server）结构即浏览器和服务器结构，它是随着 Internet 技术的兴起，对 C/S 结构进行改进而形成的结构。

一、填空题

1．JSP 的全称是__________，它是由__________公司于 1999 年 6 月基于__________语言开发出来的一种动态网页制作技术。

2．JSP 网页文件的后缀名为__________。

3．JSP 技术实际上是通过__________把 JSP 标记符、JSP 页中的 Java 代码甚至连同静态 HTML 内容都转换为大块的__________代码。

4．配置 JDK 时，需要设置的三个变量分别是__________、__________、__________。

5．页面最终内容基于用户的操作随请求的不同而变化，这种页面称为__________。

6．C/S 结构即__________结构，B/S 结构即__________结构，它们是当今开发模式的两大主流技术。

二、选择题

1．JSP 是由（　　）公司开发的。

A．Microsoft　　B．Sun　　C．IBM　　D．Apache

2．JSP 文件应放在 Tomcat 的文件夹（　　）下。

A．/conf　　B．/bin　　C．/server　　D．/webapps

3．Tomcat 的默认访问端口是（　　）。

A．8080　　B．8088　　C．9090　　D．9099

4．Eclipse 是 Java 开发的（　　）。

A．开发工具包　　B．IDE（集成开发环境）

C．应用程序服务器　　D．Web 服务器

5．以下不属于 B/S 结构特点的是（　　）。

A．维护和升级方式简单　　B．成本降低，选择更多

C．应用服务器运行数据负荷较重　　D．维护成本高且投资大

三、简答题

1．JSP 与 ASP 相比有哪些优势，自身有哪些优点？

2．如何修改 Tomcat 的访问端口号？

3．动态页面与静态页面有何区别，它们最大的不同是什么？

4．Web 应用程序的一般用途有哪些？

5．B/S 结构与 C/S 结构最关键的区别是什么？

第 2 章　JSP 页面制作基础

将 Java 代码嵌入到 HTML 脚本中才能形成 JSP 页面，因此掌握 HTML 语言是学习 JSP 的基础。HTML 是网页制作的一种规范，一种标准，它通过标记符来标记网页的各个部分。通过学习本章内容读者可以使用 Dreamweaver 以及相关知识制作出简单精美的网页。

- HTML 语言
- CSS 编程技术
- Dreamweaver 软件

2.1　HTML 语言

2.1.1　HTML 概述

HTML（Hyper Text Markup Language）中文意思是超文本标记语言，几乎所有的网页都是以 HTML 格式书写的。

通常我们说“制作 Web 页”，也就是所谓的“制作网页”。如何表示作为超媒体的 Web 页呢？这就要用 HTML 语言。每个 Web 页对应一个 HTML 文件。HTML 中的超文本功能，也就是链接功能，使网页之间可以链接起来。网页的本质就是 HTML，HTML 是一切 Web 编程的基础。

HTML 不是“所见即所得”的程序设计语言，不过 HTML 非常易学易用，它以标记符来标识、排列各对象。而标记符本身则以“<”和“>”标识，标记符内的内容称为元素（element），元素代表了标记符的意义，与大小写无关。

标记符的名称用一对尖括号括起来，放在被标记文字的前面，在标记符的名称前面加一条斜线，然后再用一对尖括号括起来，放在被标记文字的后面。这两个标记符叫做“开始标记”和“结束标记”，它们括住的文字称为“内容”，整个标记符称为一个“元件”。

HTML 的一般格式为：

```
<element>Object</element>
```

或

```
<element Attribute=Argument>Object</element>
```

或

```
<element>
```

下面简单介绍一下用 HTML 写网页的方法，创建 HTML 的方式有很多，总体来说，有两种方式。

（1）用工具软件创建 HTML 文档。可以使用简便快捷的方式来编写代码，比如用比较完善的工具软件来制作网页，像 Dreamweaver 8、FrontPage 2003 等。

（2）用编辑工具编写 HTML 文档。记事本、写字板、EditPlus 等工具都可以用来编辑 HTML 文档。

用 HTML 编写的网页文件其实只是很平常、很普通的文本文件，只是保存时应该把文件后缀名改为.html 或.htm。只要通过一些简单的标注，就可以让网页生动、活泼起来，这就是 HTML 的特色。

【例 2.1】用 HTML 语言编写的一个简单网页，文件名为 0201.htm，用来查看网页的显示效果。

```
<html>
<body bgcolor="fffff" text="660000">
<h1>这是第一个 html 页面</h1>
第一段结束了 <p>
<h2>这里是 H2 字体，这是第一个 html 页面</h2>
<h3>这里是 H3 字体，这是第一个 html 页面</h3>
<h4>这里是 H4 字体，这是第一个 html 页面</h4>
第二段也结束了 <p>
<h5>这里是 H5 字体，这是第一个 html 页面</h5>
<h6>这里是 H6 字体，这是第一个 html 页面</h6>
</body>
</html>
```

在 IE 中，0201.htm 的显示效果如图 2.1 所示。

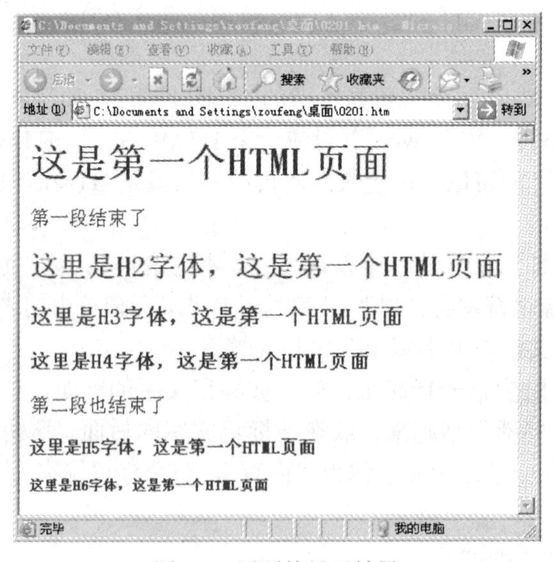

图 2.1 网页的显示效果

<html>标记 HTML 文件的开始，在文件结束处要有对应的符号</html>。

<body>标记文件体的开始，对应结束符是</ body>。<body>还有一些属性用来设置网页的背景色、背景图等。

2.1.2　简单格式标记

1. 标题格式

HTML 提供 6 种标题格式，其所用的标记符为<h1>…</h1>（标题 1）、<h2>…</h2>（标题 2）、<h3>…</h3>（标题 3）、<h4>…</h4>（标题 4）、<h5>…</h5>（标题 5）、<h6>…</h6>（标题 6），其中<h1>…</h1>的字体最大，<h6>…</h6>的字体最小。

<h1>…</h1>等标记符的属性如下：

（1）align={left,center,right}：文字左对齐（left）、居中（center）或右对齐（right）。

【例 2.2】align 属性的用法，文件名为 0202.htm，运行结果如图 2.2 所示。

```
<html>
<head>
<title>ALIGN 属性的用法</title>
</head>
<body>
<p><h1 align="left">我最大，靠左<h1></p>
<p><h2 align="center">我第二，居中<h2></p>
<p><h3 align="right">我最小，靠右<h3></p>
</body>
</html>
```

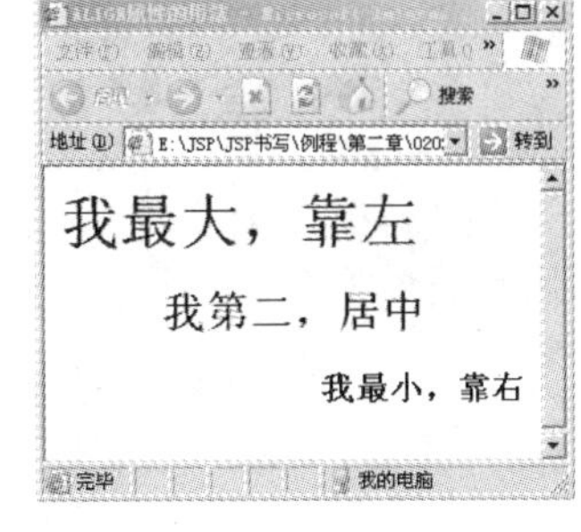

图 2.2　align 属性的用法

（2）id：指定标记符的 id 选择器。

（3）style：指定标记符的样式表命令。

（4）class：指定标记符的样式类型。

（5）lang：指定标题文字的语种。

（6）dir：指定标题文字的方向。

（7）title：指定标记符的标题。

（8）onClick：指定当鼠标在标记符上按一下时所要执行的脚本。

（9）onDblClick：指定当鼠标在标记符上按两下时所要执行的脚本。

（10）onMouseUp：指定当鼠标在标记符上放开按键时所要执行的脚本。

（11）onMouseDown：指定当鼠标在标记符上按下按键时所要执行的脚本。

（12）onMouseOver：指定当鼠标移过标记符时所要执行的脚本。

（13）onMouseMove：指定当鼠标在标记符上移动时所要执行的脚本。

（14）onMouseOut：指定当鼠标自标记符上移开时所要执行的脚本。

（15）onKeyPress：指定在标记符上按下再放开按键时所要执行的脚本。

（16）onKeyUp：指定在标记符上放开按键时所要执行的脚本。

2. 段落格式

与一般文档类似，网页文档的内容也是由多个段落组成，因此需要设置段落格式，以使文档看上去更加美观整齐，富于条理性。例如，用户可用分段标记符将文件划分为段落，并且为段落设置对齐格式等。在 HTML 文件中，设置段落格式最简单的方法是使用<p>…</p>段落标记符。此外，HTML 还提供了位置段落、强制换行但不换段和预先格式化等。下面来看看段落标记符的应用。

（1）分段与换行符

将文档划分为段落是最基本的段落格式，完成这一功能可使用分段标记符、换行标记符或水平线。

1）分段标记符。分段标记符用于将文档划分为段落，标记符为<p>…</p>，其中结束标记符</p>可省略。由于浏览器会忽略 HTML 文档中多余的空格或 Enter 键，所以，即使在文档中按下 Enter 键企图分段，浏览结果还是会将全部文字显示成同一段落。如：

```
<html>
<head>
<title>无分段标记符</title></head>
<body>
湖南物华天宝、人杰地灵。                         ┐
近现代以来风起云涌、大事不断、英才辈出。          │ 在每行文字后按下
革命烈士的鲜血曾染红了三湘大地，                  │ Enter 键企图分段
革命先辈的奋斗足迹遍布三湘四水。                  ┘
</body>
</html>
```

运行结果如图 2.3 所示。

图 2.3　无分段标记符的 Web 页

如果要将这段文字按我们所希望的那样分段，就要使用段落标记符，方法是在每个段落的前后各加上开始标记符<p>和结束标记符</p>，而结束标记符通常可以省略。

```
<html>
<head>
<title>有分段标记符</title>
</head>
<body>
<p> 湖南物华天宝、人杰地灵。
<p> 近现代以来风起云涌、大事不断、英才辈出。
<p> 革命烈士的鲜血曾染红了三湘大地，
<p> 革命先辈的奋斗足迹遍布三湘四水。
</body></html>
```

运行结果如图 2.4 所示。

2）换行标记符。有时我们要将文字强制换行，而不是另起段落，可以用换行标记符
实现该功能。注意，
仅单独使用，而非成对出现。

下列代码显示了标记符
的特点。

```
<html>
<head>
<title>有分段标记符</title>
</head>
<body>
<br> 湖南物华天宝、人杰地灵。
<br> 近现代以来风起云涌、大事不断、英才辈出。
<br> 革命烈士的鲜血曾染红了三湘大地，
<br><br><br><br> 用 BR 产生多个空行后到了这里。
</body>
</html>
```

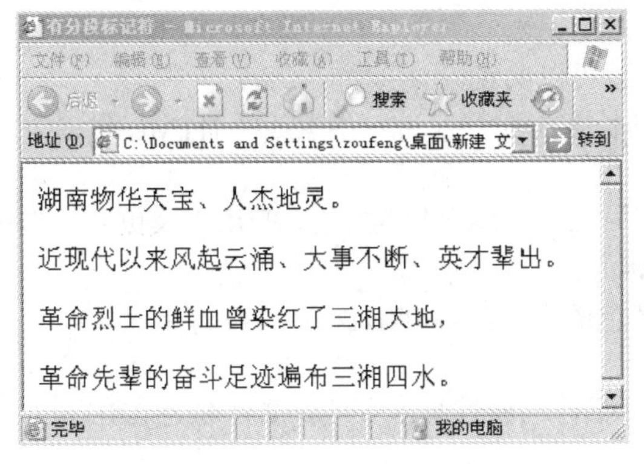

图 2.4　加了分段标记符的 Web 页

运行后，页面的浏览效果如图 2.5 所示。

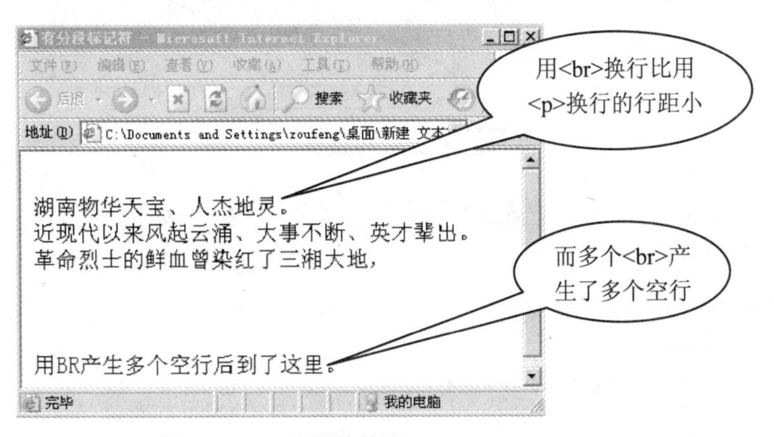

图 2.5　
分隔符效果

3）添加水平线。在 HTML 文档中，水平线非常有用。因为，除了用<p>和
标记符划分段落以外，还可以用添加水平线的方法分隔文档。而且水平线可以起到美化装饰网页效果的作用。

添加水平线的标记符为<hr>（与
类似，<hr>也不包括结束标记符），它包括 align、size、width、color、noshade 等属性，下面分别介绍这些属性：

①align 属性="left"、"center"或"right"：水平线左对齐、居中或右对齐。通过该属性，可以使水平线处于网页上的不同位置。

②size 属性="n"：指定水平线的高度。通过该属性可以改变水平线的粗细程度，size 属性的值为一个整数，它表示以像素为单位的该水平线的粗细程度，默认值为 2。例如，<hr size=3>。

③width 属性="n"：指定水平线的宽度。用户可通过在<hr>标记符中加入 width 属性来更改水平线的宽度。width 的设定值既可以是以像素为单位的水平线的长度，也可以是水平线占浏览器窗口宽度的缩放比。

例如，要生成一条 300 像素的水平线，HTML 代码为：

```
<hr width=300>
```

如果想将这个长度改成以占视窗的缩放比来度量（占 90%），则代码为：

```
<hr width="90%">
```

④noshade 属性：指定没有阴影的水平线。在多数浏览器中，由<hr>生成的水平线将以一种加阴影的 3D 线的形式显示出来，但有时并不需要这样的效果，而只想用一条简单的黑线即可，此时用 noshade 属性就可以实现。

例如，生成一条粗细长度为 5 且仅为一条黑线的 HTML 代码为：

```
<hr size=5 noshade>
```

⑤color 属性="#fffff"等：指定水平线的颜色。在 IE 3 及更高版本中，可通过<hr>设置 color 属性指定水平线的颜色。

例如，要生成一条黄色的水平线，其 HTML 代码为：

```
<hr color="yellow">
```

【例 2.3】使用<hr>标记符的属性画水平线，文件名为 0203.htm，运行结果如图 2.6 所示。

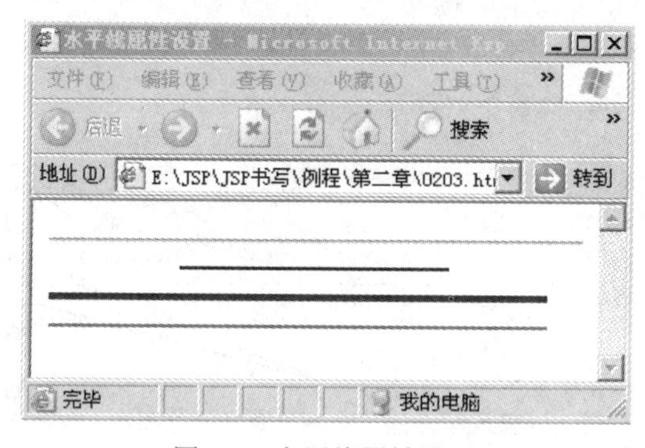

图 2.6 水平线属性设置

```
<html>
<head>
<title>水平线属性设置</title>
</head>
<body>
<hr><hr width="50%"color="#000080">
<hr width="300"color="#0000ff"align="left"size="4">
<hr width="300"color="ff0000"align="left"noshade>
</body>
</html>
```

（2）段落对齐

段落对齐是一种常见的段落格式，什么是段落对齐呢？其实在前面已经大量使用了对齐方式。比如，在讲述水平线的时候，提到了 align 属性，用来指定水平线的对齐方式，而段落对齐有着更丰富的内容。

在 HTML 中，一般使用标记符的 align 属性设置段落对齐方式。

1）align 属性。align 属性用于设置段落的对齐方式，其常见取值有 4 种：right（右对齐）、left（左对齐）、center（居中对齐）、justify（两端对齐）。两端对齐也叫分散对齐，是指将一行中的文字均匀分布在左右页边距之间，以保证不会在左右页边出现“锯齿”形状。

也许读者自己都已总结出来了，align 属性可应用于多种标记符，这在前面介绍水平线标记符、标题标记符时都已提到过。今后还会遇到很多，其中最典型的是<div>、<p>和<hr>等标记符。

2）div 标记符。div 标记符用于为文件分节，目的是为文件的不同部分应用不同的段落格式，其格式为<div>…</div>，位于 div 标记符中的多段文本被认为是一节，可为它们设置一致的对齐格式。div 标记符要与 align 等属性联合使用，否则它将不完成任何工作，此外，div 也是样式设计 CSS 设计中的重要一员，我们设计好的标签样式，都需要使用 div 来调用。

3）center 标记符。要将文件内容居中，除了可以使用<div align="center"> </div>标记符外，还可以使用 center 标记符，方法为：将需居中的内容置于<center>和</center>之间。

4）格式的嵌套。例如，在<div>标记符中设置了左对齐，而在<div>和</div>标记符的<p>标记符中又设置了右对齐，结果会如何？

上述问题就是我们在实际开发中常碰到的格式嵌套问题。我们要考虑在同一段内容上设置不同的格式时 HTML 的处理方式。对于格式使用的优先级，我们通常的原则是：

①如果所设置的格式是相容的，则取格式叠加后的效果，即这两种格式都取上。例如，如果为一段文字同时设置了粗体和下划线格式，则该段文字将以粗体和下划线显示；

②如果所设置的格式是不相容的，也就是矛盾的，则取最近样式符的修饰效果，如在<body>标记符中设置了整个正文的颜色，但在正文中可以用<font>标记符更改某些特定文字的颜色。

```
<body>
<.font>hello world</font>
</body>
"hello world" 的效果会显示<font>的效果
```

3. 文字格式

在网页中可以获得各种字符的格式效果，例如，可以为网页中的特定文字设置字体、颜色等。下面将介绍如何在 HTML 中设置文字格式。

（1）字符格式

我们常常需要为 Web 页上的文字设置字符格式。例如，将字体设置为斜体以引起注意，或采用上标、下标格式表示特殊内容等。表 2.1 中列出了一些常见的格式标记符。

表 2.1 字符格式标记符

标记符范例	功能说明
<b>bold</b>	粗体
<i>italic</i>	斜体
<u>underlined</u>	下划线
H₂O 如 H_2O	下标

续表

标记符范例	功能说明
X³如 X^3	上标
<big>big</big>	大写体
<small>small</small>	小写体
<tt>t</tt>	固定宽度字体
<strike>strike</strike>	删除字
<s>strike</s>	删除字
<em>强调斜体</em>	用于强调某些字体为斜体
<strong>强调粗体</strong>	用于强调某些字体为粗体
<dfn>definition</dfn>	用于表示定义了的文字，通常是黑体或斜体
<cite>citation</cite>	用于表示文本属性引用，通常是斜体
<code>code</code>	表示程序代码文字，通常是固定宽度
<kbd>keyboard</kbd>	表示键盘输入文字，通常是固定宽度
<samp>sample</samp>	表示文本样本，通常是固定宽度
<var>variable</var>	变数文字，通常是斜体
<abbr>如 http</abbr>	表示缩写文字

字符的格式有很多种，但应注意不要过多地变化字体，宁少勿滥。过多地使用字符格式，一方面麻烦，另一方面给人以混乱的感觉。

表 2.1 中共列出了 19 个字符格式标记符，其中前 10 个格式标记符用来为某些文字设置特殊格式，我们称其为物理字符样式，而后 9 个格式标记符不仅可以在文档中指定特定文字的格式，还能标出文字的含义，我们称其为逻辑字符样式。不管是物理字符样式还是逻辑字符样式，使用时只需将设置格式的字符括在标记符之间即可。

【例 2.4】字符样式设置练习，文件名为 0204.htm，运行结果如图 2.7 所示。

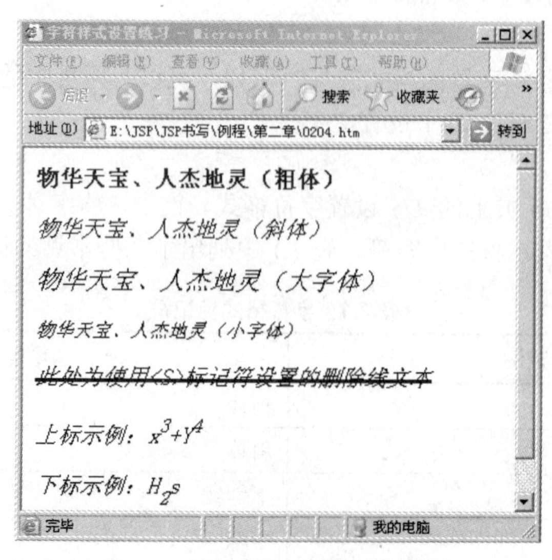

图 2.7 使用字符样式的显示效果

```
<html>
<head><title>字符样式设置练习</title></head>
<body><p><b>物华天宝、人杰地灵（粗体）</b></p>
<p><i>物华天宝、人杰地灵（斜体）</i></p>
<p><big>物华天宝、人杰地灵（大字体）</big></p>
<p><small>物华天宝、人杰地灵（小字体）</small></p>
<p><s>此处为使用&lt;s&gt;标记符设置的删除线文本</s></p>
<p>上标示例：x<sup>3</sup>+y<SUP>4</sup></p>
<p>下标示例：H<sub>2</sub>s</p>
</body>
</html>
```

（2）字体大小、字符颜色和字体样式

除了上面介绍的字符样式，还可以使用<font></font>标记符控制字符的样式。如果我们所做的网页几乎都是一成不变的字体大小、字符颜色和字体样式，不久就会让来访者生厌的，这时，可以利用<font>标记符的三个属性，即 size、color 和 face 来改变网页的风格。

1）size 属性。size 属性，也就是字号属性，用于控制文字的大小，其值越大，显示的文字越大，字号大小有 1～7 级，默认值是 3。该属性值也可以用+1、-3、+4 等来指定字号大小，它们表示比默认的字号大 1 号、小 3 号及大 4 号等。

例如，“<font size=+1>人杰地灵</font>”表示“人杰地灵”为 4 号大小的字。

2）color 属性。字体标记符的 color 属性可用来控制文字的颜色，默认的字体颜色是黑色，可以利用 color 属性来改变字体的颜色。其值可以使用颜色名称或十六进制值，例如，设置文字“人杰地灵”为红色的代码：

```
<font color="red">人杰地灵</font>
```

或者

```
<font color="#ff0000">人杰地灵</font>
```

3）face 属性。字体标记符的 face 属性用来指定字体样式，字体样式也就是平常所说的“字体”。默认的中文字体是“宋体”，英文字体是 Times New Roman。

但要注意，系统必须安装有 face 属性所指定的字体才能正常显示，所以在指定字体时最好多使用几种字体，以增加浏览器找到匹配字体的机会。

【例 2.5】字符样式设置练习，文件名为 0205.htm，运行结果如图 2.8 所示。

```
<html>
<head>
<title>设置字体的大小颜色及样式</title></head>
<body>
<p><font size="1"face="华文细黑"color="#008000">染红了三湘大地</font></p>
<p><font size="3">物华天宝人杰地灵</font></p>
<p><font size="2"face"华文中宋"><font color="#000080">风起云涌英才辈出</font></font></p>
<p><font size="5"face="幼圆"color="#800080"> 物华天宝人杰地灵</font></p>
<p><font size="6"face="华文彩云"color="#008080" >染红了三湘大地</font></p>
</body>
</html>
```

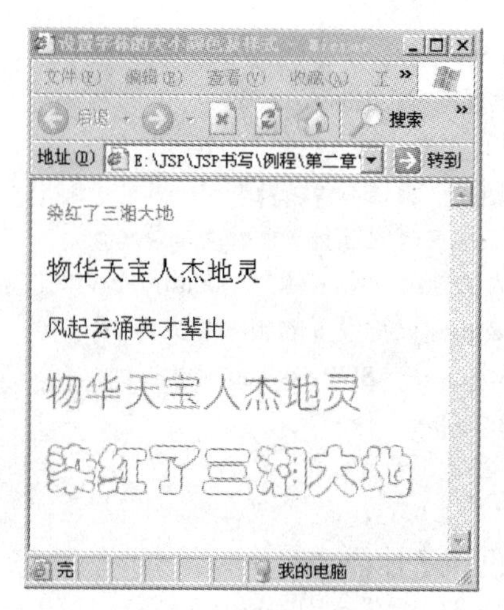

图 2.8 使用字体大小颜色及样式的效果

注：我们在代码中使用的字体必须在电脑系统中安装，否则无法使用。

2.1.3 超链接与图片标记

1. 超链接标记

创建一个超链接需要使用<a>…</a>标记符，a 是 anchor 的首字母，<a>标记符的最基本属性是 href，用于指定链接到的文件位置。此外，<a>…</a>标记符还有其他属性，下面将分别介绍。

（1）href="url"：是超链接最基本也是最常用的一个属性，用以指定超链接所连接的文件的相对或绝对位置。

（2）name="…"：name 也是一个比较基本的属性，用以创建书签，指定书签名称。

（3）target="…"：在框架网页中该属性很重要，用以指定目标框架的名称。

（4）accesskey="…"：指定超链接的存取按键，当浏览者按下 accesskey 属性所指定的按键时，网页的焦点就会移动到组件上。

（5）et="…"：指定超链接的字元编码方式。

（6）rev="…"：从 href 指定的文件到当前文件之间的关联。

（7）type="…"：指定内容类型{content type}。

（8）hreflang="langcode"：指定 href 属性值的语种。

（9）tabindex="n"：指定<a>组件在网页中的 tab 键顺序值。

2. 创建超链接

根据所链接到内容的不同，常见的超链接可分为几种：指向本地网页的链接、指向其他网页的链接、指向页面中特定部分的链接（书签链接）以及连接至 E-mail 地址的链接等。

（1）指向本地网页的链接。当用户在同一台计算机内将一个页面与另一个页面进行链接时，即进行本地网页的链接时不用指定完整的 Internet 地址（即绝对 url）采用文件相对 url 即可。本地网页链接又可分为两种情形：链接至位于相同文件夹的文件、链接至位于不同文件夹的文件。

（2）链接至位于相同文件夹的文件。如果两个页面在同一个文件目录下，可以采取相对 url 方式，简单地在 href 属性中指定 HTML 文件名即可。如图 2.9 所示的目录结构，要将文件

B1.htm 内的文字“我要找 B2”设成链接至 B2.htm 的超链接，可以这样写代码：

```
<a href="B2.htm">我要找 B2</a>
```

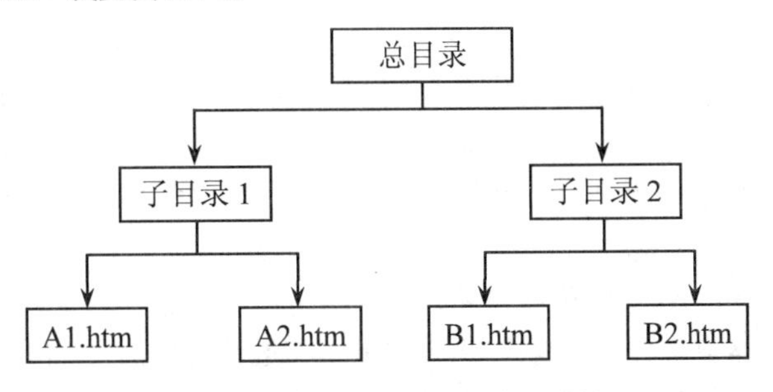

图 2.9　本地网页链接目录结构

这样 HTML 代码就创建了一个超链接，指向当前目录下的 B2.htm 文件。

当用浏览器打开有超链接的网页时，包含在<a>…</a>标记符间的内容将以超链接的形式显示，并带有下划线，当鼠标移到它上面时，鼠标指针变成手形，通常颜色为蓝色，访问后变为紫色。

本地网页的链接使用相对 url，直接使用文件名而不使用完整的 Internet 地址，可以节省录入地址的时间。更重要的是可以使页面之间的链接工作正常，而与页面所在位置无关。当文件位于本地计算机硬盘上时，可以对链接进行测试，一切正常以后，将包含所有文件夹和文件的文件夹整个移动到不同的服务器、CD-ROM 或软磁盘甚至其他 Internet 主机的不同位置上时，文件之间的超链接仍可正确链接，无须修改代码。

（3）链接至位于不同文件夹的文件。在图 2.9 里，总目录下有两个不同的子目录，即子目录 1 和子目录 2，现在我们来看看处在不同目录下的文件需要互相链接的设置方式。

假设要将 A1.htm 内的文字“我要找 B2”设成链接至 B2.htm 的超链接，仍可采取文件相对 url 的方式来指定超链接的 url，即<a href="子目录 2\B2.htm">我要找 B2</a>，这样 HTML 代码就创建了一个不同目录下的超链接，指向当前总目录下的子目录 2 下的 B2.htm 文件。

（4）指向其他网页的链接。如果超链接指向的内容是外部网页，则必须采用绝对 url，即应使用完整的路径名。例如，如果要将 A2.htm 网页中的文字“我要上网易”设成链接至网易站点的超链接，则应使用以下 HTML 语句：

```
<p><a href="http://www.163.com">我要上网易</a></p>
```

点击该链接，浏览器会跳转到新的网易的页面。

（5）页面的特定部分链接。不同页面之间可以相互进行链接，在同一页面的不同部分或不同页面的特定部分也可以进行链接。当网页的内容超过一定的长度，或具有很多不同的页时，还可以对同一页（或不同页）的不同部分进行链接。这种链接有点像书签的作用，例如，可以在长文档的顶部以超链接的方式显示一个目录，这些目录的内容链接到本页各自所指的具体内容上去，当想要查看不同的内容时，只要单击一下连接该内容的目录链接即可。我们称页内特定部分的链接为书签链接。

建立书签链接分两个步骤：

1）为页面中需要跳转到的位置，即书签的终点指定书签的名称，命名时应使用<a>…</a>标记符的 name 属性。其方法是：在需要跳转到的位置，即书签终点放置具有 name 属性的<a>标记符，在标记符<a>与</a>之间不用任何文字，这样就建立好了书签的名称。通常我们称具有书签的位置为锚点。

2）设置好书签后，再到书签的起点用<a>标记符的 href 设置指向这些具有书签标记位置的链接。

例如，如果在第 1 步中在文件的末尾设置了名为“end”的书签，而想在文件最开始单击文字“到文件尾”时一下子转到文件的最后，可以用以下 HTML 语句进行链接：

```
<a href="#end">到文件尾</a>
```

这样，用户在浏览器中单击文字“到文件尾”时，将跳转到以<a name="#end">标记书签的页尾部分。

注意：对于锚点链接，应使用符号“#”。

如果书签的起点和终点位于相同的文件，在指定 href 的值时不需要指定文件的名称；但若起点和终点不在相同的文件，就要指定文件名，这时，上面的语句改为：

```
<a href="b2.html#end">到文件尾</a>
```

【例 2.6】书签链接的设置，文件名为 0206.htm，运行结果如图 2.10 所示。

```
<html>
<head><title>书签链接的设置</title></head><body>
<ol type=a>
<li><font size="1"><a href="#wednesday">今天星期三</a></font></li>
<li><font size="1"><a href="#thursday">今天星期四</a></font></li>
<li><font size="1"><a href="#friday">今天星期五</a></font></li></ol>
<hr size="1"color="#000080"width="60%"align="left"
style="position:absolute">
<p><font size="2"><a name="wednesday"></a>星期三读者来信</font></p>
<p><font size="2">我</font><font size="1"> 希望你们及时更新内容希望你们及时更新内容希望
你们及时更新内容希望你们及时更新内容希望你们及时更新</font></p>
<p><font size="2"><a name="thursday"></a>星期四读者来信</font></p>
<p><font size="1">你们接受意见很快你们接受意见很快你们接受意见很快你们接受意见很快
你们接受意见很快你们接受意见很快你们接受意见很快</font></p>
<p><font size="2"><a name="friday"></a>星期五读者来信</font></p>
<p><font size="1"你们还需努力你们还需努力你们还需努力你们还需努力你们还需努力你们还
需努力你们还需努力你们还需努力你们还需努力</font></p>
<p><font size="2"></p>
</body></html>
```

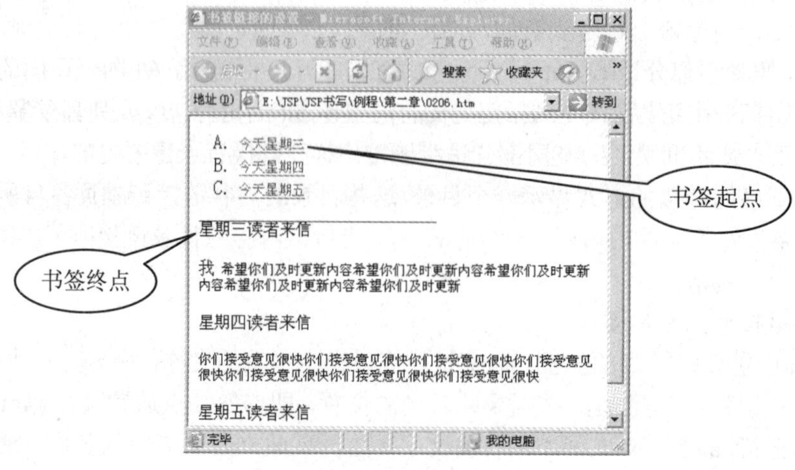

图 2.10 书签链接

（6）连接至 E-mail 地址的超链接。除了前面几种链接方式外，大部分网页还允许进行 E-mail 地址的链接，也就是在链接中包含电子邮件地址信息。当浏览者单击电子邮件地址、信箱之类的链接信息时，就可以启动邮件编辑程序进行信件的发送。

在设置连接至 E-mail 地址的超链接时，有两点需要注意：一是要利用<a>标记符的 href 属性指定收件人的电子邮件地址；二是要在电子邮件地址前加上mailto：通信协议。链接的文本可以是文字，也可以是图片，还可以直接将电子邮件地址进行链接。

其语法格式为：

```
<a href=mailto:yszzylc@263.net>如有任何问题，请写信给我们</a>（链接文本为文字）
<a href=mailto:yszzylc@263.net>yszzylc@263.net</a>（直接将 e-mail 地址作为链接文本）
<a href=mailto:yszzylc@263.net>
<img border="0" src="file:///e:/ex/c03/flower.jpg"width="379"height= "492"> </a>（用图片作为
链接文本）
```

当单击指向电子邮件的超链接后，不管是文字、图片或电子邮件地址本身，系统将自动启动邮件客户程序，而且收件人的地址已经自动填写好了，便可以发送邮件了。

3. 图片标记

在网页中加入适当的图片可以使网页丰富多彩，具有更强的吸引力。可以利用<img>标记符在 HTML 文件中插入图片。<img>标记符常用的属性如下：

（1）src：设置图片的相对或绝对路径。

（2）alt：设置图片的简单文本说明。

（3）align：设置图片的对齐方式。

（4）border：设置图片的框线粗细。

（5）height：设置图片的高度。

（6）width：设置图片的宽度。

（7）hspace：设置图片的水平间距。

（8）vspace：设置图片的垂直间距。

（9）name：设置图片的名称，以供 Script、Applet 或书签使用。

（10）usemap：设置热点链接所在的位置及名称。

（11）longdesc：设置图片的说明文字。

（12）lowsrc：设置低分辨率图片的相对或绝对位置。

在上面这些属性中，最常用的有两个：src 和 alt。src 表示图像文件名，必须包含绝对路径或相对路径，图像可以是 gif、jpg 或 png 文件。alt 表示图像的简单文本说明，用于以下三种情况：①浏览器在指定位置找不到指定的图像时显示 alt 的内容；②浏览器能显示图像但显示时间过长时先显示 alt 的内容；③不能显示图像的浏览器将显示 alt 的内容。

【例 2.7】在网页中加入图片，文件名为 0207.htm。

```
<html>
<head>
<title>在网页中加入图片</title>
</head>
<body>
<p><img border="0" src="flower.jpg"
width="190"height="229"
alt="好漂亮的荷花">
```

```
</p>
</body>
</html>
```

运行结果如图 2.11 所示。

图 2.11　网页中加入图片

2.1.4　表格设计

1. 表格的组成

一张基本的表格包含标题、表头、表格单元和表格数据，如表 2.2 所示。

表 2.2　领袖故居简介

序	故居名称	所在地	联系电话
1	毛泽东故居	韶山市	2657114
2	刘少奇故居	宁乡县	2656008
3	任弼时故居	汨罗市	3209088

2. 用<table>标记符定义表格

可以用<table>…</table>标记符创建一个表格，并在其中加入标题和需要的数据。<table>可以包含若干个可选的元素，以形成一个复杂的表格。可选的<caption>元素给出了对表格的说明。其后可选的<col>和<colgroup>元素规定了列宽和分组。<thead>和<tfoot>分别给出了标题和注脚，<tbody>包含了表格的主题内容。每个行组包含若干个<tr>标记符以表示单行，每个<tr>标记符又含有<th>和<td>标记符，分别用以表示标题单元和数据单元。表格定义的代码为：

```
<table>
…具体表格内容…
</table >
```

<table>标记符的属性如下：

（1）border="n"：以指定粗度显示表格边框。

（2）align="alignment"：表格的对齐方式（left，center，right）。

（3）width="n"：整个表格的固定宽度（n 可以为像素点或以%表示的百分比）。

（4）bgcolor="color"：定义表格的背景色。

（5）bordercolor="color"：定义表格边框的颜色。

（6）bordercolorlight="color"：定义 3D 表格边框亮色部分的颜色。

（7）bordercolordark="color"：定义 3D 表格边框暗色部分的颜色。

（8）background="url"：定义表格背景图像的位置。

（9）cellspacing="n"：设置单元格之间的空间。

（10）cellpadding="n"：设置单元格内容与边框之间的空间。

（11）cols="n"：设置表格的列数。

（12）frame="frame"：定义表格外边框的显示类型。

（13）height="n"：表格的高度（n 可以为像素或百分比）。

（14）rules="rule"：定义表格内边框的显示类型。

例如，要创建一个高为 50，宽为 50，边界宽度为 5 的居中显示的表格，可做如下定义：

```
<html>
<head><title>表格</title></head>
<body>
<table border="5" width="50" height="50" align="center">
<tr><td width="100" height="100%"></td>
</tr></table>
</body>
</html>
```

运行结果如图 2.12 所示。

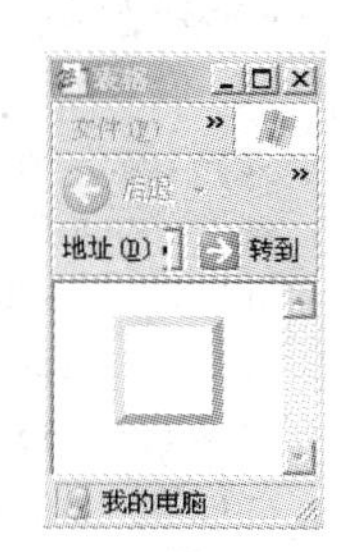

图 2.12　表格

3. 行、表头和数据

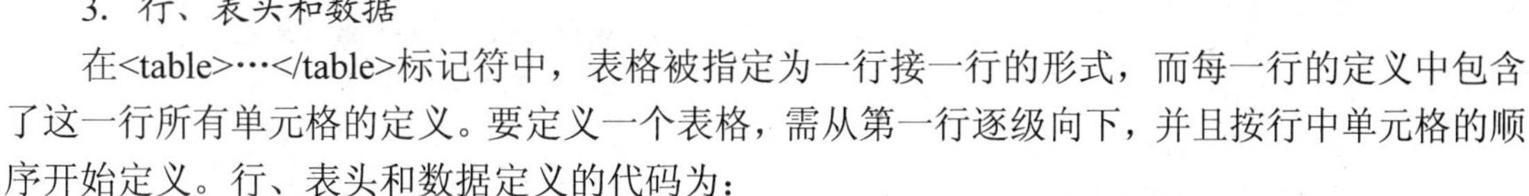

在<table>…</table>标记符中，表格被指定为一行接一行的形式，而每一行的定义中包含了这一行所有单元格的定义。要定义一个表格，需从第一行逐级向下，并且按行中单元格的顺序开始定义。行、表头和数据定义的代码为：

```
<table border="1">
<tr><th>表头</th><td>数据</td>
</tr></table>
```

（1）<tr>…</tr>标记符

在表格中新开始一行。该标记符包含下列属性：

- align="alignment"：行入口的对齐方式（left，center，right）。
- valign="alignment"：表格行入口的垂直对齐方式（top，middle，bottom，baseline）。
- bgcolor="color"：定义表格的背景色（可以为名字或十六进制数）。

（2）<th>…</th>和<td>…</td>

定义表格表头部信息的<th>和表格数据的<td>标记符，包含下列属性：

- align="alignment"：行入口的对齐方式（left，center，right）。
- valign="alignment"：表格行入口的垂直对齐方式（top，middle，bottom，baseline）。
- bgcolor="color"：定义表格的背景色（可以为名字或十六进制数）。
- bordercolor="color"：定义表格边框的颜色。
- bordercolorlight="color"：定义 3D 表格边框亮色部分的颜色。

● bordercolordark="color"：定义 3D 表格边框暗色部分的颜色。
● background="url"：定义表格背景图像的位置。
● rowspan="n"：表格的一个单元格可以覆盖的行数。
● colspan="n"：表格的一个单元格可以覆盖的列数。
● nowrap：不许单元格内字符回绕。
● width="n"：以像素计的单元格宽度。
● height="n"：以像素计的单元格高度。

<th>标记符指明了一个单元格同时也是一个表头，<td>标记符是表格中普通的单元格。表头通常以不同于表格单元格的方式显示，<th>和<td>都应该用相关的结束标记符</th>和</td>来结束。如果表头放在表格的顶部，表头的<th>标记符应放在第一行内。

【例 2.8】表格设计，文件名为 0208.htm。

```
<table border="1">
<tr><th>序</th>
<th>故居名称</th>
<th>所在地</th>
<th>联系电话</th></tr>
<tr><td>1</td>
<td>毛泽东故居</td>
<td>韶山市</td>
<td>2657114</td></tr>
<tr><td>2</td>
<td>刘少奇故居</td>
<td>宁乡县</td>
<td>2656008</td></tr>
<tr><td>3</td>
<td>任弼时故居</td>
<td>汨罗市</td>
<td>3209088</td></tr>
</table>
```

运行结果如图 2.13 所示。

图 2.13 表头在顶部的表格

4. 创建跨多行、多列的表元格

可以在表格里创建跨度为多行或多列的单元格，它们可以防止在下一行或下一列出现有多个子表头的表头，以利用它在表格中的布局产生特殊的效果。

（1）跨越多列

要创建跨多列的单元格，可以在<th>或<td>标记符里利用 colspan 属性，并在其后写上想要跨越的列数。

【例 2.9】设置跨越多列表格，文件名为 0209.htm。

```
<html>
<head></head>
<body>
<table border="1">
<tr><th colspan="3">领袖诞辰</th></tr>
<tr><td>毛泽东诞辰</td>
<td>刘少奇诞辰</td>
```

```
<td>任弼时诞辰</td></tr>
<tr><td valign="top">1226</td>
<td valign="middle">0320</td>
<td valign="bottom">0918</td>
</tr>
</table>
</body>
</html>
```

运行结果如图 2.14 所示。

（2）跨越多行

要创建跨多行的单元格，可以在<th>或<td>标记符里利用 rowspan 属性，并在其后写上想要跨越的行数。

【例 2.10】设置跨越多行表格，文件名为 0210.htm。

```
<table border="1">
<tbody><tr>
<th rowspan="3">领袖诞辰</th>
<td>毛泽东诞辰</td>
<td>1226</td></tr>
<tr><td>刘少奇诞辰</td>
<td>0320</td></tr>
<tr><td>任弼时诞辰</td>
<td>0918</td></tr>
</tbody>
</table>
```

运行结果如图 2.15 所示。

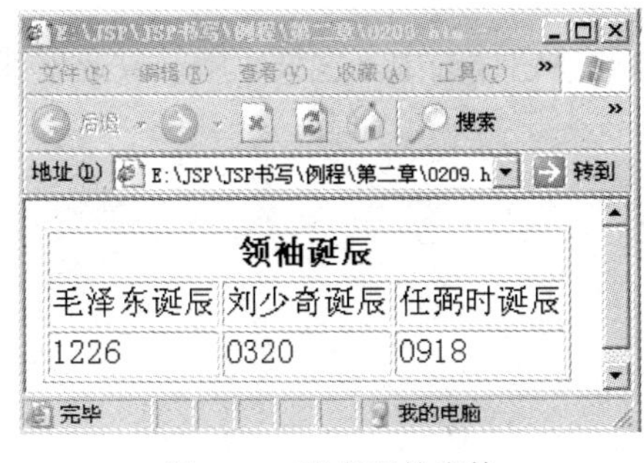

图 2.14　跨多列的表格

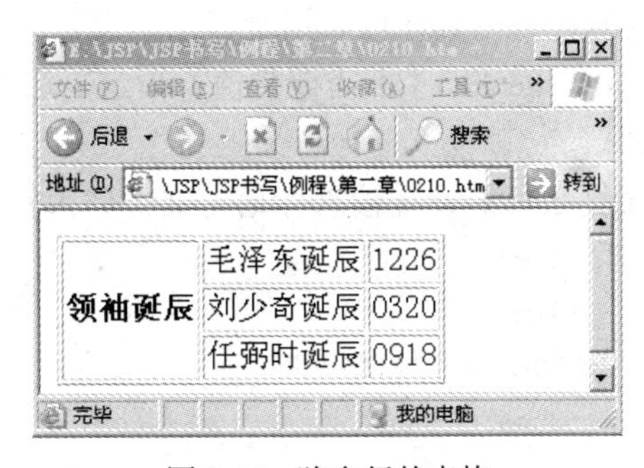

图 2.15　跨多行的表格

2.1.5　表单设计

表单的用处很多，也是 HTML 中比较重要的部分，我们在浏览器提交数据，与服务器进行交互都要通过表单。一般在 <form> 标记框架下加上一种或几种的表单输入方式及一个或以上的按键。表单的标记符在 HTML 文档中指定了一个表单。在一个文档中可以有多个表单，但必须注意表单不能嵌套。表单的基本架构如下所示：

```
<form action="url" method=*>
…
</form>
```

action 是在要提交的表单中查询服务器的 url，如果这个属性是空的，那么当前的文档 url 将被使用。

method 有两种方法：get 和 post，它提交表单查询数据库。使用哪种方法取决于特定的服务器是怎么工作的，这里强烈推荐使用 post，当然也可以使用 get。post 和 get 具体描述如下：get 是一个默认的方法，它将表单内容附加给 url，就好像它们是普通查询，不能用来上传大数据。post 方法是将表单内容作为一个数据体而不是 url 的一部分传送给服务器的。

1．输入（input）标记符

输入标记符用于在表单中指定一个简单的输入元素。它是一个独立的标记符，旁边没有其他内容并且没有终止标记符，它跟 img 的用法是一样的。输入标记符具体的属性主要有 4 个：type、name、value、checked。

（1）type（类型）必须为以下的一种：

- text（文本）：这个是缺省的。
- password（密码）：看不到输入的字符，只有星号。
- checkbox（复选框）：是一个单一的切换按钮，有开和关两种状态。
- radio（单选按钮）：单一的切换按钮，有开和关两种状态，可以组成一个组，用于多选一的操作。
- file（文件浏览）：可以选择你想上载的文件。
- submit（提交）：它是一个按钮，将当前的表单包装到查询 url 中并且将它发送到远程服务器中。
- reset（复位）：也是一个按钮，它可以使表单中的各种输入复位到它的默认数值。

（2）name 是输入区域的一个符号名字（并不是显示的名字）。

（3）value 是文本或者密码区域，它可以用于指定缺省区域内容。对于 submit（提交）和 reset（复位），value 可以用于指定标志。

（4）checked（不需要数值）指定复选框或者单选按钮被选中，它只适用于复选框或者单选按钮。

【例 2.11】设置输入标记，文件名为 0211.htm。

```
<html>
<head>
<title>表单标记</title>
</head>
<body>
<form action="" method="post"   name="form1" id="form1" >
用户名：<input type="text" name="textfield" /><br>
密码：<input type="password" name="textfield" /><br>
你感兴趣的球类有：<input type="checkbox" name="checkbox2" value="checkbox"   checked="checked"/>
足球
<input type="checkbox" name="checkbox3" value="checkbox" />篮球
<input type="checkbox" name="checkbox" value="checkbox" /> 乒乓球<br>
 你是：  <input type="radio" name="radiobutton" value="radiobutton"   checked="checked"/> 学生
<input type="radio" name="radiobutton" value="radiobutton" /> 教师
<input type="radio" name="radiobutton" value="radiobutton" />   管理<br>
```

```
请选择文件路径：  <input type="file" name="file" /> <br>
<input type="submit" name="submit" value="提交" />
<input type="reset" name="reset" value="重填" /><br>
</form>
</body>
</html>
```

运行结果如图 2.16 所示。

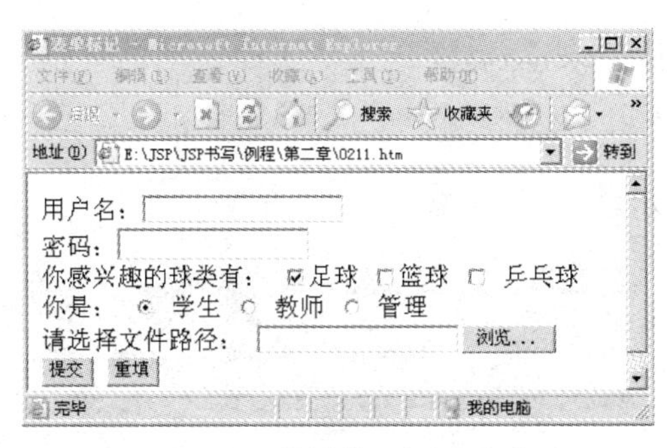

图 2.16　使用输入标记页面

2. 选择框（select）标记符

在<form>…</form>里面有多少个 select 标记符都是允许的，它可以混合其他 HTML 元素（包括 input 和 textarea 元素）和文本，但是不能包括 forms。

与 input 不同，select 有终止标记符。在 select 里面，有一系列的 option 标记符，每一个 option 标记符之后跟着一些文本，例如：

```
<select name="select " multiple="true/false">
<option>first option
<option>second option </select>
```

其中，name 是为这个 select 元素起的名字。它不能为空，必须给出具体值。

multiple 如果出现（非数值），它指定选择框可以进行多行选择。

option 的属性如下：

selected 指定缺省状态，这个 option 被选择。如果 select 允许多行选择，可以指定多个 option 为 selected。

3. textarea（文本域）标记符

textarea 标记符被用来放置一个多行的文本输入区域。它有以下属性：

（1）name 是文本域的名字。

（2）rows 是文本域的行数。

（3）cols 是文本域的列数（即字符的水平宽度）。

textarea 域自动有滚动条。不论多少文本都可以输入到里面。textarea 元素需要开始和终止的标记符，即<textarea>和</textarea>。

【例 2.12】设置输入标记，文件名为 0212.htm。

```
<html>
<head>
<title>无标题文档</title>
</head>
<body>
```

```
请选择:
<select name="select">
   <option value="1">足球</option>
   <option value="2">篮球</option>
   <option value="3">乒乓球</option>
</select>
<br><br><br>
请输入:
<textarea name="textarea"></textarea>
</body>
</html>
```

运行结果如图 2.17 所示。

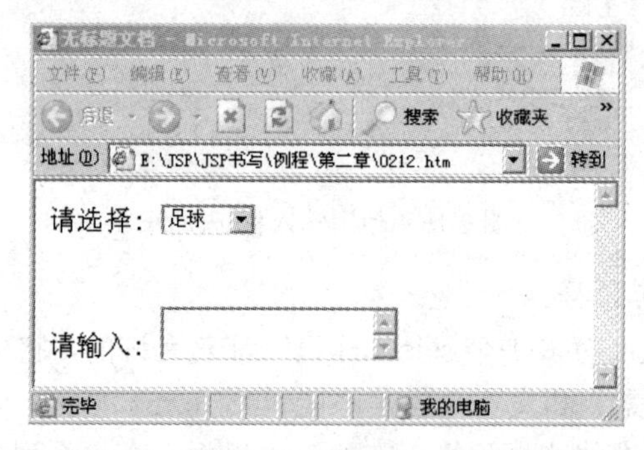

图 2.17　使用 select 和 textarea 标记页面

2.2　CSS 编程技术

CSS（Cascading Style Sheets，层叠样式表）是一种制作网页的技术，现在已经为大多数的浏览器所支持，成为网页设计必不可少的工具之一。使用 CSS 能够简化网页的格式代码，加快下载显示的速度，也减少了需要上传的代码数量，大大减少了重复劳动的工作量。

CSS 是一种样式描述规则，利用 CSS 可以定义 HTML 中元素的显示效果，包括元素的位置、颜色、背景、边空、字体、排版格式等。CSS 的基本思想是为文档中的各个标记定义出一组相应的显示样式。

定义的格式为：选择符 {样式属性：取值；样式属性：取值；…}

下面给出一个 HTML 的例子，为读者增加一些感性认识。

```
<html>
<head>
<style>
h1{color:red; }
myclass{color:green}
h2.myclass{color:blue}
#myid{color:brown}
</style></head>
<body>
<h1>这是红色的一号标题。</h1>
<p class="myclass">"myclass"类中的正文是绿色的。</p>
```

```
<h2 class="myclass">但"myclass"类中的二号标题是蓝色的。</h2>
<p class="myclass" id="myid">以"myid"为标识的正文则是棕色的。</p>
</body>
</html>
```

浏览结果如图 2.18 所示。

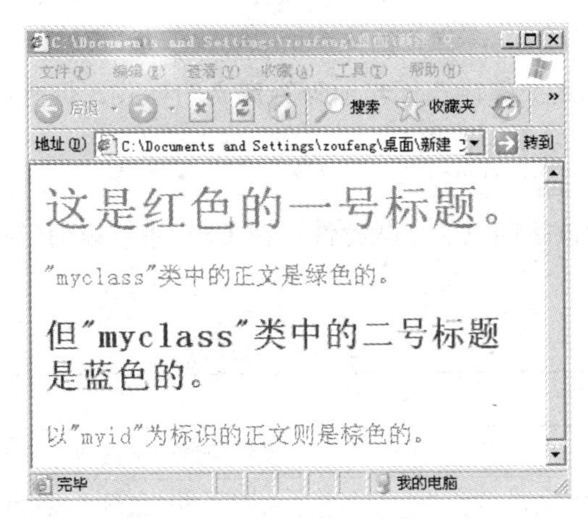

图 2.18　CSS 样式单

2.2.1　CSS 的定义方法

CSS 几经修订，现已包容了非常全面复杂的显示效果。这里只大致介绍一些 CSS 的基本定义方法，如果需要更详细的信息，请查看相关书籍和参考手册。

1. 选择符

选择符是指被施加样式的元素，浏览器在文件中碰到这些元素时，就使用定义好的样式来显示它们。基本的选择符包括标记、类、标识、伪类等。

（1）标记（tag）选择符

标记可以是 HTML 中的标记，也可以是 XML 中已定义的标记。具体的定义方式是：

标记名 ｛ 样式属性：取值；样式属性：取值；…｝

在本例中为 HTML 中的标记<h1>定义了样式，将该标记下的文本用红色显示，因此，浏览结果中的第一行是红色的。

（2）类（class）选择符

无论是 HTML 还是 XML 文档，有些内容是可以分类处理的，相应地，对于某一类的内容可以定义不同的样式予以显示。例子中定义了一个类 myclass，并为它定义了绿色显示的样式，所以属于该类的元素，即第二行文本，显示出来是绿色的。

注意，定义样式时 class 可以与标记相关联。在样式单的第三行为属于 myclass 类的标记<h2>定义了蓝色显示的样式，相应地，第三行文本呈蓝色。

与标记相关的类选择符与不相关的类选择符的定义方法分别是：

标记名.类名 ｛ 样式属性：取值；样式属性：取值；…｝

注意一定不能忘记类名前面的“.”符号。

另外，在对 XML 文档中的类定义样式时，首先该 class 应该在 DTD 中预先声明，否则会导致错误的发生。

（3）标识（id）选择符

在HTML/XML文档中，常常要唯一地标识一个元素，即赋予它一个id标识，以便在对整个文档进行处理时能够很快地找到这个元素。CSS也可以将标识id作为选择符进行样式设定，定义的方法与类大同小异，只要把符号“.”改成“#”即可。方法是：

标记名#标识名｛样式属性：取值；样式属性：取值；…}

#标识名｛样式属性：取值；样式属性：取值；…}

一般情况下，为标识定义的样式优先于为类定义的样式，因此例子中第四行中的文本虽然属于类myclass，但显示效果为棕色。

（4）伪类（pseudo-class）选择符

伪类选择符主要是指链接锚点的一些特性，在CSS中可以为链接锚点的不同状态赋予不同的属性，如表2.3所示。

表2.3 伪类选择符

示例	效果
A:link{ color: blue }	没访问过的链接颜色显示为蓝色
A:visited{ color: red }	访问过的链接颜色显示为红色
A:active{ color: yellow }	激活的链接颜色显示为黄色
A:hover { color: green }	鼠标滑过链接时颜色显示为绿色

可以将某个样式同时施加在多个选择符指定的不同元素上，只要将大括号括起来的样式定义之前的各选择符之间用逗号分隔即可。如果选择符之间用空格分隔，则用前面的父元素来约束后面的子元素。

选择符，选择符，…{ 样式属性：取值；样式属性：取值；…}

2. 样式属性

样式属性就是指元素的哪些属性可以在样式表中给予改变，包括字体属性、颜色属性、背景属性、文本属性、边框属性等，还有一些与页面排版、跨媒体出版相关的内容。

在定义样式时，除需指出样式所施加的元素、元素的属性之外，还要给属性赋予一个新值。根据属性的不同，属性值的选取也有所不同，主要有以下4种：长度、URL、颜色和关键字。

2.2.2 使用CSS显示HTML文档

为网页添加样式表的方法有如下4种：

（1）最简单的方法是直接添加在HTML的标记符里。

```
<tag style="properties">网页内容</tag>
```

举个例子：

```
<p style="color: blue; font-size: 10pt">CSS 实例</p>
```

代码说明：

用蓝色显示字体大小为10pt的“CSS实例”。尽管使用简单、显示直观，但是这种方法不怎么常用，因为这样添加无法完全发挥样式表的优势“内容结构和格式控制分别保存”。

（2）添加在HTML的头信息标记符<head>里。

```
< head>
< style type="text/css">
```

```
<!--
样式表的具体内容
-->
</style>
</head>
```

type="text/css"表示样式表采用 MIME 类型，帮助不支持 CSS 的浏览器过滤掉 CSS 代码，避免在浏览器面前直接以源代码的方式显示我们设置的样式表。但为了保证上述情况一定不要发生，还是有必要在样式表里加上注释标记符“<!--注释内容-->”。

（3）链接样式表。同样是添加在 HTML 的头信息标记符<head>里。

```
<head>
<link rel="stylesheet" href="*.css" type="text/css" media="screen">
</head>
```

*.css 是单独保存的样式表文件，其中不能包含<style>标记符，并且只能以 css 为后缀。

media 是可选的属性，表示使用样式表的网页将用什么媒体输出。取值范围：

- screen（默认）：输出到电脑屏幕。
- print：输出到打印机。
- TV：输出到电视机。
- projection：输出到投影仪。
- aural：输出到扬声器。
- braille：输出到凸字触觉感知设备。
- tty：输出到电传打字机。
- all：输出到以上所有设备。

如果要输出到多种媒体，可以用逗号分隔取值表。

rel 属性表示样式表将以何种方式与 HTML 文档结合。取值范围：

- stylesheet：指定一个外部的样式表。
- alternate stylesheet：指定使用一个交互样式表。

（4）联合使用样式表。同样是添加在 HTML 的头信息标记符<head>里。

```
<head>
<style type="text/css">
<!--
@import "*.css"
其他样式表的声明
-->
</style>
</head>
```

以@import 开头的联合样式表输入方法和链接样式表的方法很相似，但联合样式表输入方式更有优势。因为联合法可以在链接外部样式表的同时，针对该网页的具体情况，做出别的网页不需要的样式规则。

需要注意的是：联合法输入样式表必须以@import 开头。如果同时输入多个样式表有冲突，将按照第一个输入的样式表对网页排版；如果输入的样式表和网页里的样式规则冲突，将使用外部的样式表。

2.3 Dreamweaver

Dreamweaver 是 Macromedia 公司继 Flash 之后推出的又一梦幻工具。Dreamweaver、Flash 以及在 Dreamweaver 之后推出的针对专业网页图像设计的 Fireworks，三者被 Macromedia 公司称为“梦之队”，同时被广大使用者称为网页制作三剑客。

说到 Dreamweaver，我们应该了解一下网页编辑器的发展过程。随着 Internet 的普及，HTML 技术的不断发展和完善，随之产生了众多的网页编辑器，从网页编辑器的基本性质来看，可以分为所见即所得网页编辑器和非所见即所得网页编辑器（即源代码编辑器），两者各有千秋。

1. 所见即所得网页编辑器的优缺点

所见即所得网页编辑器的优点就是其直观性，使用方便，容易上手。在所见即所得网页编辑器中进行网页制作和在 Word 中进行文本编辑不会感到有什么区别，但它同时也存在着致命的弱点：

（1）难以精确达到与浏览器完全一致的显示效果。现在市面上主流的浏览器分别为微软公司的 IE，谷歌公司的 Chrome 以及 Mozilla 基金会的 Firefox 浏览器，但是这三个浏览器并不能做到真正的无缝连接，所以在很多实际开发项目中，程序员要做的不只是写代码，还要为浏览器兼容问题做很多的调试工作。

（2）页面源代码难以控制。

如何实现既干净又准确的 HTML 代码，且又具备所见即所得的高效率、直观性，一直是网页设计师的梦想。在 Dreamweaver 之前，FrontPage 一直被认为是最好的所见即所得网页编辑器，但它同样有所见即所得工具的一些缺点，现在可以说 Dreamweaver 正在逐步实现网页设计师的梦想。

2. Dreamweaver 的主要特点

（1）最佳的制作效率。Dreamweaver 可以用最快速的方式将 Fireworks、Freehand 或 Photoshop 等文件移至网页上。

（2）网站管理。使用网站地图可以快速制作网站雏形，设计、更新和重组网页。

（3）无可比拟的控制能力。Dreamweaver 支持精确定位，利用图层以拖放方式进行版面布局。

（4）所见即所得。在使用 Dreamweaver 设计动态网页时，它的所见即所得功能使用户不需要通过浏览器就能预览网页。

（5）模板和 XML。Dreamweaver 将内容与设计分开，应用于快速网页更新和团队合作网页编辑。也可以使用模板正确地导入或导出 XML 的内容。

（6）全方位的呈现。利用 Dreamweaver 设计的网页，可以呈现在任何平台的热门浏览器上。当新的浏览器上市时，只要从 Dreamweaver 的网站下载它的描述文件，便可得到详尽的报告。

2.3.1 操作界面

1. 选择工作区布局（仅适用于 Windows）

在 Windows 中首次启动 Dreamweaver 时，会出现一个对话框。可以从中选择一种工作区布局。建议使用 MDI（多文档界面）的集成工作区。

注意：在任何一种布局中，都可以在工作区的任何一侧停靠面板组。

2. 窗口和面板概述

起始页（未显示）使你可以打开最近使用的文档或创建新文档。在起始页中，还可以通过产品介绍或教程了解关于 Dreamweaver 的更多信息。

“插入”栏包含用于将各种类型的“对象”（如图像、表格和层）插入到文档中的按钮。每个对象都是一段 HTML 代码，允许在插入它时设置不同的属性。例如，可以通过单击“插入”栏中的“表格”按钮插入一个表格。如果愿意，也可以不使用“插入”栏而使用“插入”菜单插入对象。

“文档”工具栏包含按钮和弹出式菜单，它们提供各种“文档”窗口视图（如“设计”视图和“代码”视图）、各种查看选项和一些常用操作（如在浏览器中预览）。“文档”窗口显示当前创建和编辑的文档。

“属性”检查器用于查看和更改所选对象或文本的各种属性。每种对象都具有不同的属性。

面板组是分组在某个标题下面的相关面板的集合。若要展开一个面板组，请单击组名称左侧的展开箭头；若要取消停靠一个面板组，请拖动该组标题条左边缘的手柄。

“文件”面板使你可以管理自己的文件和文件夹，无论它们是 Dreamweaver 站点的一部分还是在远程服务器上，还可以使用户访问本地磁盘上的全部文件，非常类似于 Windows 资源管理器（Windows）或 Finder（Macintosh）。

Dreamweaver 提供了多种面板、检查器和窗口，例如“CSS 样式”面板和“标记检查器”。若要打开 Dreamweaver 面板、检查器和窗口，请使用“窗口”菜单。

具体界面如图 2.19 所示。

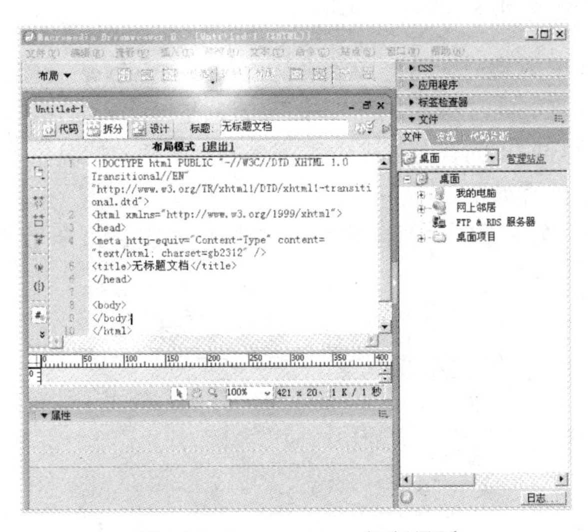

图 2.19　Dreamweaver 运行界面

3. 菜单概述

“文件”菜单和“编辑”菜单包含“文件”菜单和“编辑”菜单的标准菜单项，例如“新建”、“打开”、“保存”、“保存全部”、“剪切”、“复制”、“粘贴”、“撤消”和“重做”。“文件”菜单还包含各种其他命令，用于查看当前文档或对当前文档执行操作，例如“在浏览器中预览”和“打印代码”。“编辑”菜单包含选择和搜索命令，例如“选择父标记符”和“查找和替换”。

在 Windows 中，“编辑”菜单还提供对 Dreamweaver 菜单中“首选参数”的访问；在 Macintosh 中，使用 Dreamweaver 菜单可以打开“首选参数”对话框。“视图”菜单使用户可以看到文档的各种视图（例如“设计”视图和“代码”视图），并且可以显示和隐藏不同类型的页面元素和 Dreamweaver 工具及工具栏。

- “插入”菜单提供“插入”栏的替代项，用于将对象插入用户的文档。
- “修改”菜单使用户可以更改选定页面元素或项的属性。使用此菜单，可以编辑标记符属性，更改表格和表格元素，并且为库项和模板执行不同的操作。
- “文本”菜单使用户可以轻松地设置文本的格式。
- “命令”菜单提供对各种命令的访问；包括一个根据用户的格式首选参数设置代码格式的命令、一个创建相册的命令，以及一个使用 Macromedia Fireworks 优化图像的命令。
- “站点”菜单提供用于管理站点以及上传和下载文件的菜单项。

提示：以前版本的 Dreamweaver 中的“站点”菜单的部分功能现在可以在“文件”面板的“选项”菜单中找到。

- “窗口”菜单提供对 Dreamweaver 中的所有面板、检查器和窗口的访问（要访问工具栏，请参见“视图”菜单）。
- “帮助”菜单提供对 Dreamweaver 文档的访问，包括关于使用 Dreamweaver 以及创建 Dreamweaver 扩展功能的帮助系统，还包括各种语言的参考材料。除了菜单栏菜单外，Dreamweaver 还提供多种上下文菜单，可以利用它们方便地访问与当前选择或区域有关的命令。若要显示上下文菜单，可右击（Windows）或在按住 Ctrl 键的同时单击（Macintosh）窗口中的某一项。

2.3.2 用 Dreamweaver 建立 JSP 站点

当定义一个本地 JSP 站点时，首先应该确认让 Dreamweaver 在哪里为这个站点存储所有的文件。为了有效地在 Dreamweaver 中工作，应该总是每次为创建的每个网络站点定义一个本地站点，以便从建立好站点的资源列表中了解该站点文件的情况。

建立与编辑站点的步骤如下：

（1）选择“站点”菜单下的“新建站点”，会弹出如图 2.20 所示的对话框。

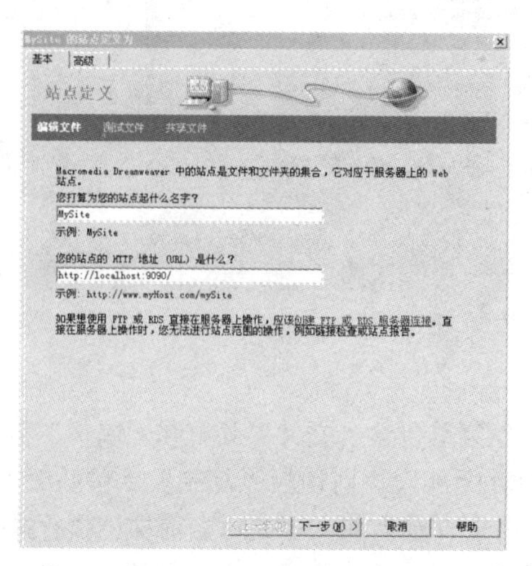

图 2.20 站点设置对话框

（2）在对话框中，输入站点名称，这里输入 MySite，HTTP 地址填入你的服务器访问地址，这里填的是http://localhost:9090/（该 9090 端口号可根据个人情况自行设置，一般默认为 8080）。

（3）单击“下一步”按钮，选择“是，我想使用服务器技术”单选按钮，在“哪种服务器技术”下拉列表中选择 JSP，如图 2.21 所示。

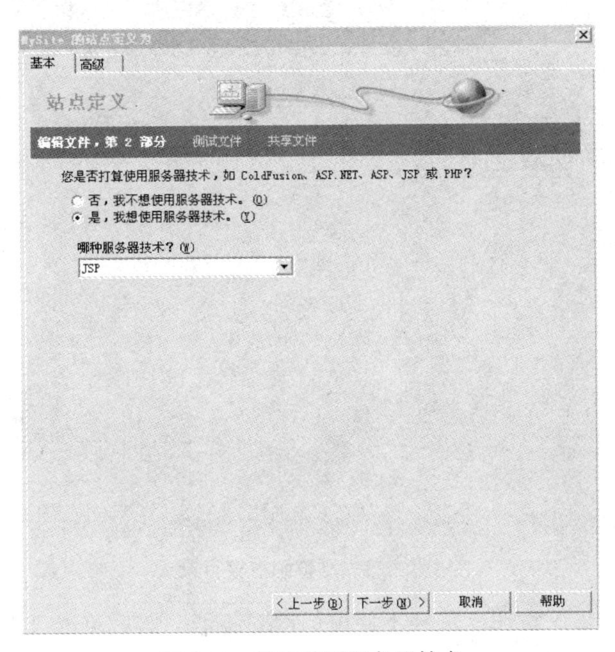

图 2.21　是否使用服务器技术

（4）单击“下一步”按钮，选择“在本地进行编辑和测试”单选按钮，文件存储位置为 D:\Tomcat 5.0\webapps\，如图 2.22 所示。

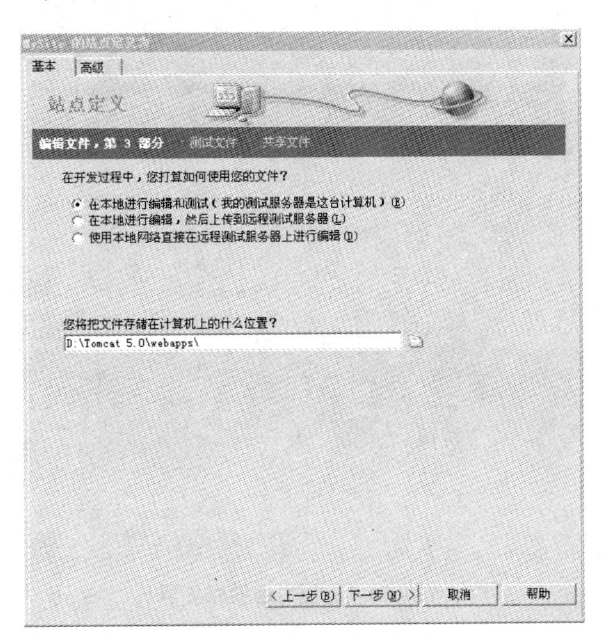

图 2.22　文件存储地址

（5）单击“下一步”按钮，URL 填为http://localhost:9090/，如果要测试 URL，请先启动 Tomcat，如图 2.23 所示。

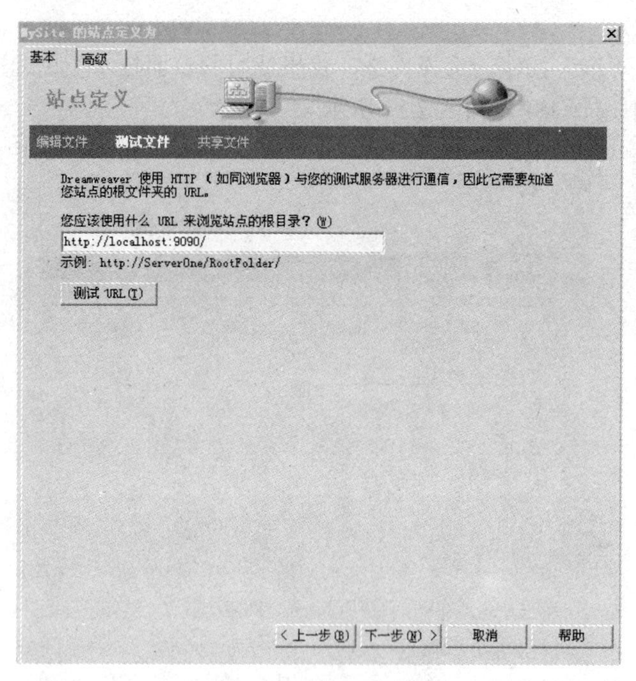

图 2.23　浏览站点根目录

（6）单击“下一步”按钮，选择不使用远程服务器。然后单击“下一步”按钮，再单击“完成”按钮，便完成了整个 JSP 站点的配置过程，如图 2.24 所示。

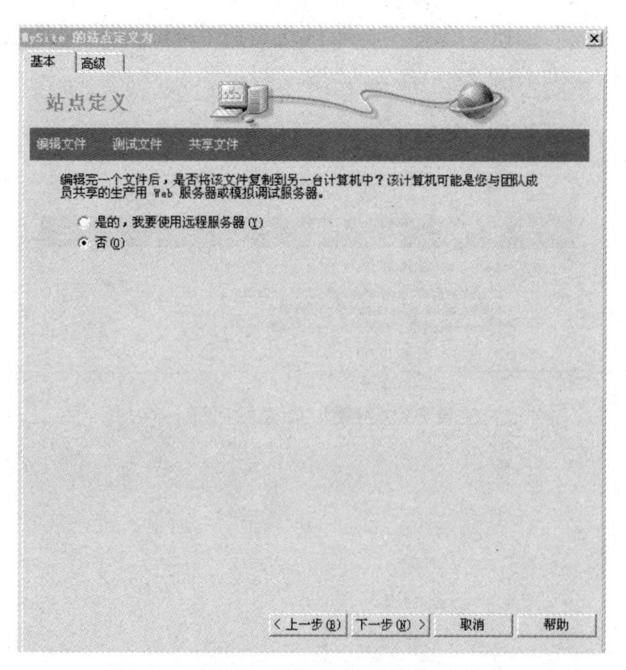

图 2.24　不使用远程服务器

创建完 JSP 站点后，就可以直接在 Dreamweaver 上单击“预览”来查看你写的 JSP 页面效果了。

本节介绍了 Dreamweaver 的一些常用功能。Dreamweaver 还有很多优点，由于篇幅的限制这里不能一一列举。若要从事网页制作方面的工作，应该熟练掌握 Dreamweaver，希望您在制作网页的过程中能举一反三。

HTML 是一种制作网页的标记语言，现将经常用到的一些标记符的基本语法总结出来，如表 2.4 至表 2.8 所示。

表 2.4　HTML 的一般语法

标记符范例	功能说明
<pre></pre>	预先格式化文本
<h1></h1>	最大的标题
<h6></h6>	最小的标题
<b></b>	黑体字
<i></i>	斜体字
<tt></tt>	打印机风格的字体
<cite></cite>	引用，通常是斜体
<em></em>	强调文本（通常是斜体加黑体）
<strong></strong>	加重文本（通常是斜体加黑体）
<font size=" "></font>	设置字体大小，从 1～7
<font color=" "></font>	设置字体的颜色，使用颜色的名字或 RGB 的十六进制值

表 2.5　HTML 链接标记符

标记符范例	功能说明
<a href="url"></a>	创建超文本链接
<a href=mailto:email></a>	创建自动发送电子邮件的链接
<a name="name"></a>	创建位于文档内部的书签
<a href="#name"></a>	创建指向位于文档内部书签的链接

表 2.6　HTML 框架标记符

标记符范例	功能说明
<frameset></frameset>	放在一个框架文档<BODY>标记符之前，也可嵌在其他框架文档中
<frame rows="value,value">	定义一个框架内的行数，可以使用绝对像素值或高度的百分比
<frame cols="value,value">	定义一个框架内的列数，可以使用绝对像素值或宽度的百分比
<noframe></noframe>	定义在不支持框架的浏览器中显示什么提示
<frame src="url">	规定框架内显示的 HTML 文档
<frame name="name">	命名框架或区域，便于其他框架可以指向它

续表

标记符范例	功能说明
<frame marginwidth=" ">	定义框架左右边缘的空白大小，必须大于等于 1
<frame marginheight=" " >	定义框架上下边缘的空白大小，必须大于等于 1
<frame scrolling=" ">	设置框架是否有滚动栏，其值可以是 yes、no 或 auto
<frame noresize>	禁止用户调整一个框架的大小

表 2.7　HTML 格式标记符

标记符范例	功能说明
<p></p>	创建一个段落
<p align=" ">	将段落按左、中、右对齐
 	插入一个回车换行符
<blockquote>	从两边缩进文本
<dl></dl>	定义列表
<dt>	放在每个定义术语词前
<dd>	放在每个定义之前
<ol></ol>	创建一个标有数字的列表
<ul></ul>	创建一个标有圆点的列表，定义一个框架内的行数
<li>	放在每个列表项之前，若在<ol></ol>之间则每个列表项加上一个数字，若在<ul></ul>之间则每个列表项加上一个圆点
<div align=" "></div>	用于排版大块的 HTML 段落，也用于格式化表

表 2.8　HTML 表单标记符

标记符范例	功能说明
<form></form>	创建表单
<select multiple name="name" size=" "></select>	创建滚动菜单，size 设置在需要滚动前可以看到的表单项数目
<option>	设置每个表单项的内容
<select name="name"</select>	创建下拉菜单
<textarea name="name" cols=40 rows=8> </textarea>	创建一个文本框区域，列的数目设置宽度，行的数目设置高度
<input type="checkbox" name="name">	创建一个复选框，文字在标记符后面
<input type="radio" name="name" value=" ">	创建一个单选按钮，文字在标志后面
<input type=text name="foo"size=20>	创建一个单行文本输入区域，size 设置字符串宽度
<input type="submit" value="name">	创建提交按钮
<input type="image" border=0 name="name" src="name.gif">	创建一个使用图像的提交按钮
<input type="reset">	创建复位按钮

CSS（Cascading Style Sheet 的简写，全译为层叠样式表）。在网页中占有极重要的地位，它的使用一直是讨论的热门话题。CSS 几乎可以定义所有的网页元素。CSS 虽然功能强大，但平时我们用到的很少，最常见的有：定义字体大小（用 CSS 定义的字体大小不会因浏览器的字体设置而改变）、去掉超链接下划线、超链接变色等。

Dreamweaver 有很强的网页设计功能，不仅可以使网页的设计所见即所得，而且对一个站点的管理也更加规范。

习题二

一、填空题

1．HTML 是__________的缩写，中文意思是__________。

2．HTML 网页文件的后缀名为__________或__________。

3．在 HTML 语言中，表单标记为__________，表单输入标记为__________，多行文本输入标记为__________。

4．E-mail 地址的超链接格式为__________。

5．表单中 method 方法有两种，分别是__________和__________。

6．CSS 是__________的缩写，中文意思是__________。

7．被称为“网页制作三剑客”的三种工具分别是__________、__________、__________。

二、选择题

1．<html>用来标记网页的（　　）。

A．开始　　B．标头　　C．标题　　D．正文

2．align 属性用来标记（　　）。

A．样式表　　B．对齐方式　　C．段落　　D．换行

3．<a>用来标记（　　）。

A．表格　　B．图片　　C．文件夹　　D．超链接

4．当复选框增加 checked 属性时表示（　　）。

A．处于选择状态　　B．处于取消状态

C．可被选择　　D．不可被选择

5．以下（　　）不属于表单标记符。

A．input　　B．select　　C．table　　D．textarea

6．下列（　　）不是 Dreamweaver 的特性。

A．大大减少了重复劳动的工作量　　B．最佳的制作效率

C．网站管理　　D．无可比拟的控制能力

三、简答题

1．<p>与
有何区别？

2．<table>与<form>有何区别？

3．表单中 method 有哪两种方法？它们有何区别？

4．使用 CSS 显示 HTML 文档的方法有哪些？请实际操作来区别。

四、操作题

1．利用定义表格的方法，设计一个学生学习成绩表的网页。

2．利用 Dreamweaver 进行页面版面设计，学会利用 Dreamweaver 完成图像、文字、动画的插入，以及改变相应的属性值。

3．利用 Dreamweaver 完成 Flash 文字和 Flash 按钮的插入。

4．试使用 Dreamweaver 制作并调试一个“2013 年国庆展览”的网页。

5．试使用 Dreamweaver 设计一个个人主页，展示自己的魅力。

第 3 章　JavaScript 和 Java 语言

为什么学习 JSP 之前必须掌握 JavaScript 和 Java 语言？因为 JSP 是基于 Java 语言的，JSP 是 Java 的网络应用，所以理所当然要熟悉 Java 语言，而 JavaScript 是一种基于对象的脚本语言，主要负责客户端的界面控制等工作，既能让你在开发过程中事半功倍，又能减轻服务器负荷。还能通过采用事件驱动机制，在客户端（浏览器）与用户之间实现大量的交互，创建出惊人的特效。

- JavaScript
- Java 编程语言

3.1　JavaScript

JavaScript 是一种简洁的、面向对象的、跨平台的客户端脚本语言，和 VBScript 一样，它可以被嵌入到 HTML 文件中，直接被浏览器执行，从而产生多种多样的动态网页效果。

3.1.1　JavaScript 概述

JavaScript 和 Java 很类似，但并不相同。JavaScrip 相比 Java 而言要简单小巧得多。JavaScript 与 Java 的对照如表 3.1 所示。

表 3.1　JavaScript 与 Java 的对照

JavaScript	Java
在客户端（client）解释执行，无须编译	运行前需在服务器端编译好
基于对象：一般使用内建对象，没有类或继承的语法	面向对象：对象导向、对象类别、对象继承等
嵌入在 HTML 文件中	通过 HTML 调用，没有嵌入在 HTML 文件中
变量无须说明类型（弱类型）	变量必须说明类型（强类型）
动态连接：对象的引用在运行阶段完成	静态连接：对象的引用必须在编译时完成
安全性：不能写入硬盘	安全性：不能写入硬盘

1．JavaScript 的特点

JavaScript 是一种基于对象和事件驱动并具有安全性能的脚本语言。它弥补了 HTML 语言的缺陷，是 Java 与 HTML 折衷的选择，具有以下几个基本特点：

- 基于对象：它能自己创建或运用脚本环境内建对象。
- 简单性：基本语法结构与其他面向对象的高级语言类似，但舍弃了许多复杂特性；语法要求不是很严格，方便书写；与 HTML 标记符结合在一起，在运行过程中被逐行解释执行。
- 安全性：JavaScript 不允许访问本地硬盘，不能将数据存入服务器，不允许修改或删除网络文档，只能通过浏览器实现信息浏览或动态交互，从而有效地保证了数据的安全性。
- 动态性：JavaScript 采用事件驱动的方式直接响应用户的操作。
- 跨平台：JavaScript 依赖于浏览器，与操作系统无关，只要浏览器支持 JavaScript 就可正确执行。

2. JavaScript 的运行和编辑环境

- 运行环境：Netscape Navigator 3.0 以上或 Internet Explorer 4.0 以上。
- 编辑环境：任何可以编辑 HTML 文档的文本编辑器（Notepad、Wordpad 等）或专门的网页编辑器（FrontPage、Dreamweaver 等）。

3. 在 HTML 中嵌入 JavaScript 脚本

在 HTML 中使用 JavaScript 时，应将 JavaScript 程序放在<script></script>标记符之间。看看下面这个输出“Hello,World!”的程序，该程序的运行结果如图 3.1 所示，文件名为 0301.htm。

【例 3.1】0301.htm

```
<html><head><title>我的第一个 JavaScript 程序</title></head>
<body>
<script language="JavaScript">
document.write("Hello, World!")
</script>
</body></html>
```

图 3.1 一个简单的 JavaScript 程序

script 标记可以放在 HTML 文档的 head 或 body 中，但通常建议把 script 标志放于文档头部，以使文档中所有的 JavaScript 定义均在显示文档的主体部分之前。

script 标记开始时，language="JavaScript"指定了 script 的属性 language 为 JavaScript，即脚本语言采用 JavaScript。脚本中唯一的语句的功能是：使用 document 对象的 write 方法向当前的 document 对象（即当前的 HTML 文档）写出一个字符串“Hello, World!”。

在 HTML 中加入已有的 JavaScript 脚本文件，可以使用 script 标记的 src 属性来加入一个已存在的 JavaScript 脚本文件，从而实现代码的重用。例如：

```
<script language="JavaScript" src="program.js">    //把 program.js 中的程序包含进来
</script>
```

此处的 program.js 指明了一个 JavaScript 程序文件，文件的扩展名应为.js。

上例中若 program.js 的内容如下，则可等同于例 3.1 中<script></script>间的脚本程序。

```
document.write("Hello, World! ")        //输出 Hello, World!
```

3.1.2　JavaScript 语言结构

1．数据和运算符

JavaScript 有 6 种数据类型，如表 3.2 所示。

表 3.2　JavaScript 的数据类型

保留字	类型名		说明	备注
float	数值	浮点型	整数可以为正数、0 或者负数	如：365，0，-168
int		整型	浮点数可以使用实数的普通形式或科学计数法	如：3.14159，1.26E-3
string	字符串类型		字符串是用单引号或双引号括起来的（使用单引号可输入包含引号的字符串）	如：'Hello World!'或"Beijing 2008"
boolean	布尔型		可能的值有 true 和 false	不能用 1 和 0
undefined	不定类型		指变量被创建但未被赋值时所具有的值	
null	空类型		没有任何值，什么也不表示	
object	对象类型			

在 JavaScript 中变量用来存放脚本中的值，这样在需要用这个值的地方就可以用变量来代表，一个变量可以存放数值（整数或实数）、文本等。

JavaScript 是一种对数据类型变量要求不太严格的语言，所以不必声明每一个变量的类型，变量声明尽管不是必需的，但在使用变量之前先进行声明是一种好的习惯。可以使用 var 语句来进行变量声明。如：

```
var men = true;   // men 中存储的值为 Boolean 类型
```

但变量命名必须遵循以下规则：

（1）变量名必须以字母、下划线_或美元符$开始。

（2）变量名可以包含字母、数字、下划线或美元符。

（3）变量名的长度是任意的。

（4）JavaScript 区分大小写，因此 MyVar、myvar、Myvar、myVar 是不一样的。

（5）变量名不能是保留字，JavaScript 的保留字如表 3.3 所示。

表 3.3　JavaScript 保留字一览

abstract	extends	int	super
boolean	false	interface	switch
break	final	long	synchronized
byte	finally	native	this
case	float	new	throw

续表

catch	for	null	throws
char	function	package	transient
class	goto	private	true
const	if	protected	try
continue	implements	public	var
default	import	return	void
do	in	short	while
double	instanceof	static	with
else			

注 1. 保留字不可用作变量名、函数名、对象名等。
2. 表中某些保留字暂未使用，留待以后扩展。

运算符是完成操作的一系列符号，在 JavaScript 中有算术运算符、比较运算符、逻辑运算符、字符串运算符、位运算符、赋值运算符、条件运算符等。

（1）算术运算符。JavaScript 中的算术运算符如表 3.4 所示。

表 3.4 JavaScript 的算术运算符

双目	+（加）、-（减）、*（乘）、/（除）、%（求余）
单目	-（取反）、++（自增 1）、--（自减 1）

（2）比较运算符。比较运算符用于测试一个值是否大于、等于或小于另一个值，并按比较的条件成立与否返回一个布尔值（true 或 false）。JavaScript 共有 6 个比较运算符，如表 3.5 所示。

表 3.5 JavaScript 的比较运算符

运算符	含义	运算符	含义
<	小于	<=	小于等于
>	大于	>=	大于等于
==	等于	!=	不等于

（3）逻辑运算符。逻辑运算符把多个比较运算组织起来，形成复合条件，并进行测试，以决定复杂的条件是否为真。JavaScript 中使用了 3 个逻辑运算符，如表 3.6 所示。

表 3.6 JavaScript 的逻辑运算符

运算符	含义	运算符	含义	运算符	含义
&&	逻辑与	||	逻辑或	!	取反

（4）字符串运算符。字符串运算符用于比较和连接字符串。字符串比较运算符==和!=可以用来测试两个字符串是否相等（仅当两个字符串中每个字符都相等），而字符串连接运算符“+”可用来连接两个字符串。

（5）位运算符。位运算符用于对数值的位进行操作，JavaScript 中的位运算符如表 3.7 所示。

表 3.7　JavaScript 中的位运算符

类别	运算符
双目	|（按位或）、&（按位与）、^（按位异或） <<（左移）、>>（带符号右移）、>>>（填充零右移）
单目	~（取补）

（6）赋值运算符。简单赋值表达式将赋值符（=）右边表达式的值存放到赋值符左边的变量中去。而复合赋值表达式混合了其他操作（算术操作、位操作）和赋值操作，如：

```
total += price    等同于    total = total + price
total /= count    等同于    total = total / count
```

JavaScript 中的赋值运算符如表 3.8 所示。

表 3.8　JavaScript 的赋值运算符

运算符	含义	运算符	含义	运算符	含义
=	简单赋值	+=	递增	-=	递减
*=	自乘后赋值	/=	自除后赋值	%=	求余后赋值
&=	与之后赋值	|=	或之后赋值	^=	异或之后赋值
<<=	左移之后赋值	>>=	带符号右移之后赋值	>>>=	填充零右移之后赋值

（7）条件运算符。条件运算符来自 C、C++和 Java，其格式如下：

```
(条件)?expression1:expression2
```

若条件为真，则条件表达式的结果取 expression1 的值，否则取 expression2 的值。

2. 语句和程序控制

语句组成 JavaScript 程序，并控制程序流。JavaScript 所提供的语句分为以下几大类：

（1）一般语句

1）数据声明语句。声明变量的语法如下：

```
var 变量名[=初始值]
```

例：var computer=32　　　//定义 computer 是一个变量，且初值为 32

2）赋值语句。由赋值表达式组成的语句。如 days=365、months=12。

3）注释语句。JavaScript 使用和 C++、Java 相同的注释语句。

- //：单行注释，从“//”开始到本行行尾都为注释。
- /*....*/：多行注释，从“/*”开始到“*/”结束为注释。

（2）选择结构

1）if...else 语句。if...else 语句完成了程序流模块中的分支功能：如果其中的条件成立，则程序执行紧接着条件的语句或语句块；否则程序执行 else 中的语句或语句块。语法如下：

```
if (条件)
{
执行分支语句 1
}
else
{
执行分支语句 2
}
例：if (result == true)
```

```
{
response = "你答对了！"
}
else
{
response = "你错了！"
}
```

2）switch 语句。分支语句 switch 可以根据一个变量的不同值采取不同的处理方法。其语法如下：

```
switch (expression)
{
case label1: 语句串 1;
case label2: 语句串 2;
case label3: 语句串 3;
...
default :    语句串 n;
}
```

如果表达式取的值与程序中提供的任何一条语句都不匹配，将执行 default 中的语句。

（3）循环结构

1）for 语句。其一般语法如下：

```
for (循环变量初始化; 循环变量结束条件; 循环变量自增/减变化)
{
循环体
}
```

只要循环的条件成立，循环体就被反复执行。

2）while 语句。while 语句所控制的循环不断测试循环条件，如果条件成立，则执行循环体，直到条件不再成立。其语法如下：

```
while (循环条件)
{
循环体
}
```

3）do-while 语句。do-while 语句类似于 while 语句，唯一的差别是条件检查放在循环末尾而不是循环开头，这样可保证括号内的语句至少执行一次。do-while 语句的语法如下：

```
do
{
循环体
}while(循环条件);
```

下面示例同一个程序分别用 for、while、do-while 语句来实现。

```
for (i=0; i<10; i++)
{
  document.write(i+"
  <br>")
}
```

```
i=0
while (i<10)
{
  ++i
  document.write(i+"
  <br>")
}
```

```
i=0
do
{
  ++i
  document.write(i+"
  <br>")
} while(i<10);
```

4）break 语句。break 语句结束当前的各种循环，并执行循环语句的下一条语句。

5）continue 语句。continue 语句结束当前的循环，跳过本次循环并马上开始下一次循环。

（4）函数定义语句：function，return

函数必须先定义后使用，因此一般被放在 HTML 文档头中。函数定义的语法如下：

```
function 函数名(参数列表)
{
函数功能的实现部分
return 表达式      //return 语句将表达式的值返回主调程序
}
```

其中：函数名是函数被调用时引用的名称；参数是函数被调用时接收传入数值的变量名。大括号中的语句是函数的执行语句。下面的函数计算参数的平方并返回给主调程序：

```
function square (x)
{   return x*x    }
```

（5）语句的注意事项

1）多个语句可以放在同一行，只要每个语句之间用分号分开即可。

2）分号是 JavaScript 的分行符，但不同行之间也可不用分号。

3）较长的 JavaScript 语句可以由多行文本组成，不需要续行符。

4）语句前可加标号，确定执行程序的转移点。

3.1.3　JavaScript 的事件驱动

虽然 JavaScript 程序可以在页面装入后立即运行，但是在大部分时候都是依靠事件的触发来运行。通过事件触发机制，JavaScript 使 Web 页面得以和用户交互。

1. 什么是事件

在 JavaScript 程序中，任何能引起 JavaScript 代码运行的操作，都称为事件。事件是浏览器响应用户交互操作的一种机制，JavaScript 的事件处理机制可以改变浏览器响应用户操作的方式，这样就能开发出具有交互性，并易于使用的网页。

事件大多数是由 Web 用户触发的。普通的事件包括：页面元素上的单击（单选按钮、submit 按钮、链接等）。位于 HTML 源文件中的 JavaScript 程序将经常被它们所触发。因此，必须学习都有哪些事件，如何监测并等待事件，如何调用事件处理器处理发生的事件。

浏览器自身的一些操作也可以产生事件。比如，当载入一个页面时，就会发生 load 事件，卸载一个页面时，就会发生 unload 事件等。

2. 事件类型

每个事件都有一个可被引用的名字。常用事件如表 3.9 所示。

表 3.9　用户与 Web 页面交互时的常用事件

事件名	说明
click	当用户使用鼠标在超链接或表单元素上单击时，产生该超链接或表单元素的单击事件。表单元素包括按钮、复选框、reset 和 submit 按钮
focus	当用户单击鼠标或用 Tab 键激活某一表单元素时，产生该表单元素的聚焦事件。注意，这与用户往元素中输入有所不同：focus 仅在表单元素被激活时出现
blur	与 focus 文件相反，它发生在当前激活表单元素从激活状态变为非激活状态的时候。如果用户使用单击，或按 Tab 键，将 focus 从当前表单移至其他非激活元素，或单击页面的其他非激活区域，则产生该表单元素的 blur 事件

续表

事件名	说明
change	当用户改变表单元素的原有状态（如在 input 域的文本输入区输入或删除文字，在选择框中改变原有选项）后，将产生该表单元素的 change 事件。需要注意的是：只有当被修改元素失去 focus 时，该事件才会出现
mouseOver	当鼠标指针位于链接的位置之上时，产生 mouseOver 事件。如：每当鼠标指针移至页内的某个链接上时，链接的 url 地址会出现在状态行上
select	当用户在表单文本输入元素内选取一段文本时（按下并拖动鼠标左键，使文本高亮显示），会产生 Select 事件
submit	当用户单击表单元素的 Submit 按钮时，会产生 Submit 事件。注意：Submit 事件在表单真正提交数据之前产生（像在<form>标记中定义的那样）。因此，该事件允许在提交数据之前，进行计算和分析，从而可以根据计算和分析的结果决定是否采取进一步的行动

3. 如何监测事件

对每个特定的页面元素（链接、表单等），都可以指定监视事件。监视事件的方法与定义该元素的其他属性一样，具体形式为：onEvent="JavaScript program"。下面是一个简单的例子。

在 HTML 文档，链接是这么定义的：

```
<a href= "url"> 这是一个链接 </a>
```

当用户浏览该页时，链接被以另一种颜色显示出来。如果用户单击，将转到指定的 URL。

假设需要在鼠标移到链接的上方时，运行某个 JavaScript 程序。那么，需要一个 mouseOver 触发器。只要设置 onMouseOver 属性（attribute）为“JavaScript program”，把这一属性加入定义链接的标记：

```
<a href= "url" onMouseOver＝"JavaScript program"> 这是一个链接 </a>
```

这样在用户浏览该页时，当鼠标移到链接的上方，就会触发 MouseOver 事件，从而执行 onMouseOver 属性指定的“JavaScript program”程序。

4. 如何调用事件处理器

事件监视器形如 onEvent＝" JavaScript program"。双引号中的部分用来说明触发后如何处理事件，被称为事件处理器，实际上是 JavaScript 程序代码。

双引号之间的事件处理器有两种基本形式：函数调用和直接代码。

（1）函数调用

函数调用是最常用也是最合适的事件处理器。这也是函数如此有用的原因所在。一个设计良好的 Web 页面，一般将函数在页面头部的<head>部分进行定义。然后在 Web 页面的其余部分利用函数调用设置事件处理器。

如果以函数调用作为事件处理器，上面的例子可能变成这样：

```
< a href= "url" onMouseOver＝"myFunction(arguments)"> 这是一个链接 </a>
```

本例中，如果用户将鼠标指针置于链接之上时，myFunction(arguments)将被调用，其中 arguments 是函数 myFunction()的参数列表。如果单击该链接，将进入 URL 所指向的网页。

（2）直接代码

除使用函数调用外，还可以通过直接在双引号间书写 JavaScript 代码来实现事件处理器。虽然多条语句的事件处理器应使用函数来实现，但在双引号之间写上整个程序也无所谓。不过有两条规则必须遵守。

1）各条语句间要用分号（;）分开。

2）不能使用双引号（"）。双引号的出现意味着事件处理器定义的结束，故只能在需要引号的地方使用单引号（'）（在函数调用中传递参数时，也是如此。因此，如果要使用字符串作为函数参数，必须使用单引号）。

3）事件处理器里无法引用一个外部文件。但是可以通过在 Web 页面的<head>部分使用<script src="url of file".js></script>标记来载入外部程序，而在 onEvent 属性中调用这些函数作为事件处理器。

3.1.4 JavaScript 的对象

JavaScript 没有提供像抽象、继承、重载等面向对象语言的复杂功能，而是把常用的对象封装起来提供给用户，用户可以使用 JavaScript 的内置对象、浏览器提供的对象、服务器提供的对象，还可以创建自己的对象扩展 JavaScript 的功能。这些对象组成了一个非常强大的对象系统，为用户提供了强大的功能。

1. 对象的概念

（1）对象的基本结构

JavaScript 中的对象是由属性（properties）和方法（methods）两个基本的元素构成的。属性是对象的内置变量，用于存放该对象的特征参数等信息；方法是对象的内置函数，用于对该对象进行操作。

（2）引用对象的途径

可以采取以下几种方式获得一个对象：①引用 JavaScript 内部对象；②引用由浏览器提供的对象；③创建新对象。

在引用一个对象之前，这个对象必须存在，否则引用将失去意义而出错。

（3）对象专有的操作符和语句

JavaScript 提供了几个用于操作对象的语句、关键词和运算符。

1）for...in 语句。格式如下：

```
for(属性名 in 对象名)
```

说明：该语句用于对对象的所有属性进行操作的循环控制，而无须知道属性的个数。

下列函数用于显示数组中的内容：

```
function showData(object)
for (var i=0; i<30;i++)
document.write(object[i]);
```

该函数是通过数组下标顺序值来访问对象的每个属性，使用这种方式首先必须知道数组的下标值，否则若超出范围，就会发生错误。而使用 for...in 语句，则根本不需要知道对象属性的个数：

```
function showData(object)
for(var prop in object)
document.write(object[prop]);
```

使用该函数时，在循环体中，for 自动将它的属性取出来，直到最后为止。

2）with 语句。使用该语句的意思是：在该语句体内，任何对变量的引用被认为是这个对象的属性，以节省一些代码。

```
with object
{
```

```
[JavaScript 语句]
}
```

所有在 with 语句后花括号中的语句，都是在其后面 object 对象的作用域内的。

3）this 关键词。this 是对当前对象的引用，在 JavaScript 中由于对象的引用是多层次、多方位的，往往一个对象的引用又需要对另一个对象的引用，而另一个对象有可能又要引用另一个对象，这样有可能造成混乱，最后自己也不知道现在引用的是哪一个对象，为此 JavaScript 提供了一个用于将对象指定为当前对象的语句 this。

4）new 运算符。虽然在 JavaScript 中对象的功能已经非常强大了。但更强大的是设计人员可以按照需求来创建自己的对象，以满足某一特定的要求。使用 new 运算符可以创建一个新的对象。其创建对象使用如下格式：

```
Newobject=new Object(Parameters table);
```

其中，Newobject 是创建的新对象，Object 是已经存在的对象；Parameters table 是参数表；new 是 JavaScript 中的命令语句。如创建一个日期新对象：

```
newDate=new Date()
birthday=new Date(December 12.1998)
```

之后就可使 newDate、birthday 作为一个新的日期对象了。

（4）对象属性的引用

对象属性的引用可由下列方式之一实现，如表 3.10 所示。

表 3.10　对象属性的引用

<table>
<tr><th>引用方式</th><th colspan="3">举例</th></tr>
<tr><td>使用点运算符（.）</td><td colspan="3">person.Name="李刚"
person.City="长沙"
person.Birth="1980"</td></tr>
<tr><td rowspan="2">以数组形式
访问属性</td><td colspan="3">person[0]="李刚"
person[1]="长沙"
person[2]="1980"</td></tr>
<tr><td>function PrintPerson1 (object)
for (var j=0; j<2; j++)
document.write(object[j]);</td><td>或</td><td>function PrintPerson2 (object)
for (var prop in this)
document.write(this[prop]);</td></tr>
<tr><td>使用属性名
（字符串）</td><td colspan="3">person["Name"]="李刚"
person["City"]="长沙"
person["Birth"]="1980"</td></tr>
</table>

（5）对象方法的引用

JavaScript 中对象方法的引用很简单：

```
ObjectName.methods()
```

如前面用过的：

```
document.write("Hello, World! ");        //其中 write()是 document 对象的方法
```

或

```
with(document)
{
write("Hello, World!");
}
```

2. JavaScript 内部对象的属性和方法

（1）常用内部对象

JavaScript 提供了一些内部对象，在此介绍最常用的三种对象，包括 string（字符串）、math（数值计算）和 date（日期）。

JavaScript 中的对象可以分为两种：其一是静态对象，在引用其属性、方法时不需要为它创建实例；而另一种是动态对象，在引用其对象、方法时必须创建实例。

1）string：字符串对象。string 对象用来存放字符串，是静态对象，它有一个属性 length 和 13 个方法。如表 3.11 所示。

表 3.11　string 对象的主要属性和方法

串长属性	length	字符串的长度（字符串中的字符个数）		
锚点	anchor()	该方法创建如 HTML 文件中一样的 anchor 标记。使用 anchor 如同 HTML 中的<a name="">一样。通过下列格式访问：string.anchor（anchorName）		
字符显示	big()	用大字体显示字符串	small()	用小体字显示字符串
	bold()	用粗体字显示字符串	Italics()	用斜体字显示字符串
	fixed()	用固定高亮字显示字符串	blink()	显示字符串时字符闪烁
	fontsize(size)	指定字体大小为 size	fontcolor(color)	指定字体颜色为 color
大小写转换	toLowerCase()	将字符串转换成小写	toUpperCase()	将字符串转换成大写
字符搜索	indexOf(char,from)	从 from 指定的位置开始搜索字符 char 第一次出现的位置		
获得子串	substring(start,end)	返回字符串从 start 开始到 end 的字符组成的子串		

2）math：算术对象。math 对象提供除加、减、乘、除以外的数值运算，如对数、平方根等。它是静态对象，主要有 8 个属性和 10 种方法，如表 3.12 所示。

表 3.12　math 对象的主要属性和方法

主要属性	E	欧拉常数 e	PI	圆周率
	LN10	10 的自然对数	LN2	2 的自然对数
	LOG10E	以 10 为底 e 的对数	LOG2E	以 2 为底 e 的对数
	SQRT1_2	1/2 的平方根	SQRT2	2 的平方根
主要方法	abs()	绝对值	round()	取整四舍五入
	sqrt()	平方根	pow(base,exp)	base 的 exp 次方幂
	sin()和 cos()	正弦和余弦	asin()和 acos()	反正弦和反余弦
	tan()和 atan()	正切和反正切		

3）date：日期及时间对象。date 对象提供一个有关日期和时间的对象。它是动态对象，使用时必须用 new 运算符创建一个实例（如：MyDate=new Date()）。date 对象没有提供直接访问的属性，只有获取和设置日期和时间的方法，如表 3.13 所示。

（2）JavaScript 中的系统函数

JavaScript 中的系统函数又称内部方法，如表 3.14 所示。它提供了与任何对象无关的系统函数，使用这些函数无须创建任何实例，可直接调用。

表 3.13 math 对象的主要方法

获取日期和时间的方法	getYear()	返回年数	getMonth()	返回当月号数
	getDate()	返回当日号数	getDay()	返回星期几
	getHours()	返回小时数	getMinues()	返回分钟数
	getSeconds()	返回秒数	getTime()	返回毫秒数
设置日期和时间	setYear()	设置年	setDate()	设置当月号数
	setMonth()	设置当月份数	setHours()	设置小时数
	setMinues()	设置分钟数	setSeconds()	设置秒数
	setTime ()	设置毫秒数		

表 3.14 JavaScript 的系统函数

内部方法	含义	注释
eval（字符串表达式）	返回字符串表达式中的值	如：test=eval("8+9+5/2")
unEscape(string)	返回字符串 ASCII 码	
escape(character)	返回字符的编码	
parseFloat(floustring)	返回实数	
parseInt(numberstring,radix)	返回不同进制的数	radix 为数的进制，numberstring 为数字串

3. 浏览器内部对象系统

使用浏览器的内部对象系统，可实现与 HTML 文档进行交互。它的作用是将相关元素组织包装起来，提供给程序设计人员使用，从而减轻编程者的劳动，提高设计 Web 页面的能力。

（1）浏览器对象层次及其主要作用

在前面已经用过文档（document）对象，此外，浏览器中还提供了窗口（window）对象以及历史（history）对象和位置（location）对象。

- window：窗口对象，处于对象层次的最顶层，提供了处理浏览器窗口的方法和属性。
- location：位置对象，提供了处理当前 URL 的方法和属性，是一个静态对象。
- history：历史对象，提供了与浏览器访问的历史记录有关的信息。
- document：文档对象，包含了与文档元素一起工作的对象。它位于最低层，对于实现动态 Web 页起关键作用，是对象系统的核心。
- navigator：浏览器对象，提供有关浏览器的信息。

（2）文档对象功能及其作用

在浏览器中，document 文档对象是核心，其主要作用是把 HTML 页面的基本元素（如 links、anchor 等）封装起来，提供给编程人员使用。

1）文档对象中的对象。在 document 中，anchors、links、form 三个对象最为重要。

- anchors：锚对象。anchors 对象相当于 HTML 页中的书签，是<a name=...> </a>标记被包含在 HTML 页中而产生的对象。document.anchors 是一个数组，数组长度（document.anchors.length）是当前页中书签的个数，数组中顺序存放着当前页所有的 anchors 信息。
- links：链接对象。links 对象相当于 HTML 中的超链接，是<a href=…> </a>标记被包含在 HTML 页中而产生的对象。document.links 也是一个数组，其长度（document.

links.length）是当前页中链接的个数，数组中顺序存放着当前页所有的链接信息。

- form：表单对象。表单属性是<form>…</form>标记被包含在 HTML 页中而产生的对象，由 length 指定。虽然 document.links 也是一个数组，但它存储的对象信息具有多种格式，可以对其编程进行文字输入或动态地改变文档的行为。本章的稍后部分将对其作专门介绍。

2）文档对象中的属性。document 对象中的 attribute 属性，主要用于在引用 href 标识时，控制有关颜色的格式和有关文档标题、文档原文件的 url 以及文档最后更新的日期。这部分元素的主要含义如下：

- 链接颜色：alinkcolor。当鼠标移动到一个链接上时，链接对象本身的颜色就按 alinkcolor 指定的颜色改变。
- 链接颜色：linkcolor。当用户使用<a href=…> Text string </a>链接后，Text string 的颜色就会按 linkcolor 所指定的颜色更新。
- 浏览过后的颜色：vlinkcolor。该属性表示的是已被浏览器存储为已浏览过的链接的颜色。
- 背景颜色：bgcolor。指定 HTML 文档的背景颜色，可以通过修改它随时改变背景颜色。
- 前景颜色：fgcolor。该元素包含 HTML 文档中文本的前景颜色，可以通过修改它随时改变前景颜色。

3）文档对象中的方法。

- clear 方法：clear()方法一经调用，将清除当前窗口中的内容。注意，它既不改变由 HTML 定义的文档的实际内容，也不清除诸如变量值等其他内容。它只是将显示区清空。当然，如果不是想输出新内容，你是不会清除窗口内容的，以下两个方法就用于输出。
- write()和 writeln()方法：这两个方法用于向当前窗口输出 HTML 代码。其参数是想在窗口中输出的 HTML 代码字符串。write()与 writeln()的区别在于 writeln()在输出串后自动添加一个文本换行符（不是 HTML 的换行标记
）。不过，由于 HTML 的标记特性，除非被输出的文本处于<pre></pre>标记块中，文本换行符都将被忽略。因此，大多数情况下，这两种方法没有什么区别。

例如：假设希望向页面中输出大字号的字符串""。可以通过<h1></h1>标记来实现大号字体，输出串为<h1>Hello! User.</h1>。整个调用形式如下：

```
document.write("<h1>Hello! User.</h1>")
```

【例 3.2】这个简单的例子示范了文档对象的一般应用，文件名为 0302.htm。

```
<html><body>
<form name="mytable">请输入数据：                                //在网页上放置 1 个
<input type="text" name="text1" Value="">                        //表单元素：输入框
</form>
<a name="link1" href="121.htm">第一个链接</a><br>                 //在网页上放置 3 个
<a name="link2" href="122.htm">第二个链接</a><br>                 //超链接
<a name="link2" href="123.htm">第三个链接</a><br>
<a href="#link1">第一个锚点</a>                                   //在网页上放置 3 个
<a href="#link2">第二个锚点</a>                                   //锚点
<a href="#link3">第三个锚点</a>
<br>
<script language="JavaScript">
document.write("文档有"+document.links.length+"个链接"+"<br>");    //显示链接数
```

```
document.write("文档有"+document.anchors.length+"个锚点"+"<br>");   //显示锚点数
document.write("文档有"+document.forms.length+"个表单");              //显示表单数
</script></body></html>
```

运行结果如图 3.2 所示。

图 3.2 范例运行结果

（3）窗口对象及输入输出

JavaScript 是基于对象的脚本编程语言，它的输入输出也是通过对象来完成的。其中输出可通过文档对象的方法来实现，而输入通过窗口对象来实现。

1）窗口对象。该对象包括许多有用的属性、方法和事件驱动程序，编程人员可以利用这些对象控制浏览器窗口显示的各个方面，如对话框、框架等。

2）窗口对象的事件驱动。窗口对象主要有装入 Web 文档事件 onload 和卸载事件 download，用于文档载入和停止载入时开始和停止更新文档。

3）窗口对象的方法。窗口对象的方法主要用来提供信息或输入数据以及创建一个新的窗口。

①创建一个新窗口 open()。使用 window.open（参数表）方法可以创建一个新的窗口。其格式如下：

```
window.open("url","窗口名字","窗口属性")
```

window 属性参数是一个字符串列表项，由逗号分隔，指明新建窗口的属性，如表 3.15 所示。

表 3.15 window.open 函数的窗口属性列表

参数	设定值	含义
toolbar	yes/no	建立或不建立标准工具条
location	yes/no	建立或不建立位置输入字段
directions	yes/no	建立或不建立标准目录按钮
status	yes/no	建立或不建立状态条
menubar	yes/no	建立或不建立菜单条
scrollbar	yes/no	建立或不建立滚动条
revisable	yes/no	能否改变窗口大小
width	yes/no	确定窗口的宽度
height	yes/no	确定窗口的高度

open()方法经常被用来弹出一个网站的公告或广告。

【例 3.3】下面是一个简单的例子。

文件 0303_01.htm：

```
<html><head>
<script language="JavaScript">
window.open("0303_02.html",null,"width=180,height=70,toolbar=no,statusebar=no,menubar=no")
</script></head></html>
```

同一目录下文件 0303_02.htm：

```
<html><h1 align="center"><font color="#FF0000">
热烈庆祝中国共产党建党八十周年！
</font></h1></html>
```

当浏览器打开文件 0303_01.htm 时，运行情况如图 3.3 所示。

图 3.3　0303_01.htm 运行情况

②弹出警示对话框。警示对话框是只有一个 OK 按钮的对话框，用来向用户发出警告或提示信息。

alert("message")方法能创建警示对话框。其中 message 是将要显示在对话框中的警告或提示信息。如：

```
alert("您输入的密码无效！");
```

③弹出确认对话框。确认对话框是有 OK 和 Cancel 两个按钮的对话框，用来给用户提供一个选择。

confirm("message")方法可以创建确认对话框。其中 message 是将要显示在对话框中的提示信息。如：

```
confirm("您输入的密码正确无误吗？");
```

④弹出可接受输入的对话框。prompt()方法允许用户在对话框中输入信息，其基本格式如下：

```
prompt("提示信息"，默认值)
```

【例 3.4】下面这个例子通过 prompt()方法让用户输入姓名，然后使用 document 对象的 write()方法输出，实现了最简单的交互。文件名为 0304.htm。

```
<html>
<head>
<script languaga="JavaScript">
var UserName=window.prompt("请输入你的姓名:" ",");
document.write("你好！"+UserName);
```

```
</script>
</head>
</html>
```

运行的结果如图 3.4 所示。

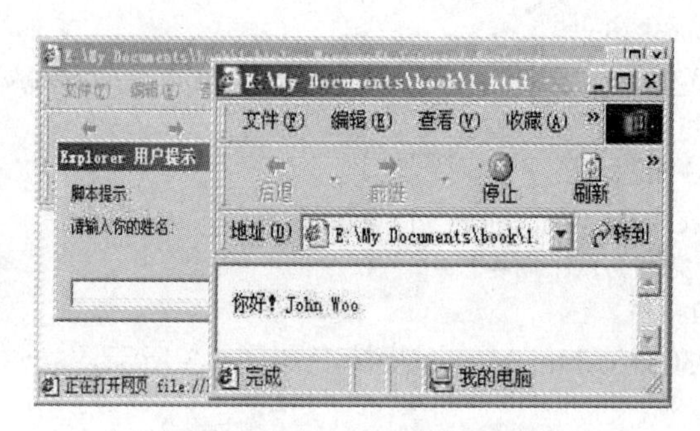

图 3.4 “输入名称”程序

4）窗口对象中的属性。窗口对象的属性主要用于对浏览器中存在的各种窗口和框架的引用，主要有以下几个：

- frames：指明文档中帧的数目。
- parent：指明当前窗口或帧的父窗口。
- defaultStatus：默认状态，它的值显示在窗口的状态栏中。
- status：包含文档窗口帧中的当前信息。
- top：用以实现所有的下级窗口的窗口。
- window：指的是当前窗口。
- self：引用当前窗口。

【例 3.5】窗口的地震效果。文件名存为 0305.htm。

```
<html><head>
<script language="JavaScript">
function shake(n)                                    //定义 shake()函数
{
  if (self.moveBy)
  {
    for (i = 10; i > 0; i--)
    {
      for (j = n; j > 0; j--)
      {
        self.moveBy(0,i);                           //调用 window 对象的 moveBy
        self.moveBy(i,0);                           //函数，使窗口分别向下、
        self.moveBy(0,-i);                          //左、上、右移动 i 个
        self.moveBy(-i,0);                          //像素，产生震动效果
      }
    }
  }
}
// End -->
</script></head>
<body>窗口地震效果的示范程序
```

```
<form>                                              //定义按钮，并
<input type="button" onClick="shake(10)" value="看看效果">
                                                    //设置鼠标单击时
</form>                                             //执行 shake(10)函数
</body>
```

该程序的效果请读者上机查看。

（4）表单（form）对象

表单对象使设计人员用表单中不同的元素与客户机用户相交互，就可以实现动态改变 Web 文档的行为，而用不着首先进行数据输入。在本书的前面章节已经介绍过关于表单的基础知识。要使用 JavaScript 实现动态交互，必须掌握有关表单对象（form）更为深入的知识。

1）表单对象的定义。表单是构成 Web 页面的基本元素之一，一个 Web 页面通常包含一个或几个表单元素。浏览器封装了与表单相关的 HTML 代码，以对象的形式提供给 JavaScript，其最主要的功能就是能够直接访问 HTML 文档中的表单。表单中的基本元素有：text 单行文本输入框、textarea 多行文本输入框、select 选择元素、button 按钮、checkBox 复选框、radio 单选按钮、password 口令输入框、submit 提交按钮等。

2）访问表单对象。必须先在 HTML 页面中用<form>标识创建表单，才能对其进行访问。在 JavaScript 中访问表单对象有两种方法。

①通过名称访问表单。在表单对象的属性中首先必须指定其表单名，然后就可以通过下列标识访问表单。如：

```
document.Mytable()
```

②通过数组访问表单。除了使用表单名来访问表单外，还可以使用表单对象数组来访问表单对象。但需要注意一点，因为表单对象是由浏览器环境提供的，而浏览器环境所提供的数组下标是由 0～n，所以可通过下列格式实现表单对象的访问：

```
document.forms[0]
document.forms[1]
document.forms[2]
…
```

【例 3.6】在网页上显示一个按钮，通过单击它来改变窗口颜色。文件名为 0306_01.htm。

```
<html><head>
<script language="JavaScript">
document.bgColor="blue";                            //原来的颜色设置
document.vlinkColor="white";
document.linkColor="yellow";
document.alinkcolor="red";
function ChangeColor()                              //改变颜色设置的函数
{ document.bgColor="red";
document.vlinkColor="blue";
document.linkColor="green";
document.alinkcolor="blue";   }
</script></head>
<body bgColor="White" >
<a href="0306_01.htm"> 调用动态按钮文档</a>
<form>                                              //定义表单元素——按钮
<input type="button" Value="red" OnClick="ChangeColor()">
```

```
  </form>                                                    //当 OnClick 事件发生
 </body>
 </html>                                                     //调用 ChangeColor 函数
```

动态按钮程序。文件名为 0306_02.htm。

```
<html>
<p align="center"></p>
<div align="center"><center>
<table border="0" cellspacing="0" cellpadding="0">
<tr>
<td width="100%"><form name="form2" onSubmit="null">
<p><input type="submit" name="banner" VALUE="Submit"
onClick="alert('You have to put an \'action=[url]\' on the formtag!!')"><br>
<script language="JavaScript">
var id,pause=0,position=0;
function banner() {
var i,k,msg=" 这里输入你要的内容";
k=(30/msg.length)+1;
for(i=0;i<=k;i++) msg+=" "+msg;                              //在窗口中显示 msg
document.form2.banner.value=msg.substring (position,position-30);
                                                             //设置新位置
if(position++==msg.length) position=0;                       //以输入速度重复
id=setTimeout("banner()",60); }                              //结束
banner();
</script></p></form></td></tr></table></center></div>
<body><a href="0306_01.htm"> 返回</a>
</body></html>
```

（5）框架（frames）对象

前面已经介绍过框架在网页中的简单应用，下面将介绍框架作为对象的使用方法。

1）框架对象的定义。使用框架可以实现更为复杂的信息交互。框架可以将窗口分割成不同的区域，每个区域显示不同的 HTML 文件，不同框架之间可以交换信息，从而实现交互。

浏览器把框架的属性、方法和事件封装起来，作为对象提供给 JavaScript 使用。框架对象是窗口对象的子对象，其本身也是一类窗口，它继承了窗口对象所有的属性和方法。

2）如何访问框架。在前面介绍过使用 document.forms[]实现单一表单中不同元素的访问。而要实现框架中多表单的不同元素的访问，则必须使用 window 对象中的 frames 属性。frames 属性同样也是一个数组，它在父框架集中为每一个子框架设有一项。通过下标实现不同框架的访问：

```
parent.frames[index1].docuement.forms[index2]
```

通过 parent.frames.length 确定窗口中表单的数目。

除了使用数组下标来访问表单外，还可以使用框架名和表单名来实现各元素的访问：

```
parent.framesName.decument.formNames.elementName.(m/p)
```

4. 创建新对象

JavaScript 内部对象和浏览器对象的功能已十分强大，但 JavaScript 还是提供了创建新对象的方法，使其能完成许多更复杂的工作。

JavaScript 中创建新对象十分简单：首先定义一个对象，然后为该对象创建一个实例。这

个实例就是一个新对象，它具有对象的基本特征。

（1）对象的定义

JavaScript 对象的定义，其基本格式如下：

```
function Object(属性表)
this.prop1=prop1;
this.prop2=prop2;
...
this.meth=FunctionName1;
this.meth=FunctionName2;
...
```

在一个对象的定义中，可以为该对象指明属性和方法。通过属性和方法就构成了一个对象的实例。以下是一个关于 school 对象的定义：

```
function school (name,city,creatDate URL)
this.name=name;
this.city=city;
this.creatDate=New Date(creatDate);
this.URL=url;
```

其基本含义如下：

- name：指定一个单位名称。
- city："单位"所在城市。
- creatDate：记载 school 对象的更新日期。
- URL：该对象指向一个网址。

（2）创建对象实例

一旦对象定义完成后，就可以为该对象创建一个实例了。

```
NewObject=new object();
```

其中，NewObject 是新的对象，object 是已经定义好的对象。

（3）对象方法的使用

在对象中除了使用属性外，有时还需要使用方法。在对象的定义中，this.meth=functionName 语句就是为对象定义的方法。实质上对象的方法就是一个函数 functionName，通过它实现自己的意图。

在 school 对象中增加一个方法，该方法显示它本身，并返回相应的字符串。

```
function school(name,city,createDate,URL)
this.Name=Name;
this.city=city;
this.createDate=New Date(createDate);
this.URL=url;
this.showschool=showschool;
```

其中，this.showschool 定义了一个方法——showschool()。而 showschool()方法是实现 school 对象本身的显示。

```
function showschool()
for (var prop in this)
alert(prop+="+this[prop]+"");
```

其中 alert 是 JavaScript 中的内部函数，显示其字符串。

5. JavaScript 中的数组

（1）使用 new 创建数组

JavaScript 不像其他语言那样具有明显的数组类型，但可以通过 function 定义一个数组，并使用 new 对象操作符创建一个具有下标的数组，以实现任何数据类型的存储。

1）定义对象的数组。

```
function arrayName(size)
{
this.length=size;
for(var X=1; X<=size;X++)
this[X]=0;
return this;
}
```

其中 arrayName 是定义数组的一个名字，size 是有关数组大小的值，即数组元素的个数。通过 for 循环对一个当前对象的数组进行定义，最后返回这个数组。

从中可以看出，JavaScript 中的数组是从 1～size，这与其他 0～size 的数组表示方法有所不同，当然可以根据需要将数组的下标由 1～size 调整到 0～size-1，可由下列程序实现：

```
function arrayName (size)
for (var X=0; X<=size;X++)
this[X]=0;
this.lengh=size;
return this;
```

从上面可以看出该方法只是调整了 this.length 的位置，该位置是用于存储数组的大小的，从而调整后的数组的下标将与其他语言一致。但请注意，正是由于数组下标顺序由 1～size，使得 JavaScript 中的对象功能更加强大。

2）创建数组实例。一个数组定义完成以后，还不能马上使用，必须为该数组创建一个数组实例。

```
Myarray=new arrayName(n);
并赋予初值：
Myarray[1]="字串 1";
Myarray[2]="字串 2";
Myarray[3]="字串 3";
...
Myarray[n]="字串 n";
```

一旦给数组赋了初值，数组中就具有真正意义的数据了，以后就可以在程序设计过程中直接引用。

【例 3.7】下列程序每次随机显示存放在 tips[]数组中多个字符串中的一个。文件名为 0307.htm。

```
<html>
<head>
<script language="JavaScript">
<!--
tips = new Array(6);
tips[0]=" Tip1";
tips[1]=" Tip2";
tips[2]=" Tip3";
```

```
tips[3]=" Tip4";
tips[4]=" Tip5";
tips[5]=" Tip6";
index = math.floor(Math.random() * tips.length);
document.write("<font size=8 color=darkblue> " + tips[index]+"</font>");
</script>
</head>
</html>
```

运行结果是数组某个字符串，刷新页面，显示结果随机变化，请读者上机操作。

（2）内部数组

在 Java 中为了方便内部对象的操作，可以使用表单（forms）、框架（frames）、元素（elements）、链接（links）和锚（anchors）数组实现对象的访问。

- anchors[]：使用<a name="anchorName">标识建立的锚链接组成的数组。
- links[]：使用<a href="url">来定义一个超文本链接。
- forms[]：在程序中使用多个表单时，可使用该数组。
- elements[]：在一个窗口中使用多个元素时，可使用该数组。
- frames[]：建立框架时，使用该数组。

3.1.5 JavaScript 实例

【例 3.8】用 JavaScript 做成的日历。

```
<html>
<head>
<script language=JavaScript>
function Year_Month(){
    var now = new Date();
    var yy = now.getYear();
    var mm = now.getMonth()+1;
    var cl = '<font color="#0000df">';
    if (now.getDay() == 0) cl = '<font color="#c00000">';
    if (now.getDay() == 6) cl = '<font color="#00c000">';
    return(cl +   yy + '年' + mm + '月</font>'); }
function Date_of_Today(){
    var now = new Date();
    var cl = '<font color="#ff0000">';
    if (now.getDay() == 0) cl = '<font color="#c00000">';
    if (now.getDay() == 6) cl = '<font color="#00c000">';
    return(cl +   now.getDate() + '</font>'); }
function Day_of_Today(){
    var day = new Array();
    day[0] = "星期日";
    day[1] = "星期一";
    day[2] = "星期二";
    day[3] = "星期三";
    day[4] = "星期四";
    day[5] = "星期五";
```

```
        day[6] = "星期六";
        var now = new Date();
        var cl = '<font color="#0000df">';
        if (now.getDay() == 0) cl = '<font color="#c00000">';
        if (now.getDay() == 6) cl = '<font color="#00c000">';
        return(cl +   day[now.getDay()] + '</font>'); }
    function CurentTime(){
        var now = new Date();
        var hh = now.getHours();
        var mm = now.getMinutes();
        var ss = now.getTime() % 60000;
        ss = (ss - (ss % 1000)) / 1000;
        var clock = hh+':';
        if (mm < 10) clock += '0';
        clock += mm+':';
        if (ss < 10) clock += '0';
        clock += ss;
        return(clock); }
    function refreshCalendarClock(){
    document.all.calendarClock1.innerHTML = Year_Month();
    document.all.calendarClock2.innerHTML = Date_of_Today();
    document.all.calendarClock3.innerHTML = Day_of_Today();
    document.all.calendarClock4.innerHTML = CurentTime(); }
    var webUrl = webUrl;
    document.write('<table border="0" cellpadding="0" cellspacing="0"><tr><td>');
    document.write('<table  id="CalendarClockFreeCode"  border="0"  cellpadding="0"  cellspacing="0"
    width="120" height="140" ');
    document.write('style="position:absolute;visibility:hidden" bgcolor="#eeeeee">');
    document.write('<tr><td align="center"><font ');
    document.write('style="cursor:hand;color:#ff0000;font-family:宋体;font-size:28pt;line-height:120%" ');
    if (webUrl != 'netflower'){
       document.write('</td></tr><tr><td align="center"><font ');
       document.write('style="cursor:hand;color:#2000ff;font-family:宋体;
    font-size:18pt;line-height:110%" ');
    }
    document.write('</td></tr></table>');
    document.write('<table border="0" cellpadding="0" cellspacing="0" width="122"
    bgcolor="#C0C0C0" height="140">');
    document.write('<tr><td valign="top" width="100%" height="100%">');
    document.write('<table border="1" cellpadding="0" cellspacing="0" width="116"
     bgcolor="#FEFEEF" height="134">');
    document.write('<tr><td align="center" width="100%" height="100%" >');
    document.write('<font id="calendarClock1" style="font-family:宋体;
    font-size:14pt;line-height:120%"> </font><br>');
    document.write('<font id="calendarClock2" style="color:#ff0000;font-family:Arial;
    font-size:28pt;line-height:120%"> </font><br>');
    document.write('<font id="calendarClock3" style="font-family:宋体;
    font-size:18pt;line-height:120%"> </font><br>');
```

```
document.write('<font id="calendarClock4" style="color:#100080;font-family:宋体;
font-size:16pt;line-height:120%"><b> </b></font>');
document.write('</td></tr></table>');
document.write('</td></tr></table>');
document.write('</td></tr></table>');
setInterval('refreshCalendarClock()',1000);
</script>
<meta http-equiv="Content-Type" content="text/html; charset=gb2312">
<title>登录</title>
<body bgcolor="#0033FF" OnLoad="Scroll()">
</body>
</html>
```

用浏览器打开网页，运行效果如图 3.5 所示。

图 3.5 日历

【例 3.9】检测填入值是否为空。

```
<html>
<head>
<meta http-equiv="Content-Type" content="text/html; charset=gb2312"; >
<title>输入值检测</title>
 <script language = JavaScript>
 <!--
     //下面的程序将执行资料检查
 function isValid()
    {
     //下面的 if 判断语句将检查是否输入账号资料
     if(frmLogin.id.value == "")
     {
          window.alert("您必须完成账号的输入!");
          //显示错误信息
          document.frmLogin.elements(0).focus();
          //将光标移至账号输入栏
          return    false;
     }
          //下面的 if 判断语句将检查是否输入账号密码
     if(frmLogin.password.value == "")
     {
          window.alert("您必须完成密码的输入!");
          //显示错误信息
          document.frmLogin.elements(1).focus();
          //将光标移至密码输入栏
          return false;   //离开函数
     }
     frmLogin.submit(); //送出表单中的资料
 }
  -->
  </script>
<body   OnLoad="Scroll()">
<p align="center"><font color="#33FF00" size="+4" face="华文行楷">JSP 学习</font></p>
```

```
<form name="frmLogin" method="post" action="" onSubmit="return isValid(this);">
<p> <div align="center">
<table width="47%" height="232" border=0 align="center"   >
<tr >
<td height="44" colspan="2">
<div align="center"><font color="#0000FF" size="+2" face="华文行楷">请你输入
</font></div></td>
</tr>
<tr >
<td width="35%"><div align="center"><strong><font color="#0000FF">用户名
</font><font color="#FFFFFF">：</font></strong></div></td>
<td width="65%"><input name="id" type="text" id="id" size="20" maxlength="20"></td>
</tr>
<tr>
<td><div align="center"><strong> <font color="#0000FF">密码：</font></strong></div></td>
<td><input name="password" type="password" id="password" size="8" maxlength="8"></td>
</tr>
<tr >
<td colspan="2"><div align="center">
<input type="submit" name="Submit" value="登录">
</div></td>
</tr>
</table>
</div>
</form>
</body>
</html>
```

运行结果如图 3.6 所示。

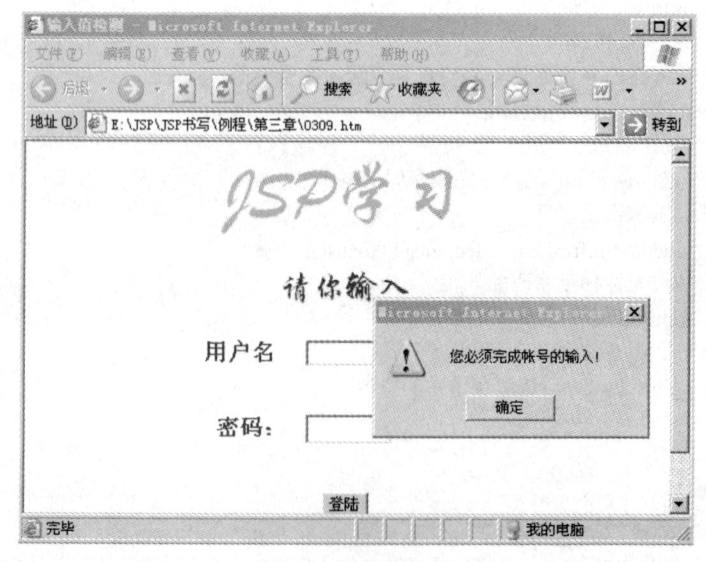

图 3.6 检测用户名

3.2 Java 编程语言

Java 语言是由 Sun 公司 1995 年推出的新一代编程语言，Java 语言一经推出，就受到了业界的广泛关注。现已成为 Internet 应用的主要开发语言，它彻底改变了应用软件的开发模式，为迅速发展的信息世界增添了新的活力。

Java 语言产生于 C++语言之后，是完全的面向对象的编程语言，充分吸取了 C++语言的优点，采用了程序员所熟悉的 C 和 C++语言的许多语法，同时又去掉了 C 语言中指针、内存申请和释放等影响程序健壮性的部分。在 Java 运行环境中，始终存在着一个系统级的线程，专门跟踪内存的使用情况，定期检测出不再使用的内存，并进行自动回收，避免了内存的泄露，也减轻了程序员的工作量。

Java 语言的一个目标是跨平台，因此采用了解释执行而不是编译执行的运行环境，在执行过程中根据所在的不同的硬件平台把程序解释为当前的机器码，实现跨平台运行。而动态下载程序代码的机制完全是为了适应网络计算的特点，程序可以根据需要把代码实时地从服务器中下载过来执行，在此之前还没有任何一种语言能够支持这一点。此外，Java 语言还有高安全性和多线程等特点。

Java 语言程序文件以.java 为后缀。Java 程序编写完后，用开发环境下的编译器编译生成字节码，字节码文件以.class 为后缀。EditPlus、记事本等都可以用来编写 Java 源程序，当然也可以使用 Eclipse 等集成开发环境。Java 的开发环境在第 1 章已安装好，为了清楚地解释 JDK 下 Java 程序的编辑、编译和运行过程，请看下面的例子。

【例 3.10】设计显示“Hello World”的 Java 程序，并用 JDK 运行该程序。

（1）编辑。用编辑器，如 EditPlus 和记事本等编写 Java 源程序。EditPlus 编辑窗口及输入的源程序如图 3.7 所示。

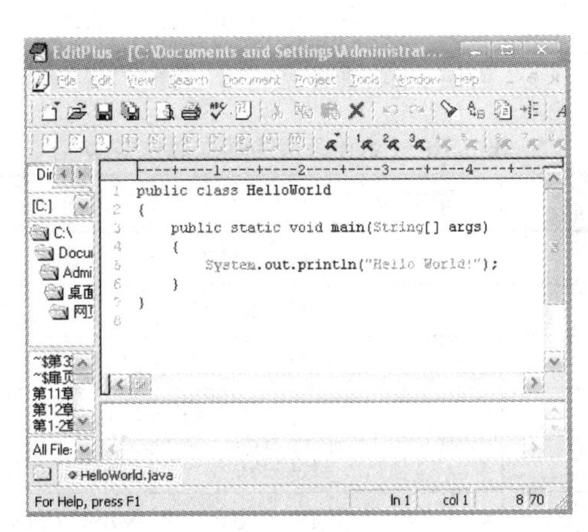

图 3.7 编辑窗口和程序

在这一简单的 Java 程序中，class 是类声明的关键字，HelloWorld 是类名。在 main 方法中，用标准输出语句 System.out.println("Hello World!")在屏幕上显示 Hello World!

保存文件时注意，Java 源程序文件名必须和类名完全一样，值得注意的是 Java 文件名的命名也是大小写敏感的。上述 Java 源程序的文件名为 HelloWorld.java。

（2）编译。在 JDK 下，Java 程序的编译和运行在 MS-DOS 窗口中进行。方法是：打开

MS-DOS 窗口，进入保存 Java 源程序文件的文件夹，输入编译命令：

```
d:\myjsp>javac HelloWorld.java
```

编译命令 javac 将对当前文件夹中的 HelloWorld.java 文件进行编译。如果编译正确，将会产生相应的字节码文件 HelloWorld.class；如果编译时发现错误，系统将终止编译并给出出错信息。如果系统未找到 javac 命令，则说明环境变量没有正确设置。

（3）运行。输入运行命令：

```
d:\myjsp>java HelloWorld
```

运行命令 java 可运行字节码文件 HelloWorld.class，此时.class 后缀可省略。编译和运行结果如图 3.8 所示。

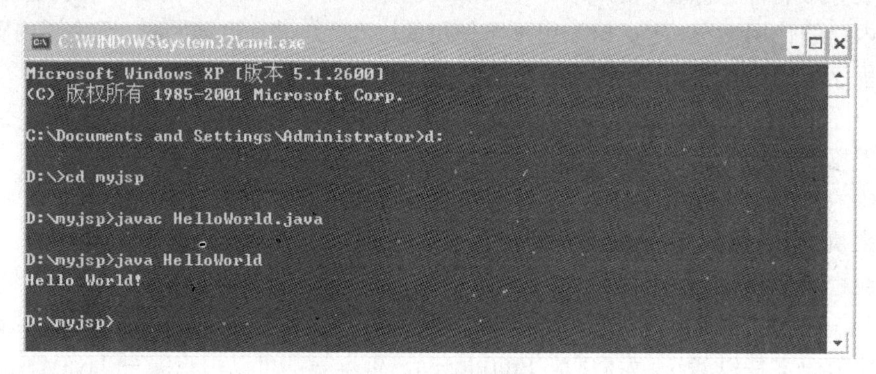

图 3.8　编译和运行结果

3.2.1　数据类型与关键字

1．数据类型

Java 语言里所有变量都必须先明确定义其数据类型，然后才能使用。Java 语言的数据类型有两类：基本数据类型与引用类型。基本数据类型如表 3.16 所示。其他为引用类型，如：数组、字符串、类、接口、用户自定义类型等。

表 3.16　Java 语言的基本数据类型

保留字	类型	字节数	值的范围
byte	字节型	1	-128～127
short	短整型	2	-32768～32767
int	整型	4	-2147483648～2147483647
long	长整型	8	-9223372036854775808～9223372036854775807
float	单精度浮点数型	4	1.4×10^{-45}～3.4028235×10^{38}
double	双精度浮点数型	8	4.9×10^{-324}～$1.7976931348623157\times10^{308}$
boolean	布尔型	不定	true 或 false
char	字符型	2	Unicode(0～65535)

Java 语言中，一个 Unicode 标准下的编码称作一个字符。字符型字面值用一对单引号括起来，如'a'、'A'、'#'等都是字符型字面值。由于有些符号不能在屏幕上直接显示，以及字符串中特殊符号的表示等问题，要用特殊方法表示这些符号。Java 语言采用转义字符的表示方法。

表 3.17 给出了常见的转义字符及其含义。

表 3.17　Java 语言常见的转义字符及其含义

转义字符	含义
\n	换行
\t	水平制表
\r	回车
\\	反斜杠\
\'	单引号'
\"	双引号"

2. 关键字

Java 语言中定义了如表 3.18 所示的关键字，有特定的含义与用途，不允许用户挪用。

表 3.18　Java 语言关键字

abstract	boolean	break	byte	case	catch
char	class	continue	default	do	double
else	extends	false	final	finally	float
for	if	implements	import	instanceof	int
interface	long	native	new	null	package
private	protected	public	return	short	static
super	switch	synchronized	this	throw	throws
transient	true	try	void	volatile	while

3.2.2　运算符和表达式

1. 运算符

Java 语言中表达各种运算的符号叫做运算符，运算符的运算对象称为操作数。在 Java 中有算术运算符、关系运算符、逻辑运算符、位运算符、赋值运算符、条件运算符等。运算符及相关内容如表 3.19 所示。

表 3.19　Java 的运算符

优先级	运算符	说明	目数	结合性
1	. [] ()	成员运算符 数组下标运算符 圆括号		从左至右
2	++ -- ! ~ instanceof + -	自加 1 运算 自减 1 运算 逻辑非 按位求反 实例运算符 正号 负号	单目 单目 单目 单目 双目 单目 单目	从右至左

续表

<table>
<tr><th>优先级</th><th>运算符</th><th>说明</th><th>目数</th><th>结合性</th></tr>
<tr><td>3</td><td>new</td><td>内存分配运算符</td><td>单目</td><td></td></tr>
<tr><td>4</td><td>*
/
%</td><td>乘
除或取整
取余数</td><td rowspan="10">双目</td><td rowspan="11">从左至右</td></tr>
<tr><td>5</td><td>+, -</td><td>加，减</td></tr>
<tr><td>6</td><td>>>
>>>
<<</td><td>保留符号的右移
不保留符号的右移
左移</td></tr>
<tr><td>7</td><td>>, >=, <, <=</td><td>大于，大于等于，小于，小于等于</td></tr>
<tr><td>8</td><td>==, !=</td><td>相等，不等</td></tr>
<tr><td>9</td><td>&</td><td>位与</td></tr>
<tr><td>10</td><td>^</td><td>位异或</td></tr>
<tr><td>11</td><td>|</td><td>位或</td></tr>
<tr><td>12</td><td>&&</td><td>逻辑与</td></tr>
<tr><td>13</td><td>||</td><td>逻辑或</td></tr>
<tr><td>14</td><td>?:</td><td>条件运算符</td><td>三目</td></tr>
<tr><td>15</td><td>=, +=, -=, *=,
/=, %=, ^=,
&=, |=, <<=,
>>=, >>>=</td><td>赋值运算符</td><td>双目</td><td>从右至左</td></tr>
</table>

（1）算术运算符

算术运算符用于处理整型、浮点型、字符型的数据，进行算术运算。Java 中没有乘幂运算符，若要进行乘幂运算，则可用类 Math 的 pow()方法：Math.pow(x,y)。

（2）关系运算符

关系运算符用于比较两个操作数，并按比较的条件成立与否返回一个布尔值（true 或 false）。所有关系运算符都是二目运算符。Java 共有 6 个关系运算符，如表 3.20 所示。

表 3.20 Java 的关系运算符

运算符	含义	运算符	含义
<	小于	<=	小于等于
>	大于	>=	大于等于
==	等于	!=	不等于

（3）逻辑运算符

逻辑操作符把多个比较运算组织起来，形成复合条件，并进行测试，以决定复杂的条件是否为真。JavaScript 中使用了 3 个布尔逻辑运算符，如表 3.21 所示。

表 3.21　Java 的布尔逻辑运算符

<table>
<tr><th>运算符</th><th>含义</th><th>运算符</th><th>含义</th><th>运算符</th><th>含义</th></tr>
<tr><td>&&</td><td>逻辑与</td><td>||</td><td>逻辑或</td><td>!</td><td>逻辑非</td></tr>
</table>

（4）位运算符

位运算符用于对数值的位进行操作，参与运算的操作数只能是 int、long 类型。在不产生溢出的情况下，左移一位相当于乘以 2，用左移实现乘法运算的速度比通常的乘法运算速度要快。Java 中的位运算符如表 3.22 所示。

表 3.22　Java 的位运算符

<table>
<tr><td>双目</td><td>|（按位或）、&（按位与）、^（按位异或）
<<（左移）、>>（带符号右移）、>>>（不带符号右移）</td></tr>
<tr><td>单目</td><td>~（取补）</td></tr>
</table>

（5）赋值运算符

简单赋值表达式将赋值符（=）右边表达式的值存放到赋值符左边的变量中去。而复合赋值表达式混合了其他操作（算术操作、位操作）和赋值操作，如：

Sum += price　　等同于　　Sum = Sum + price

Sum /= count　　等同于　　Sum = Sum / count

Java 中的赋值运算符如表 3.23 所示。

表 3.23　Java 的赋值运算符

<table>
<tr><th>运算符</th><th>含义</th><th>运算符</th><th>含义</th><th>运算符</th><th>含义</th></tr>
<tr><td>=</td><td>简单赋值</td><td>+=</td><td>递增</td><td>-=</td><td>递减</td></tr>
<tr><td>*=</td><td>自乘后赋值</td><td>/=</td><td>自除后赋值</td><td>%=</td><td>求余后赋值</td></tr>
<tr><td>&=</td><td>与之后赋值</td><td>|=</td><td>或之后赋值</td><td>^=</td><td>异或之后赋值</td></tr>
<tr><td><<=</td><td>左移之后赋值</td><td>>>=</td><td>带符号右移之后赋值</td><td>>>>=</td><td>填充零右移之后赋值</td></tr>
</table>

（6）条件运算符

条件运算符来自 C、C++和 Java，其格式是 e1?e2:e3。若 e1 为真，则条件表达式的结果取 e2 的值，否则取 e3 的值。

2. 表达式

用运算符和圆括号把运算对象连接起来，符合 Java 语法规则的式子称为表达式。每个表达式经过运算后都会产生一个确定的值，称为表达式的值。Java 表达式既可以是单独组成的一个语句，也可以出现在变量声明、循环条件测试、方法的调用参数等场合，它是 Java 程序的重要组成要素。

3.2.3　流程控制语句

与 C、C++相同，Java 程序通过流控制来执行程序，完成一定的任务。Java 语言中，一个以分号（;）结束的符号串称为一条语句。这些语句可以是单一的一条语句（如 c=a+b;），也可以是复合语句。流程控制语句用来控制程序的执行流程。Java 流程控制语句主要有分支语句、循环语句和异常处理语句三种。

1．分支语句

分支语句提供了一种控制机制，使得程序的执行可以跳过某些语句不执行，而转去执行特定的语句。

（1）条件语句 if-else

if-else 语句根据判定条件的真假来执行两种操作中的一种，格式为:

```
if（条件表达式）
    {
    语句串 1;
    }
  else
    {
    语句串 2;
        }
```

条件表达式是任意一个返回布尔型数据的表达式（这比 C、C++的限制要严格）。每个单一的语句后都必须有分号，语句串 1 和语句串 2 可以为复合语句，这时要用大括号{}。建议对单一的语句也用大括号括起，这样程序的可读性强，而且有利于程序的扩充（可以在其中添加新的语句），{}外面不加分号。

当条件表达式的值为 true 时，程序执行语句串 1，否则执行语句串 2。else 语句是任选的，当没有 else 语句时，若条件表达式的值为 false，就执行 if 语句后面的语句。

if-else 语句的一种特殊形式为：

```
if(条件表达式 1){
语句串 1
}else if (条件表达式 2){
语句串 2
}……
}else if (条件表达式 M){
语句串 M
}else {
语句串 N
}
```

这种情况称为 if 语句嵌套。此时，else 和哪个 if 语句匹配容易产生混淆。为此 Java 语言规定：else 子句不能单独作为语句使用，它必须和 if 配对使用。else 总是与离它最近的 if 配对。可以通过使用大括号{}来改变配对关系。

【例 3.11】判断某一年是否为闰年。闰年的条件符合下面二者之一：①能被 4 整除，但不能被 100 整除；②既能被 4 整除，又能被 100 整除。文件名为 LeapYear.java。

```
public class LeapYear{
public static void main( String args[] ){
int year=1989; //方法 1
if( (year%4==0 && year%100!=0) || (year%400==0) )
System.out.println(year+" is a leap year.");
else
System.out.println(year+" is not a leap year.");

year=2000; //方法 2
```

```
boolean leap;
if( year%4!=0 )
leap=false;
else if( year%100!=0 )
leap=true;
else if( year%400!=0 )
leap=false;
else
leap=true;
if( leap==true )
System.out.println(year+" is a leap year.");
else
System.out.println(year+" is not a leap year.");

year=2050; //方法 3
if( year%4==0){
if( year%100==0 ){
if( year%400==0)
leap=true;
else
leap=false;
}else
leap=false;
}else
leap=false;
if( leap==true )
System.out.println(year+" is a leap year.");
else
System.out.println(year+" is not a leap year.");
}
}
```

运行结果为：

```
1989 is not a leap year.
2000 is a leap year.
2050 is not a leap year.
```

该例中，方法 1 用一个逻辑表达式包含了所有的闰年条件，方法 2 使用了 if-else 语句的特殊形式，方法 3 则通过使用大括号{}对 if-else 进行匹配来实现闰年的判断。你可以根据程序来对比这三种方法，体会其中的联系和区别，在不同的场合选用适合的方法。

（2）多分支语句 switch

switch 语句（又称开关语句）是和 case 语句一起使用的，其功能是根据某个表达式的值在多个 case 引导的分支语句中选择一个来执行。一个 switch 语句可以代替多个 if-else 语句组成的分支结构，而 switch 语句从思路上显得更清晰。它的一般格式如下：

```
switch（表达式）
{
case    判断值 1：语句块 1；[break；]
case    判断值 2：语句块 2；[break；]
```

```
…
case   判断值 n：语句块 n；[break；]
[default：语句块 n+1]
}
```

switch 后面括号中表达式的值必须是符合 byte、char、short、int 类型的常量表达式，而不能用浮点类型或 long 类型，也不能为一个字符串。多分支语句把表达式返回的值与每个 case 子句中的值相比。如果匹配成功，则运行该 case 子句后的语句序列。case 子句中的值 values 必须是常量，而且所有 case 子句中的值是不同的。

default 子句是任选的。当表达式的值与任一 case 子句中的值都不匹配时，程序执行 default 后面的语句。如果表达式的值与任一 case 子句中的值都不匹配且没有 default 子句，则程序不做任何操作，而是直接跳出 switch 语句。

break 语句用来在执行完一个 case 分支后，使程序跳出 switch 语句，即终止 switch 语句的执行。因为 case 子句只是起到一个标号的作用，用来查找匹配的入口，从此处开始执行，对后面的 case 子句不再进行匹配，而是直接执行其后的语句序列，因此在每个 case 分支后，要用 break 来终止后面的 case 分支语句的执行。在一些特殊情况下，多个不同的 case 值要执行一组相同的操作，这时可以不用 break。case 分支中包括多个执行语句时，可以用大括号{}括起。

【例 3.12】根据考试成绩的等级打印出百分制分数段。

```
public class GradeLevel{
public static void main(String args[])
    {
    System.out.println("\n** first situation **");
    char grade='C'; //normal use
    switch( grade ){
                case 'A' : System.out.println(grade +" is 85～100");
                break;
                case 'B' : System.out.println(grade +" is 70～84");
                break;
                case 'C' : System.out.println(grade +" is 60～69");
                break;
                case 'D' : System.out.println(grade +" is <60"=;
                break;
                default : System.out.println("input error");
            }
    System.out.println("\n** second situation **");
    grade='A';   // create error without break statement
    switch( grade ){
                case 'A' : System.out.println(grade+" is 85～100");
                break;
                case 'B' : System.out.println(grade+" is 70～84");
                break;
                case 'C' : System.out.println(grade+" is 60～69");
                break;
                case 'D' : System.out.println(grade+" is <60"=;
                break;
                default : System.out.println("input error");
```

```
                }
        System.out.println("\n** third situation **");
        grade='B';  // several case with same operation
        switch( grade ) {
                case 'A' :
                case 'B' :
                case 'C' : System.out.println(grade+" is >=60");
                break;
                case 'D' : System.out.println(grade+" is <60"=;
                break;
                default : System.out.println("input error");
                }
        }
    }
```

运行结果为：

```
**** first situation ****
C is 60～69
**** second situation ****
A is 85～100
**** third situation ****
B is >=60
```

从该例中可以看到 break 语句的作用。

（3）返回语句 return

return 语句从当前方法中退出，返回到调用该方法的语句处，继续程序的执行。返回语句有两种格式:

1）return 表达式; 如果方法声明中有返回值，那么方法必须有返回值，且该返回值类型必须与声明的类型一致，否则会编译错误。可以使用强制类型转换来使类型一致。

2）return; 当方法中用 void 声明返回类型为空时，应使用这种格式，不返回任何值。return 语句通常用在一个方法体的最后，以退出该方法并返回一个值。Java 语言中单独的 return 语句用在一个方法体的中间时，会产生编译错误，因为这时有一些语句执行不到。但可以通过把 return 语句嵌入某些语句（如 if-else）来使程序在未执行完方法中的所有语句时退出。

2. 循环语句

循环结构是程序中一种重要的基本结构，是指在一定的条件下反复执行某段程序，被反复执行的这段程序称为“循环体”。Java 中有三种语句来实现循环结构，分别是 while、do-while 和 for 语句。

（1）while 语句

while 语句的格式如下：

```
while(条件表达式)
{
    循环体语句；
}
```

在循环刚开始时，会计算一次“条件表达式”的值。当条件为假时，将不执行循环体，直接跳转到循环体外，执行循环体外的后续语句；当条件为真时，便执行循环体。每执行完一次循环体，都会重新计算一次条件表达式，当条件为真时，便继续执行循环体，直到条件为假才结束循环。

（2）do-while 语句

do-while 语句的格式如下：

```
do
{
    循环体语句;
}while(条件表达式)
```

do-while 循环与 while 循环的不同在于：它先执行循环体中的语句，然后再判断条件是否为真，如果为真则继续循环；如果为假，则终止循环。因此，do-while 循环至少要执行一次循环语句。

（3）for 语句

for 语句是三个循环语句中功能最强、使用最广泛的一个。for 语句的格式如下：

```
for(表达式 1;表达式 2;表达式 3)
{
    循环体语句;
}
```

表达式 1 一般是一个赋值语句，它用来给循环控制变量赋初值；表达式 2 是一个布尔类型的表达式，它决定什么时候退出循环；表达式 3 一般用来修改循环变量，控制变量每循环一次后按什么方式变化。这三个部分之间用“;”分开。

for 语句的执行过程：

1）在循环刚开始时，先计算表达式 1，在这个过程中，一般完成的是初始化循环变量或其他变量的操作。

2）根据表达式 2 的值来决定是否执行循环体。表达式 2 是一个返回布尔值的表达式，若该值为假，将不执行循环体，并退出循环；若该值为真，将执行循环体。

3）执行完一次循环体后，计算表达式 3。在这个过程中一般会修改循环变量。

4）转入第 2）步继续执行。

（4）continue 语句

continue 语句用来结束本次循环，跳过循环体中下面尚未执行的语句，接着进行终止条件的判断，以决定是否继续循环。对于 for 语句，在进行终止条件判断前，还要先执行迭代语句。它的格式为：

```
continue;
```

【例 3.13】下例分别用 while、do-while 和 for 语句实现累计求和。

```
public class Sum{
public static void main( String args[] ){
System.out.println("\n** while statement **");
int n=10,sum=0;  // initialization
while( n>0 ){  // termination
sum+=n;  // body
n--;  // iteration
}
System.out.println("sum is "+sum);
System.out.println("\n** do_while statement **");
n=0;  // initialization
```

```
sum=0;
do{
sum+=n; // body
n++; // iteration
}while( n<=10 ); // termination
System.out.println("sum is "+sum);
System.out.println("\n** for statement **");
sum=0;
for( int i=1; i<=10; i++){
// initialization,termination,iteration
sum+=i;
}
System.out.println("sum is "+sum);
}
}
```

运行结果为：

```
**whilestatement**
sumis55
**do_whilestatement**
sumis55
**forstatement**
sumis55
```

可以从本例的执行来比较这三种循环语句，从而在不同的场合选择合适的语句。

【例 3.14】求 100～200 间的所有素数。

```
public class PrimeNumber{
public static void main( String args[] ){
System.out.println(" ** prime numbers between 100 and 200 **");
int n=0;
outer:for(int i=101;i<200;i+=2){ // outer loop
int k=15; // select for convinence
for(int j=2;j<=k;j++){ // inner lop

if( i%j==0 )
continue outer;
}
System.out.print(" "+i);
n++; // output a new line
if( n<10 ) // after 10 numbers
continue;
System.out.println();
n=0;
}
System.out.println();
}
}
```

运行结果为：

```
** prime numbers between 100 and 200 **
```

```
101 103 107 109 113 127 131 137 139 149
151 157 163 167 173 179 181 191 193 197
199
```

该例通过一个嵌套的 for 语句来实现。

3. 异常处理语句

在 Java 程序中，用 try-catch（或 try-catch-finally）语句来抛出、捕捉和处理异常。

try-catch-finally 语句的语法格式是：

```
try
{
    可能抛出异常的语句模块；
}
catch (异常类型 1)
{
    处理异常类型 1 语句；
}
catch (异常类型 2)
{
    处理异常类型 2 语句；
}
…
catch (异常类型 n)
{
    处理异常类型 n 语句；
}
finally
{
    无论是否抛出异常都要执行的语句；
}
```

所有可能抛出异常的语句都放入 try 模块中。try 模块中的语句是程序正常流程要执行的语句，如果像前面程序设计例子那样没有使用 try 模块，则除了系统定义的异常外，语句执行过程中出现的其他异常都不会被抛出。

catch 模块主要负责对抛出的异常做相应的处理，每一模块负责一种类型的异常。如果 try 语句中要执行的语句错误，则会执行 catch 中的语句，反之，catch 中的语句不会执行。finally 模块中的语句是必须执行的语句。无论 try 模块中是否抛出异常，finally 模块中的语句都要被执行。这个模块是可选的。如果设计了 finally 模块，通常在这个模块中做一些资源回收的工作。

4. 注释语句

Java 中可以采用三种注释方式：

（1）// 用于单行注释。注释从 // 开始，终止于行尾。

（2）/*…*/用于多行注释。注释从/*开始，到*/结束，且这种注释不能互相嵌套。

（3）/**…*/是 Java 所特有的 doc 注释。它以/**开始，到*/结束。这种注释主要是为支持 JDK 工具 javadoc 而采用的。javadoc 能识别注释中用标记@标识的一些特殊变量，并把 doc 注释加入它所生成的 HTML 文件。

3.2.4　面向对象程序设计

在传统的结构化程序设计中，数据和对数据的操作是相分离的。Java 语言是优秀的面向对象程序设计语言，它将数据以及对数据的处理操作“封装”到一个类中，用“类”或“接口”这些较高层次的概念来表达应用问题，类的实例就是对象。

面向对象中最重要的思想就是类，类是模板，从类中构造一个对象，即创建了一个类的实例（类好比一个建材市场，其中有许多子类——各种各样的装饰材料，而装修房子就要选择需要的材料，为了建立程序，必须选择需要的类）。这个比喻可以很形象地解释类是什么。

在面向对象程序设计中，将问题空间中的元素以及它们在方案空间中的表示物称作对象（object）。所有的东西都是对象。程序是一大堆对象的集合，它们通过消息传递，各个对象之间知道要做些什么。每个对象都分配有自己的存储空间，可容纳其他对象。每个对象都有一个类型。同一类的所有对象能接收相同的消息。而所有的编程语言的最终目的是提供一种抽象方法。我们向对象发出请求是通过它的接口定义的，对象的类型决定了它的接口形式。

1. Java 中的类

（1）类的基本概念

Java 程序的基本单位是类，类的实例就是对象，或者说对象是类定义的数据类型的变量。建立类之后，就可用它来建立许多你需要的对象。Java 把每一个可执行的成分都变成类。

类的定义形式如下：

```
[decoration]class classname [extends superclassname]
{
…
}
```

这里，classname 和 superclassname 必须是合法的标记符。类名的英文单词的首字母最好要大写，若由多个单词组成，则每个单词的首字母都要大写。关键词 extends 用来表明 classname 是 superclassname 派生的子类。

在类定义的开始与结束处必须使用花括号。例如建立一个长方形类，可以用如下代码：

```
public class Rectangle
{
    …
}
```

（2）类的基本组成

一个类中通常包含数据与函数两种类型的元素，一般叫做属性和成员函数，在很多时候也把成员函数称为方法（method）。将数据与方法通过类紧密结合在一起，就形成了现在非常流行的封装的概念。

```
class <classname>
<member data declarations>
<member function declarations>
```

（3）类的实例创建

矩形类 Rectangle 中，如果想把矩形的相关信息写入类，如：width，height。那么，类的定义如下所示：

```
public class Rectangle
```

```
{
    int width, height;
    Rectangle(){
    //构造方法
    }
    void setWidth(int width1){
    width=width1;
    }
    void setHeight(int height1){
    height=height1;
    }
    String getWidth(){
    return width;
    }
    String getHeight(){
    return height;
    }
}
```

在类的定义中，与类名同名的方法称为构造方法，构造方法主要用于在创建对象的过程中初始化对象的成员变量。该类中定义了两个以set为前缀的方法，主要用于设置当前对象的变量值。另外还定义了两个以get为前缀的方法，主要用于返回当前对象的变量值。

2. Java中的对象

当创建了自己的类之后，通常需要使用它来完成某种工作。可以通过定义类的实例——对象来实现这种需求。

对象是通过new关键字来创建的，例如上例中实现成员函数如下：Rectangle myrect=new Rectangle()，当然，此时对象myrect并没做什么；它只保存了矩形的长和宽的信息。有了对象以后，怎样使用对象内部的数据呢？下面是几个例子。

```
myrect.width=10;
myrect.height=20;
```

类的成员函数也是通过“.”运算符来引用的。例如：

```
myrect.setWidth(20);
```

3. Java中的包

一旦创建了一个类，并想重复地使用它，那么把它放在一个包中将是非常有效的，包（package）是一组类的集合，例如，Java本身提供了许多包，如java.io和java.lang，它们存放了一些基本类，如System和String。可以为自己的几个相关的类创建一个包。

把类放入一个包内后，对包的引用可以替代对类的引用。此外，包这个概念也为使用类的数据与成员函数提供了许多方便。没有被public、private修饰的类成员也可以被同一个包中的其他类所使用。这就使得相似的类能够访问彼此的数据和成员函数，而不用专门去做一些说明。

（1）定义一个包

可以用下面的方式去说明一个包：

```
package PackageName;
```

比如，可以把Rectangle类放入一个名为shapes的包中：

```
package shapes
```

此后，当用 javac 来编译这个文件时，将会在当前路径下得到一个字节代码文件 Rectangle.class。但还需要将它移至 Java 类库所在路径的 shapes 子目录下（在此之前，必须建立一个名为 shapes 的子目录），这样以后才能应用 shapes 包中的 Rectangle 类。当然可以用-d 选项来直接指定文件的目的路径，这样就无须编译后再移动。

包的名称将决定它应放的不同路径。例如用下面的方式来构造一个包。

```
package myclass.Shapes;
```

归入该包的类的字节代码文件应放在 Java 的类库所在路径的 myclass 子目录下。现在包的相对位置已经确定了，但 Java 类库的路径还是不定的。事实上，Java 可以有多个存放类库的目录，其中的缺省路径为 Java 目录下的 lib 子目录，可以通过使用 classpath 选项来确定当前想选择的类库路径。除此之外，还可以在 CLASSPATH 环境变量中设置类库路径。

（2）引用已定义过的包

为了使用已定义过的包，必须使用引用命令 import。可以用以下三种方式引用包中的一个类：

1）在每一个类名前给出包名：

```
Shapes.Rectangle REET=new Shapes.Rectangle(10,20)
```

2）引用类本身：

```
import Shapes.Rectangle;
```

3）引用整个包：

```
import Shapes;
```

3.2.5　多线程

Java 提供的多线程功能使得在一个程序里可同时执行多个小任务。因为 Java 实现的是多线程技术，所以比 C 和 C++更健壮。多线程带来的更大的好处是更好的交互性能和实时控制性能。

应用程序在执行过程中存在一个内存空间的初始入口点地址、一个程序执行过程中的代码执行序列以及用于标识进程结束的内存出口点地址，在进程执行过程中的每一时间点均有唯一的处理器指令与内存单元地址相对应。

Java 语言中定义的线程同样包括一个内存入口点地址、一个出口点地址以及能够顺序执行的代码序列。但是进程与线程的重要区别在于线程不能够单独执行，它必须运行在处于活动状态的应用程序进程中，因此可以定义线程是程序内部的具有并发性的顺序代码流。

UNIX 操作系统和 Windows 操作系统支持多用户、多进程的并发执行，而 Java 语言支持应用程序进程内部的多个执行线程的并发执行。多线程的意义在于一个应用程序的多个逻辑单元可以并发地执行。但是多线程并不意味着多个用户进程在执行，操作系统也不把每个线程作为独立的进程来分配独立的系统资源。进程可以创建其子进程，子进程与父进程拥有不同的可执行代码和数据内存空间。而在用于代表应用程序的进程中多个线程共享数据内存空间，但保持每个线程拥有独立的执行堆栈和程序执行上下文。

基于上述区别，线程也可以称为轻型进程（Light Weight Process，LWP）。不同线程间允许任务协作和数据交换，使得在计算机系统资源消耗等方面非常廉价。

需要注意的是：在应用程序中使用多线程不会增加 CPU 的数据处理能力。只有在多 CPU 的计算机或者在网络计算体系结构下，将 Java 程序划分为多个并发执行线程后，同时启动多个线程运行，使不同的线程运行在基于不同处理器的 Java 虚拟机中，才能提高应用程序的执行效率。

1. 建立线程

在 Java 中建立线程并不困难，所需要的三要素是：执行的代码、代码所操作的数据和执行代码的虚拟 CPU。其中虚拟 CPU 包装在 Thread 类的实例中，建立 Thread 对象时，必须提供执行的代码和代码所处理的数据。Java 的面向对象模型要求程序代码只能写成类的成员方法。数据只能作为方法中的自动（或本地）变量或类的成员存在。这些规则要求为线程提供的代码和数据应以类的实例的形式出现。

2. Java 的线程类与 Runnable 接口

在 Java 中，创建线程有两个方法：

（1）直接继承 Thread 类。

（2）实现 Runnable 接口。使用 Runnable 接口时需要建立一个 Thread 实例。

Thread 类两个最基本的构造方法为：

（1）public Thread()：创建线程对象。

（2）public Thread(Runnable target)：其中 target 称为被创建线程的目标对象，负责实现 Runnable 接口。

Thread 类有三个有关线程优先级的静态常量：MIN_PRIORITY，MAX_PRIORITY 和 NORM_PRIORITY。新建线程将继承创建它的线程的优先级，用户可以调用 Thread 类的 setPriority(int a)来修改。其中 a 的取值可以是三个静态常量中的任何一个。

Thread 类的主要方法有：

（1）start()：启动线程。

（2）run()：定义线程操作。

（3）sleep()：使线程休眠。

（4）sleep(int millsecond)：以毫秒为单位的休眠时间。

（5）sleep(int millsecond，int nanosecond)：以纳秒为单位的休眠时间。

（6）currentThread()：判断谁在占用 CPU 的线程。

3. 线程的管理

单线程的程序都有一个 main 执行体，当程序执行完成时，同时结束运行。在 Java 中要得到相同的应答，必须稍微进行改动。只有当所有的线程退出后，程序才能结束。只要有一个线程一直在运行，程序就无法退出。

线程包括 4 个状态：new（开始），running（运行），waiting（等候）和 done（结束）。第一次创建线程时，都位于 new 状态，在这个状态下，不能运行线程，只能等待。然后，线程由方法 start 开始或者送往 done 状态，位于 done 中的线程已经结束执行，这是线程的最后一个状态。一旦线程位于这个状态，就不能再次出现，而且当 Java 虚拟机中的所有线程都位于 done 状态时，程序就强行中止。

当前正在执行的所有线程都位于 running 状态，在程序之间用某种方法把处理器的执行时间分成时间片，位于 running 状态的每个线程都是能运行的，但在一个给定的时间内，每个系统处理器只能运行一个线程。与位于 running 状态的线程不同，可以把已经位于 waiting 状态的线程从一组可执行线程中删除。如果线程的执行被中断，就回到 waiting 状态。用多种方法能中断一个线程。

线程能被挂起，在系统资源上等候，或者被告知进入休眠状态。该状态的线程可以返回到 running 状态，也能由方法 stop 送入 done 状态。

多线程的几种状态方法如表 3.24 所示。

表 3.24　多线程的几种状态方法

方法	描述	有效状态	目的状态
Start()	开始执行一个线程	开始	运行
Stop()	结束执行一个线程	开始或运行	结束
Sleep(long)	暂停一段时间（毫秒）	运行	等待
Sleep(long,int)	暂停片刻（纳秒）	运行	等待
Suspend()	挂起执行	运行	等待
Resume()	恢复执行	等待	运行
Yield()	明确放弃执行	运行	运行

4. 线程的调度

线程运行的顺序以及从处理器中获得的时间数量主要取决于开发者，处理器给每个线程分配一个时间片，而线程的运行不能影响整个系统。处理器线程的系统可以是抢占式的，也可以是非抢占式的。系统中的所有线程都有自己的优先级，抢占式系统在任何给定的时间内将运行最高优先级的线程。Thread.NORM_PRIORITY 是线程的缺省值，Thread 类提供了 setPriority 和 getPriority 方法来设置和读取优先权，使用 setPriority 方法能改变 Java 虚拟机中的线程的重要性，它调用一个整数，类变量 Thread.MIN_PRIORITY 和 Thread.MAX_PRIORITY 决定这个整数的有效范围。Java 虚拟机是抢占式的，它能保证运行优先级最高的线程。在 Java 虚拟机中将一个线程的优先级改为最高，那么它将取代当前正在运行的线程，除非这个线程结束运行或被休眠到 waiting 状态，否则将一直占用所有的处理器时间。如果遇到两个优先级相同的线程，操作系统可能影响线程的执行顺序。这个区别取决于时间片的概念。

管理几个线程并不是真正的难题，对于上百个线程它是怎样管理的呢？当然可以通过循环来执行每一个线程，但是这显然是冗长、乏味的。Java 创建了线程组。线程组是线程的一个谱系组，每个组包含的线程数不受限制，能对每个线程命名并能在整个线程组中执行挂起（Suspend）和停止（Stop）这样的操作。

5. 死锁以及避免死锁的方法

为了防止数据项目的并发访问，应将数据项目标为专用，只有通过类本身的实例方法的同步区访问。为了进入关键区，线程必须取得对象的锁。假设线程要独占访问两个不同对象的数据，则必须从每个对象各取一个不同的锁。现在假设另一个线程也要独占访问这两个对象，则该进程必须得到这两把锁之后才能进入。由于需要两把锁，编程如果不小心就可能出现死锁。假设第一个线程取得对象 A 的锁，准备取对象 B 的锁，而第二个线程取得了对象 B 的锁，准备取对象 A 的锁，两个线程都不能进入，因为两者都不能离开进入的同步块，即两者都不能放弃目前持有的锁。避免死锁的方案要认真设计。线程因为某个先决条件而受阻时，如需要锁标记时，不能让线程的停止本身禁止条件的变化。如果要取得多个资源，如两个不同对象的锁，必须定义取得资源的顺序。如果对象 A 和 B 的锁总是按字母顺序取得，则不会出现前面提到的死锁条件。

6. Java 多线程的优缺点

由于 Java 的多线程功能齐全，各种情况面面俱到，它带来的好处显而易见。多线程带来的更大的好处是更好的交互性能和实时控制性能。当然实时控制性能还取决于系统本身

（UNIX、Windows、Macintosh 等），在开发难易程度和性能上都比单线程要好。当然一个好的程序设计语言也难免有不足之处。由于多线程还没有充分利用基本操作系统（OS）的这一功能，对于不同的系统，上面的程序可能会出现截然不同的结果，这使编程者偶会感到迷惑不解。相信不久的将来，Java 的多线程能充分利用操作系统的功能，从而更加完善。

【例 3.15】在学习进程互斥时，有个著名的问题：生产者－消费者问题。这个问题是一个标准的、著名的同时性编程问题的集合：一个有限缓冲区和两类线程，它们是生产者和消费者，生产者把产品放入缓冲区，消费者从缓冲区拿走产品。

生产者在缓冲区满时必须等待，直到缓冲区有空间才继续生产。消费者在缓冲区空时必须等待，直到缓冲区中有产品才能继续读取。在这个问题上主要考虑的是：缓冲区满或缓冲区空以及竞争条件。

以下是一个含竞争条件的生产者－消费者问题实例——ThreadTest.java，代码如下：

```
import java.io.InterruptedIOException;
/**
*1.制作出基本的生产者、消费者多线程模式
*2.在 1 的基础上增加同步
*3.在 2 的基础上优化同步
*/
public class ThreadTest {
public static void main(String[] args) {
  // TODO Auto-generated method stub
  Productable p=new Product();
  Producer put=new Producer(p);
  Consumer get=new Consumer(p);
}
}
//定义产品接口
interface Productable{
void get();
void put(int productID);
boolean isHasProduct();
void reset();
}
//定义产品类
class Product implements Productable{
int productID=0;
private volatile boolean hasProduct=false;
public boolean isHasProduct() {
  return this.hasProduct;
}
public void reset() {
  this.productID=0;
}
synchronized public void get() {
  if(!this.isHasProduct()){
   try {
    wait();
   } catch (InterruptedException e) {
    System.out.println("get process interrupted!");
   }
  }
```

```
        System.out.println("get : "+this.productID);
        this.hasProduct=false;
        this.reset();
        notify();
    }
    synchronized public void put(int productID) {
        if(this.isHasProduct()){
            try {
                wait();
            } catch (InterruptedException e) {
                System.out.println("put process interrupted!");
            }
        }
        this.productID=productID;
        System.out.println("put : "+this.productID);
        this.hasProduct=true;
        notify();
    }
}
//定义生产者线程
class Producer implements Runnable{
Productable p;
public Producer(Productable p) {
    this.p=p;
    new Thread(this,"Producer").start();
}
public void run() {
    int i=2;
    while(true){
        p.put(++i);
    }
}
}
//定义消费者类
class Consumer implements Runnable{
Productable p;
public Consumer(Productable p) {
    this.p=p;
    new Thread(this,"Consumer").start();
}
public void run() {
    while(true){
        p.get();
    }
}
}
```

有兴趣的读者可以调试一下并查看运行结果。

本章学习了 JavaScript 的语言规则，初步了解了 JavaScript 事件驱动机制和丰富的对象体系。我们经常会使用 JavaScript 实现一些动态特效，使网页靓起来，或者实现一些交互，使网

页活起来。但要学好 JavaScript，还需要阅读大量的 JavaScript 程序，并通过大量的上机实践来融会贯通。

Java 按应用主要分为三大块：

（1）J2SE（Java 2 Platform，Standard Edition），主要用于桌面程序和 Java 小程序（Applet）的开发。

（2）J2EE（Java 2 Platform，Enterprise Edition），主要用于企业级应用的开发（如电子商务，ERP）。

（3）J2ME（Java 2 Platform，Micro Edition），主要用于手持设备（手机、PDA 等）的开发（如手机游戏）。

Java 语法组成如图 3.9 所示。

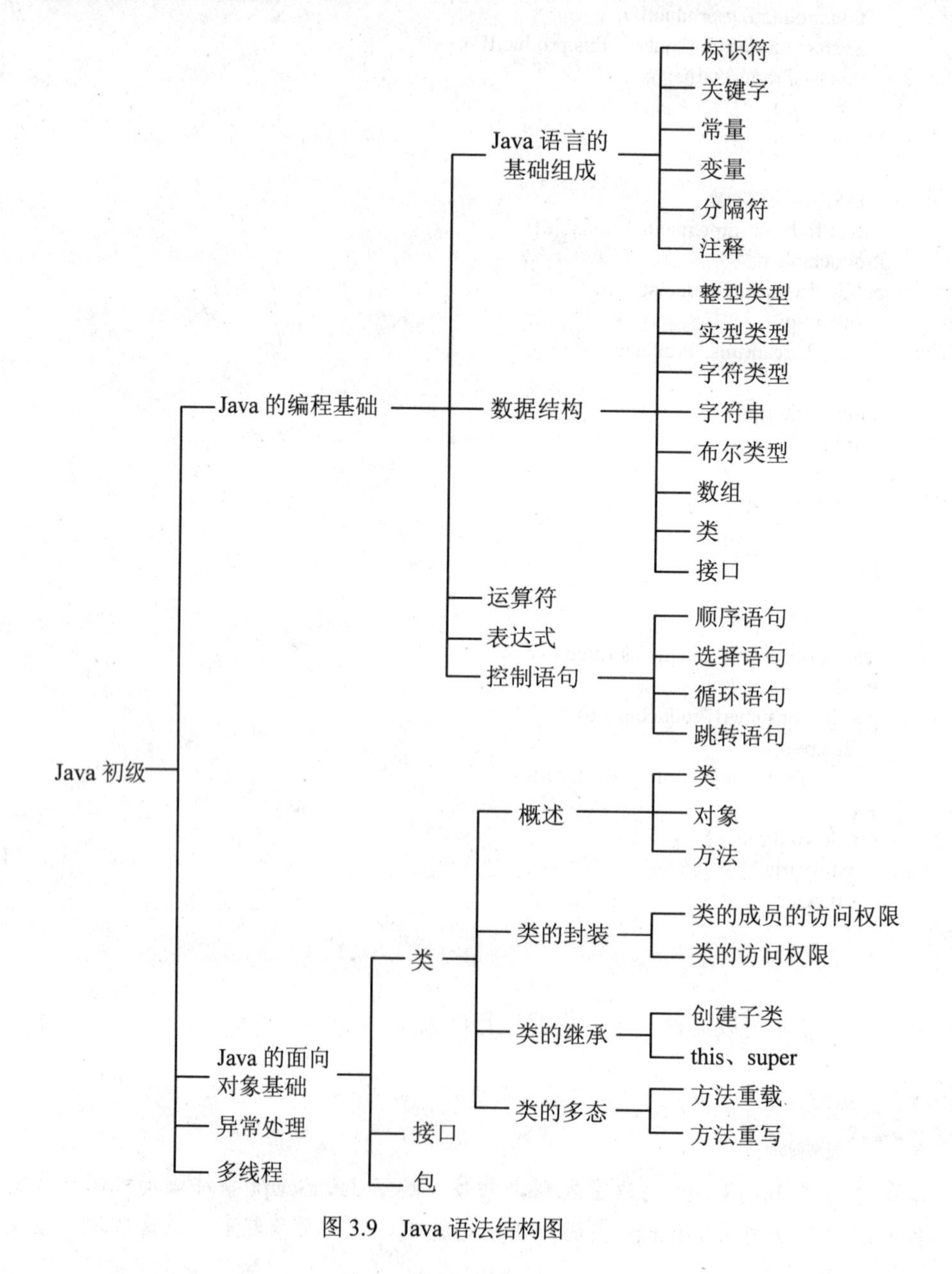

图 3.9 Java 语法结构图

习题三

一、填空题

1．JavaScript 是事件驱动的语言，在 JavaScript 中，鼠标事件一共有 6 种：__________、__________、__________、__________、__________、__________，键盘事件一共有 3 种：__________、__________、__________。

2．定义方法时，需要声明其返回的数据类型（如 int、boolean 之类），当某方法不需要返回数据时，其数据类型声明为：__________。

3．定义一 double 型常量 PI，语句代码可以为：__________double PI = 3.14。

4．下列代码不能编译的原因是__________。

```
Class A{
Private int x;
Public static void main(String args[])
{
new B();
}
class B{
B(){System.out.println(x);
}
}
}
```

5．Java 中类成员的限定词有以下几种：private，public，__________，__________。其中，__________的限定范围最大。

6．Java 中所有类都是类__________的子类。

7．Java 中的线程由__________、代码、数据等三部分组成。

二、选择题

1．Java 技术是由下面（　　）公司推出的。

A．Sun Microsystems　　B．Microsoft

C．IBM　　D．BEA

2．下面对 Java 相关的技术叙述正确的是（　　）。

A．Java 仅仅是一种编程语言

B．Java 只是一种虚拟的平台

C．Java 既是开发环境又是开发平台

D．Java 就是 JavaScript

3．对下面的应用程序叙述正确的是（SCJP 题目）（　　）。

```
public class MyProgram
{ public void main()
    { System.out.println("Who   moved   my   cheese?");
    }
}
```

A．该程序没有错误

B．该程序在编译过程中会出错

C．该程序在编译过程中不会出错，运行时才会出错

D．编译和运行都不会出错，但运行时无结果输出

4．下面选项（　　）是正确的 main 方法说明。

A．public main(String args[])

B．public static void main(String args[])

C．private static void main(String args[])

D．void main()

5．对 Java、JavaScript、Visual J++的叙述正确的是（　　）。

A．Java 和 JavaScript 完全是一回事

B．JavaScript 只是对 Java 语法稍作修改，实际上差别并不大

C．Visual J++是基于 Java 的一门开发工具，但微软在其中还嵌入了其他一些与 Sun 的 Java 不兼容的功能

D．Visual J++可用来开发基于 Sun 的 JVM 的所有 Java 程序

6．以下编译 Java 程序“A.java”正确的方法是（　　）。

A．javac A　　　　B．javac a.java

C．javac a　　　　D．java A.java

7．import，package，class 在程序中出现的正确顺序是（　　）。

A．import　package　class　　　　B．package　import　class

C．package　class　import　　　　D．import　class　package

三、简答题

1．简述 JavaScript 能够使用哪几种对象。

2．简述浏览器的内部对象。

3．如何通过 JavaScript 判断一个窗口是否已经被屏蔽？

4．简述 JavaScript 与 Java 的区别。

5．Java 中线程间如何通信？什么叫死锁？

6．请查阅资料，比较 Java 中创建线程的两个方法优缺点。

四、操作题

1．编写 JavaScript 程序完成以下功能：弹出窗口询问用户的生日，计算出用户的年龄并显示在浏览器的状态栏上。

2．编写一个 Java 程序让用户从键盘输入一个元音字母，如果输入的不是元音字母，则显示一个出错信息，类名为 GetVowel。

3．创建一个名为 Auto 的抽象类，该类包含的数据成员有车的品牌和价格，包含这些成员的 set 和 get 方法。setPrice()方法是抽象的。为每个汽车制造商创建两个子类（例如，Ford 或 Chevy）并且在每个子类里包含合适的 setPrice()方法。最后，使用 Auto 类和子类编写一个程序并显示不同车的信息。

第 4 章　JSP 语法

有了前面的基础后，本章开始学习 JSP 语法。JSP 页面主要由 JSP 元素和 HTML 代码构成，其中 JSP 代码完成相应的动态功能。JSP 基础语法包括注释、指令、脚本以及动作元素，此外，JSP 还提供了一些由容器实现和管理的内置对象。

- JSP 语法概述
- 注释
- JSP 指令
- JSP 脚本元素
- JSP 动作

4.1　JSP 语法概述

在 JSP 页面中，可分为 JSP 程序代码和其他程序代码两部分。JSP 程序代码全部写在<%和%>之间，其他代码部分如 JavaScript 和 HTML 代码按常规方式写入。换句话说，在常规页面中插入 JSP 元素，即构成了 JSP 页面。

4.1.1　JSP 工作原理

当客户端请求浏览 JSP 页面时，JSP 服务器在把页面传递给客户端之前，先将 JSP 页面编译成 Servlet（纯 Java 代码），然后将 Java 编译器生成的服务器小程序编译为 Java 字节码，最后再转换成纯 HTML 代码，这样客户端接收到的只是 HTML 代码。

JSP 到 Servlet 的编译过程一般在第一次页面请求时进行。因此，如果希望第一个用户不会由于 JSP 页面编译成 Servlet 而等待太长的时间，希望确保 Servlet 已经正确地编译并装载，可以在安装 JSP 页面之后自己请求一下这个页面。JSP 页面的工作过程如图 4.1 所示。

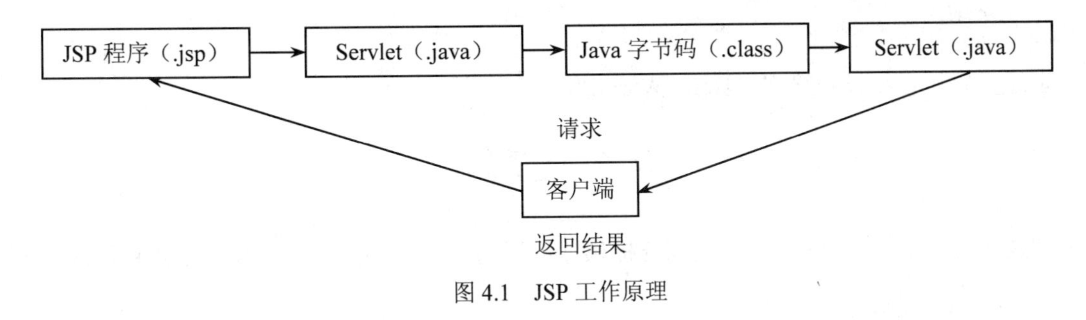

图 4.1　JSP 工作原理

4.1.2 JSP 页面结构

JSP 程序的成分主要有如下 4 种：注释、指令、脚本元素、动作。JSP 指令用来从整体上控制 Servlet 的结构；脚本元素用来嵌入 Java 代码，这些 Java 代码将成为转换得到的 Servlet 的一部分；动作用来引入现有的组件或者控制 JSP 引擎的行为。

为了简化脚本元素，JSP 定义了一组由容器实现和管理的对象（内置对象）。这些内置对象在 JSP 页面中可以直接使用，不需要 JSP 页面编写者实例化。通过存取这些内置对象，可以实现与 JSP 页面 Servlet 环境的互访。

JSP 页面构成如图 4.2 所示。

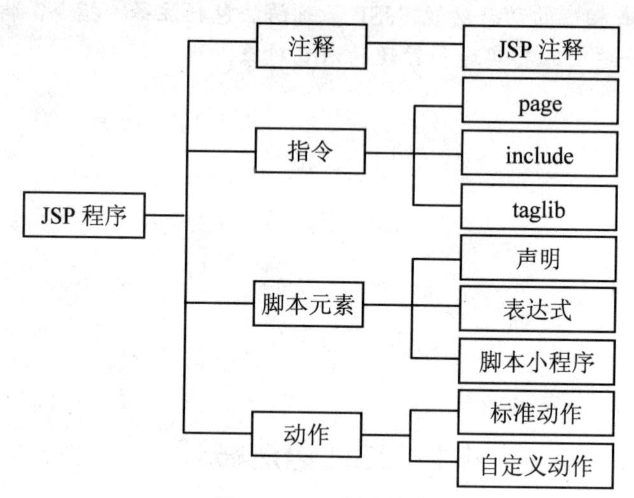

图 4.2 JSP 程序构成

【例 4.1】一个简单的 JSP 页面。文件名为 showJsp.jsp。

```
<!-- JSP 指令 -->
<%@ page contentType="text/html; charset=gb2312" language="java" import="java.sql.*" errorPage="" %>
<html>
<head>
<meta http-equiv="Content-Type" content="text/html; charset=gb2312" />
<title>无标题文档</title>
</head>
<body>
<!-- 下面代码为脚本元素，其中 out 为内置对象，直接引用即可，不需要实例化，其作用为输出字节流。-->
<% out.println("Hello World!");%>
</body>
</html>
```

上述代码运行结果是输出“Hello World!”。

4.2 注释

和其他的程序语言一样，JSP 也同样提供注释语句。JSP 注释分为 HTML 注释和隐藏注释两种。JSP 隐藏注释语句在 JSP 页面执行的时候会被忽略，不会执行。并且注释语句信息不会被送到客户端的浏览器中，也就是说，用户通过查看源文件是无法看到这些注释信息的，所以称之为隐藏注释。HTML 注释和 JSP 注释的不同之处在于 HTML 注释在客户端浏览器能通过查看源文件看到。

4.2.1 JSP 隐藏注释

JSP 注释语句的语法：

```
<%-- comment --%>
```

【例 4.2】文件 comment.jsp。

```
<%@ page contentType="text/html; charset=gb2312" language="java" import="java.sql.*" errorPage=""
%>
<html>
<head>
<meta http-equiv="Content-Type" content="text/html; charset=gb2312" />
<title>测试 JSP 的注释语句</title>
</head>
<body>
<h2>测试 JSP 注释语句</h2>
<%-- 这是一些注释信息，不会在查看网页源文件的时候看到 --%>
</body>
</html>
```

还有一种使用 Java 注释机制的注释方法：

```
<% /**comment   */ %>
```

在使用的时候，一定要注意<%--和--%>必须成对出现，否则会编译出错。

4.2.2 HTML 注释

HTML 注释语句的语法：

```
<!-- comment [ <%= expression %> ] -->
```

例如：

```
<!--该注释可以被查看-->
```

在客户端的 HTML 源代码中产生和上面一样的数据：

```
<!--该注释可以被查看-->
```

又例如：

```
<!--该页面生成于 <%= (new java.util.Date()).toLocaleString() %> -->
```

在客户端的 HTML 源代码中显示为：

```
<!--该页面生成于 October 15, 2006 -->
```

这种注释和 HTML 语言很像，它可以在“查看源代码”中看到。唯一不同的是可以在这个注释中使用表达式。这个表达式是不定的，因页面不同而不同，你能够使用各种表达式，只要是合法的就行。

4.3 JSP 指令

在 JSP 页面中，可以使用 JSP 指令来指定页面的有关输出方式、引用包、加载文件、缓冲区、出错处理等相关设置，主要作用是与 JSP 引擎进行沟通。

JSP 指令常用以下形式：

```
<%@ directive attribute="value"%>
```

可以将多个属性写在一个语句中：

```
<%@ directive attribute1="value1" attribute2="value2" attributeN="valueN" %>
```

主要的三种指令是 page、include 和 taglib，下面分别对这三种指令进行详细说明。

4.3.1 page 指令

在 JSP 文件中，可以通过<%@ page … %>命令定义整个 JSP 页面的属性，通过这个命令定义的属性会对该 JSP 文件和包含进来的 JSP 页面起作用。此命令的语法比较复杂一些，下面就是语法定义：

```
<%@ page
[ language="java" ]
[ extends="package.class" ]
[ import="{package.class | package.*}, ..." ]
[ session="true | false" ]
[ buffer="none | 8kb | sizekb" ]
[ autoFlush="true | false" ]
[ isThreadSafe="true | false" ]
[ info="text" ]
[ errorPage="relativeURL" ]
[ contentType="mimeType [ ;charset=characterSet ]" | "text/html ; charset=ISO-8859-1" ]
[ isErrorPage="true | false" ]
%>
```

下面是使用 page 指令的一个小例子：

```
<%@ page contentType="text/html; charset=gb2312" language="java" import="java.sql.*" buffer="5kb"
autoFlush="false" errorPage=" error.jsp " %>
```

通过 Page 命令，可以为整个 JSP 页面定义上面提到的全局属性，其中除了 import 之外，其他的都只能引用一次，import 属性和 Java 语言中的 import 非常相似，可以在 JSP 页面中多次使用它。

关于<%@ page %>的位置可以不去考虑，放在任何地方都可以很好地工作，但出于良好的编程习惯，建议放在 JSP 页面的顶部。几乎所有的 JSP 页面顶部都可以找到指令 page。

1. language 属性

定义 JSP 页面使用的脚本语言，若使用 JSP 引擎支持 Java 以外的语言，可指定所使用的语言种类。默认语言为 Java：

```
language="java"
```

指明 JSP 文件中使用的脚本语言，目前只能使用 Java。

2. contentType 属性

contentType 属性定义了 JSP 页面字符编码和页面响应的 MIME 类型。默认的 MIME 类型是 text/html，默认的字符集是 ISO-8859-1。例如：

```
<%@ page  contentType="text/html; charset=gb2312"  language="java"  import="java.sql.*" %>
```

3. import 属性

该属性用于 JSP 引入 Java 包中的类，如果要包含多个包，可将这些包的名称用逗号隔开放在一个 import 中，或者使用多个 import 分别声明。它是唯一可以多次指定的属性。

在使用 Java 包中的元素之前一定要先声明该包的 import 引用。下面一些 Java 包是默认包含的，不用再在 JSP 页面中声明。

```
java.lang.*
javax.servlet.*
javax.servlet.jsp.*
javax.servlet.http.*
```

4. extends 属性

用于定义此 JSP 页面产生的 Servlet 继承自哪个父类。请特别谨慎使用这一功能，因为服务器也许已经为 Servlet 定义了一个父类。JSP 规范对不完全理解其隐含意义的情况下使用此属性提出警告。

5. isErrorPage 属性

```
isErrorPage="true|false"
```

默认值为 true，设置是否显示错误信息。如果为 true，可以看到出错信息；如果为 false，就看不到了。

6. errorPage 属性

```
errorPage="relativeURL"
```

设置处理异常事件的 JSP 文件的位置。表示如果发生异常错误，网页会被重新指向一个 URL 页面。错误页面必须在其 page 指令元素中指定 isErrorPage="true"。

7. session 属性

```
session="true|false"
```

默认值为true，定义是否在JSP页面使用HTTP的session。如果值为true，则可以使用session对象；如果值为 false，那么 JSP 页面就不被加入到 session 中，session 内置对象则不能使用，而同时会造成 Bean 的 scope 属性值只能是 page。

8. Buffer 属性

```
buffer="none|8KB|sizeKB"
```

为内置对象 out 指定发送信息到客户端浏览器的信息缓存大小。以 KB 为单位，默认值是 8KB，也可以自行指定缓存的大小。如果设置为 none，那么就说明没有缓冲区，所有的输出都不经缓存而直接输出。

9. autoFlush 属性

```
autoFlush="true|false"
```

指定当缓存填满时是否自动刷新，输出缓存中的内容。如果为 true，则自动刷新，否则当缓存填满后，可能会出现严重的错误。当把 buffer 设置为 none 时，就不能将 autoFlush 设置为 false。

10. isThreadSafe 属性

```
isThreadSafe="true|false"
```

指定 JSP 页面是否支持多线程访问。默认值是 true，表示可以同时处理多个客户请求，但是应该在 JSP 页面中添加处理多线程的同步控制代码。如果设置为 false，JSP 页面在一个时刻就只能响应一个请求。

11. info 属性

```
info="text"
```

指定任何一段字符串，该字符串被直接加入到翻译好的页面中。可以通过 Servlet.getServletInfo()方法得到。

4.3.2 include 指令

include 指令的功能是在 JSP 编译时插入包含的文件。包含的过程是静态的。它可以把内容分成更多可管理的元素，如包括普通页面的页眉或页脚的元素。包含的文件可以是 JSP、HTML、文本或 Java 程序。

include 指令的语法：

```
<%@ include file="relativeURL" %>
```

其中只有一个 file 属性，这个属性指定了被包含文件的路径。

如果路径是以“/”开头的，那么这个路径是相对于 JSP 应用程序上下文而言的。如果以目录名或文件名开头，则以 JSP 文件所在路径为当前路径。例如：

```
"header.jsp"
"/templates/onlinestore.html"
"/beans/calendar.jsp"
```

在 JSP 中，可以用这个 include 指令将 JSP 文件、HTML 文件或 Text 文件包含到一个 JSP 文件中，这种包含是静态包含，也就是说，当使用这种方法包含文件的时候，会将被包含文件的内容插入包含文件中，替换掉<%@ include %>这行语句。如果包含的是一个 JSP 文件，那么包含在这个文件中的 JSP 程序将被执行。

当使用 Include 包含一个文件的时候，一定要注意，在被包含文件中不能含有<html>、</html>、<body>、</body>等 HTML 元素，否则会导致执行错误。因为被包含的文件会整个加入到 JSP 文件中去，这些标记会与 JSP 文件中类似的标记相冲突。

使用包含文件有以下一些优点：

（1）被包含文件可以在多个文件中被使用，实现了代码共享和重用。

（2）当被包含文件修改后，包含此文件的 JSP 文件的执行结果也发生变化，这样就提高了修改效率，为维护提供方便。

除此之外，还有一种动态的 include 包含指令<jsp:include>，即被包含文件不会插入包含的文件，而是各自编译。在后面我们会做介绍。

【例 4.3】include.jsp

```
<html>
<head><title>An Include Test</title></head>
<body bgcolor="white">
The current date and time are
<%@ include file="date.jsp" %>
</font>
</body>
</html>
```

date.jsp

```
<%@ page import ="java.util.*" %>
<%= (new java.util.Date()).toLocaleString() %>
```

上面的例子在执行后，会在客户端的浏览器中显示和下面类似的信息：

```
The current date and time are
```

```
Aug 30,2013 2:38:40
```

4.3.3　taglib 指令

taglib 指令的功能是使用标记符库定义新的自定义标记符，在 JSP 页面中启用定制行为。

taglib 指令的语法：

```
<%@ taglib uri="URIToTagLibrary" prefix="tagPrefix" %>
```

例如：

```
<%@ taglib uri="http://www.jspcentral.com/tags" prefix="public" %>
<public:loop>
</public:loop>
```

<% @ taglib %>指令声明此 JSP 文件使用了自定义的标记符，同时引用标记符库，也指定了标记符的前缀。

这里自定义的标记符有标记符和元素之分。因为 JSP 文件能够转化为 XML，所以了解标记符和元素之间的联系很重要。标记符只不过是一个在某种意义上被抬高了的标记，是 JSP 元素的一部分。JSP 元素是 JSP 语法的一部分，和 HTML 一样有开始标记和结束标记。元素可以包含其他的文本、标记和元素。使用自定义标记符之前必须使用<% @ taglib %>指令，而且可以在一个页面中多次使用，但是同一前缀只能引用一次。

URI 用来表示标记符描述符，也就是提供标记符描述文件和标记符库的路径。tagPrefix 用来定义 JSP 引用该自定义标记符时的前缀，比如例子中定义了 prefix="public"，则如果不写<public:loop>中的 public，就是不合法的。请不要用 jsp，jspx，java，javax，servlet，sun 和 sunw 作为前缀。

4.4　JSP 脚本元素

JSP 脚本元素用来插入 Java 代码，这些 Java 代码将出现在由当前 JSP 页面生成的 Servlet 中。脚本元素有三种格式：声明格式<%! declaration; %>，其作用是把声明加入到 Servlet 类（在任何方法之外）；表达式格式<%= expression %>，其作用是计算表达式并输出其结果；Scriptlet 格式<% code %>，作用是把代码插入到 Servlet 的 service 方法中。

4.4.1　JSP 声明

JSP 声明用来声明 JSP 程序中的变量、实例、方法和类。声明是以<%!起始，以%>结尾的。在 JSP 程序中，在使用一个变量或引用一个对象的方法和属性前，必须先对使用的变量和对象进行声明。声明后才可以在后面的程序中使用它们。

JSP 的声明可以让你定义页面一级的变量以保存信息或定义该 JSP 页面可能需要的方法。其内容必须是一个采用 page 指令所定义的语言编写的并完整有效的声明。JSP 内置对象在声明元素中不可见，此时声明的变量作为编译单元的成员变量处理。

其语法如下：

```
<%! declaration; %>
```

例如：

```
<%! int i=0; %>
<%! int a,b,c; %>
```

注意：

（1）编译 JSP 时，脚本小程序生成于 jspService()方法的内部，而声明却生成于 jspService()方法之外，与源文件合成一体。使用<%! %>方式所声明的变量为全局变量，即表示若同时 n 个用户在执行此 JSP 网页时将会共享此变量。因此应尽量少用全局变量，若要使用变量时，请直接在 Scriptlet 之中声明使用即可。

（2）每一个声明仅在一个页面中有效，如果想每个页面都用到一些声明，最好把它们写成一个单独的 JSP 页面或单独的 Java 类，然后用<%@ include %>或<jsp:include >动作元素包含进来。

由于声明不会有任何输出，因此它们往往和 JSP 表达式或脚本小程序结合在一起使用。例如，下面的 JSP 代码片段输出自从服务器启动（或 Servlet 类被改动并重新装载）以来当前页面被请求的次数：

```
<%! private int accessCount = 0; %>
自从服务器启动以来页面访问次数为：
<%= ++accessCount %>
```

4.4.2　JSP 表达式

JSP 表达式用来计算输出 Java 数据，表达式的结果被自动转换成字符型数据，结果可以作为 HTML 的内容，显示在浏览器窗口中。JSP 表达式包含在“<%= %>”标记中，不以分号结束，除非在加引号的字符串部分使用分号。开始标记和结束标记之间必须是一个完整合法的 Java 表达式，可以是复杂的表达式。在处理这个表达式的时候按照从左向右的方式来处理。

其语法如下：

```
<%= expression %>
```

例如：

```
<%= i %>
<%= "Hello" %>
<%= a+b %>
```

下面的代码显示页面被请求的日期/时间：

```
当前时间为：<%= new java.util.Date() %>
```

为简化表达式，JSP 预定义了一组可以直接使用的对象变量。内置对象在表达式中可见。对于 JSP 表达式来说，最重要的几个内置对象及其类型如下。

（1）request：HttpServletRequest。

（2）response：HttpServletResponse。

（3）session：和 request 关联的 HttpSession。

（4）out：PrintWriter，用来把输出发送到客户端。

例如：

```
Your hostname: <%= request.getRemoteHost() %>
```

后面我们将详细介绍这些内置对象。

4.4.3　脚本小程序

如果要完成的任务比简单的表达式复杂时，可以使用 JSP 脚本小程序（Scriptlet）。脚本小程序中可以包含有效的程序片段，只要合乎 Java 本身的标准语法即可。通常核心程序都写在这里，是我们实际编写的 JSP 程序的主要部分。

JSP 脚本小程序的语法如下：

```
<% Java Code %>
```

由于 JSP 和其他嵌入式语言一样，都会嵌在 HTML 语言内部使用，所以 JSP 页面是由一段一段的 JSP 程序嵌在 HTML 语言里面组成的。脚本小程序能够包含要用到的变量或方法的声明和表达式。和 JSP 表达式一样，脚本小程序可以访问所有内置对象，所有的内置对象在小脚本中可见。例如，如果要向结果页面输出内容，可以使用 out 变量。

```
<%
String queryData = request.getQueryString();
out.println("Attached GET data: " + queryData);
%>
```

注意：在程序段中定义的变量是局部变量，且程序段中的“表达式”必须使用“;”作为结束符，程序片段并不局限于一行代码中。

编译 JSP 时，编译器在 jspService()方法中只简单、不作修改地包含脚本小程序的内容。当 Web 服务器响应请求时，Java 代码就会运行。在脚本片段周围可能有纯粹的 HTML 代码，在这些地方，代码片段可以使你创建执行代码的条件，或调用其他代码片段。

例如，下面的 JSP 片段混合了 HTML 语言和脚本小程序：

```
<% if (Math.random() < 0.5) { %>
Have a <b>nice</b> day!
<% } else { %>
Have a <b>lousy</b> day!
<% } %>
```

上述 JSP 代码将被转换成如下 Servlet 代码：

```
if (Math.random() <0.5) {
out.println("Have a <b>nice</b> day!");
}
Else
{
out.println("Have a <b>lousy</b> day!");
}
```

【例 4.4】num.jsp

```
<html>
<head>
<title>JSP 程序段</title>
</head>
<%@ page contentType="text/html;charset=GB2312" %>
<body>
<%
double num=0;
num=20;
if(num>10)
{ %>              <%/*这里体现了 JSP 与 HTML 的结合*/%>
<h2>num 的值大于 10</h2>   <%/*不属于 JSP 的这段 HTML 用%>……<%隔开*/%>
<%
}
```

```
else out.println("num 的值小于 10");
%>
</body>
</html>
```

运行结果：num 的值大于 10

例如，以下的代码组合使用表达式和代码片段，显示 H1、H2、H3 和 H4 标记中的字符串“Hello”。代码片段并不局限于一行源代码：

```
<% for (int i=1; i<=4; i++) { %>
<H<%=i%>>Hello</H<%=i%>>
<% } %>
```

4.5 JSP 动作

JSP 动作利用 XML 语法格式的标记来控制 Servlet 引擎的行为。动作组件用于执行一些标准的、常用的 JSP 页面。利用 JSP 动作可以动态地插入文件、重用 JavaBean 组件、把用户重定向到其他页面、为 Java 插件生成 HTML 代码。

JSP 动作元素包括：

- jsp:include：当页面被请求时引入一个文件。
- jsp:forward：请求转到一个新的页面。
- jsp:plugin：根据浏览器类型为 Java 插件生成 OBJECT 或 EMBED 标记。
- jsp:useBean：寻找或者实例化一个 JavaBean。
- jsp:setProperty：设置 JavaBean 的属性。
- jsp:getProperty：输出某个 JavaBean 的属性。

4.5.1 include 动作元素

<jsp:include>动作元素表示在 JSP 文件被请求时包含一个静态的或者动态的文件，这个包含指令与之前所讲的包含指令有所不同，请读者注意区分。

语法：

```
<jsp:include page="path" flush="true" />
```

其中，page="path"表示相对路径，或者为相对路径的表达式。flush="true"表示缓冲区满时会被清空，一般使用 flush 为 true，其默认值是 false。

例如：

inc.jsp

```
<%= 2 + 2 %>
```

test.jsp

```
Header
<jsp:include page="inc.jsp"/>
Footer
```

运行结果：4

【例 4.5】下面的 JSP 页面把 4 则新闻摘要插入到 WhatsNew.jsp 页面。改变新闻摘要时只需改变 new 文件夹下的 4 个具体新闻文件即可，而主 JSP 页面可以不作修改：

WhatNews.jsp

```
<html>
<head>
<title>what's new</title>
</head>
<body bgcolor="#fdf5e6" text="#000000" link="#0000ee"
        vlink="#551a8b" alink="#ff0000">
<center>
<table border=5 bgcolor="#ef8429">
  <tr><th class="title">
        what's new at jspnews.com</table>
</center>
<p>
here is a summary of our four most recent news stories:
<ol>
  <li><jsp:include page="news/item1.html" flush="true"/>
  <li><jsp:include page="news/item2.html" flush="true"/>
  <li><jsp:include page="news/item3.html" flush="true"/>
  <li><jsp:include page="news/item4.html" flush="true"/>
</ol>
</body>
</html>
```

一般而言，不能直接从文件名称上来判断一个文件是动态的还是静态的。但是<jsp:include>能够自行判断此文件是动态的还是静态的，于是能同时处理这两种文件。如果包含的只是静态文件，那么只是把静态文件的内容加到 JSP 网页中；如果包含的是动态文件，那么把动态文件的输出加到 JSP 网页中。被包含的动态文件和主文件会被 JSP Container 分别编译执行。

前面已经介绍过 include 指令，它是在 JSP 文件被转换成 Servlet 的时候引入文件，而这里的 jsp:include 动作不同，插入文件的时间是在页面被请求的时候。jsp:include 动作的文件引入时间决定了它的效率要稍微差一点，而且被引用文件不能包含某些 JSP 代码（例如不能设置 HTTP 头），但它的灵活性却要好得多。

include 指令是在 JSP 文件执行时被转换成 Servlet 的时候，将被包含文件调入到主文件，然后二者一起被 JSP 容器编译，产生一个 Servlet。

<jsp:include>动作是在 JSP 文件被请求时，被包含文件和主文件分别被 JSP 容器编译，产生两个 Servlet，然后将被包含文件的 Servlet 调入到主文件的 Servlet 中。因此同样引入文件，使用 include 指令要比使用<jsp:include>动作的响应速度快。

4.5.2　forword 动作元素

<jsp:forward>将客户端所发出来的请求，从一个 JSP 页面转交给另一个页面（可以是一个 HTML 文件、JSP 文件、PHP 文件、CGI 文件，甚至可以是一个 Java 程序段）。

语法：

```
<jsp:forward page={"relativeURL"|"<%= expression %>"}/>
```

page 属性包含的是一个相对 URL。page 的值既可以直接给出，也可以在请求的时候动态计算，如下面的例子所示：

```
<jsp:forward page="/utils/errorReporter.jsp" />
<jsp:forward page="<%= someJavaExpression %>" />
```

有一点要特别注意，<jsp:forward>标记符之后的程序将不能被执行。

例如：

```
<%
    out.println("会被执行!!! ");
%>
<jsp:forward page="other.jsp" />
<%
    out.println("不会执行!!!");
%>
```

上面这个范例在执行时，会打印出“会被执行!!!”，随后马上会转入到 other.jsp 的网页中，至于 out.println("不会执行!!! ")将不会被执行。

【例 4.6】该实例需要 4 个文件：login.jsp，test.jsp，ok.htm，no.htm。

首先看一下 login.jsp。

```
<%@ page contentType="text/html; charset=gb2312" language="java"    errorPage="" %>
<html>
<head>
<meta http-equiv="Content-Type" content="text/html; charset=gb2312" />
</head>
<body>
<center>
<form method=get    action="test.jsp">
username<input type=text name=username>
<br><br>
password<input type=password name=password>
<br><br>
<input type=submit value="确定">
</form>
</center>
</body>
</html>
```

test.jsp 代码如下：

```
<html>
<%
string username=request.getparameter("username");
if(username.trim().equals("abc"))
{%>
<jsp:forward page="ok.html" />
<%}
else
{%>
<jsp:forward page="no.html" />
<%}
%>
```

```
</html>
```

ok.htm 和 no.htm 非常简单，可以分别写为：

```
<html>ok</html>
<html>no</html>
```

运行效果是当输入用户名为 abc 时，页面会自动跳转到 ok.htm 页面，否则跳转到 no.htm 页面。

4.5.3　plugin 动作元素

jsp:plugin 动作用来根据浏览器的类型，插入通过 Java 插件运行 Java Applet 所必需的 Object 或 Embed 元素。

语法：

```
<jsp:plugin
type="bean|applet"
code="classFileName"
codebase="classFileDirectoryName"
[name="instanceName"]
[align="bottom|top|middle|left|right"]
[height="displsyPixels"]
[width="displsyPixels"]
[hspace="leftRightPixels"]
[vspace="topButtomPixels"]
[jreversion="java 的版本"]
[<jsp:params>
[<jsp:param name="parameterName" value="参数的值"/>]
</jsp:params>]
[<jsp:fallback> 这里是在不能启动插件的时候，显示给用户的文本信息</jsp:fallback>]
</jsp:plugin>
```

Plugin 中的各个属性如下：

（1）type="bean|applet"。插件将执行的对象的类型，必须指定。

（2）code="classFileName"。插件将执行的 Java 类文件的名称，在名称中必须包含扩展名，且此文件必须在用"codebase"属性指明的目录下。

（3）codebase="classFileDirectoryName"。包含插件将运行的 Java 类的目录或指相对这个目录的路径。

4.5.4　param 动作元素

param 动作元素用于传递参数。我们还可以使用<jsp:param>将当前 JSP 页面的一个或多个参数传递给所包含的或是跳转的 JSP 页面。该动作元素必须和<jsp:include>、<jsp:plugin>、<jsp:forward>动作一起使用。

和<jsp:include>一起使用的语法如下：

```
<jsp:include page="相对的 URL 值"|"<% =表达式%> " flush="true">
<jsp:param name="参数名 1" value="{参数值|<%=表达式 %>}"/>
<jsp:param name="参数名 2" value="{参数值|<%=表达式 %>}"/>
</ jsp:include>
```

和<jsp: forward>一起使用的语法如下：

```
<jsp:forward page="path"} >
<jsp:param name="paramname" value="paramvalue" />
</jsp:forward>
```

<jsp:param>中 name 指定参数名，value 指定参数值。参数被发送到一个动态文件，参数可以是一个或多个值。要传递多个参数，则可以在一个 JSP 文件中使用多个<jsp:param>，将多个参数发送到一个动态文件中。如果用户选择使用<jsp:param>标记符的功能，那么被重定向的目标文件就必须是一个动态的文件。

例如：

```
<jsp:include page="scripts/login.jsp">
<jsp:param name="username" value="Aqing" />
<jsp:param name="password" value="123456"/>
</jsp:include>
```

4.5.5 useBean 及 setProperty 和 getProperty 动作元素

1. useBean 动作元素

<jsp:useBean>动作用来查找或实例化一个 JSP 页面使用的 JavaBean 组件。JavaBean 是特殊类型的 Java 类，它与普通 Java 类的主要区别是包含了两种特殊的方法：setXXX()（设置属性值的方法）、getXXX()（取属性值的方法）。

在程序中可以把逻辑控制、数据库操作放在 JavaBean 组件中，然后在 JSP 文件中调用它。这个功能非常有用，因为它使得我们既可以发挥 Java 组件重用的优势，同时也保证了 JSP 相对于 Servlet 的方便性。因此<jsp:useBean>动作几乎是 JSP 最重要的用法。

其语法形式：

```
<jsp:usebean id="name" scope="page | request | session | application"   typespec />
```

其中 typespec 有以下几种可能的情况：

```
class="classname" | class="classname" type="typename" | beanname="beanname" type= "typename" |
type="typename" |
<jsp:useBean id="name" class="package.class" />
```

注意，必须使用 class 或 type，但不能同时使用 class 和 beanname。beanname 表示 Bean 的名字，其形式为“a.b.c”。

只有当第一次实例化 Bean 时才执行 Body 部分，如果是利用已有的 Bean 实例，则不执行 Body 部分，jsp:useBean 并非总是意味着创建一个新的 Bean 实例。

获得 Bean 实例之后，要修改 Bean 的属性既可以通过 jsp:setProperty 动作进行，也可以在脚本小程序中利用 id 属性所命名的对象变量，通过调用该对象的方法显式地修改其属性。当说“某个 Bean 有一个类型为 X 的属性 foo”时，就意味着“这个类有一个返回值类型为 X 的 getfoo 方法，还有一个 setfoo 方法以 X 类型的值为参数”。

通过 jsp:setProperty 和 jsp:getProperty 修改和提取 Bean 的属性。

useBean 动作元素属性如下：

（1）id 用来引用 Bean 实例的变量。如果能够找到 id 和 scope 相同的 Bean 实例，jsp:useBean 动作将使用已有的 Bean 实例而不是创建新的实例。

（2）class 指定 Bean 的完整包名，表明 Bean 具体是对哪个类的实例化。

（3）scope 指定 Bean 的有效范围，可取 4 个值，分别为：page、request、session 和 application。默认值是 page，表示该 Bean 只在当前页面内可用（保存在当前页面的 PageContext 内），有效范围是当前页面。request 表示该 Bean 在当前的客户请求内有效（保存在 ServletRequest 对象内）。有效范围在一个单独客户请求的生命周期内。session 表示该 Bean 对当前 HttpSession 内的所有页面都有效。有效范围是整个用户会话的生命周期内。最后，如果取值 application，则表示该 Bean 对所有具有相同 ServletContext 的页面都有效。有效范围是应用的生命周期内。

scope 之所以很重要，是因为 jsp:useBean 只有在不存在具有相同 id 和 scope 的对象时才会实例化新的对象；如果已有 id 和 scope 都相同的对象则直接使用已有的对象，此时 jsp:useBean 开始标记和结束标记之间的任何内容都将被忽略。

（4）type 指定引用该对象的变量的类型，它必须是 Bean 类的名字、超类名字、该类所实现的接口名字之一。请记住变量的名字是由 id 属性指定的。

（5）beanName 指定 Bean 的名字。如果提供了 type 属性和 beanName 属性，允许省略 class 属性。

2. setProperty 动作元素

<jsp:setProperty>标记符表示用来设置 Bean 中的属性值。在 JSP 表达式或 Scriptlet 中读取 Bean 属性通过调用相应的 getXXX 方法实现，或者更一般地，使用 jsp:getProperty 动作。

可以使用两种语法实现方式：

（1）在 jsp:useBean 后使用 jsp:setProperty：

```
<jsp:useBean id="myuser"/>
<jsp:setProperty name="user" property="user"/>
```

在这种方式中，jsp:setProperty 将被执行。

（2）jsp:setProperty 出现在 jsp:useBean 标记符内：

```
<jsp:useBean id="myuser">
<jsp:setProperty name="user" property="user"/>
</jsp:useBean>
```

在这种方式中，jsp:setProperty 只会在新的对象被实例化时才将被执行。

在<jsp:setProperty>中的 name 值应和<jsp:useBean>中的 id 值相同。我们既可以通过 jsp:setProperty 动作的 value 属性直接提供一个值，也可以通过 param 属性声明 Bean 的属性值来指定请求参数，还可以列出 Bean 属性表明它的值应该来自请求参数中的同名变量。该动作的含义是使用 Bean 中相应的 set()方法设置一个或多个属性的值，值的来源通过 value 属性明确给出，或者利用 request 对象中相应的参数。

<jsp:setProperty>动作有下面 4 个属性：

（1）name 用来表明对哪个 Bean 实例执行下面的动作，这个值和动作<jsp:useBean>中定义的 id 必须对应起来，包括大小写都必须一致。这个属性是必需的。

（2）property 用来表示要设置哪个属性。如果 property 的值是"*"，表示所有名字和 Bean 属性名字匹配的请求参数都将被传递给相应的属性 set 方法。property 属性是必需的。

（3）value 属性是可选的。该属性用来指定 Bean 属性的值。字符串数据会在目标类中通过标准的 valueOf 方法自动转换成数字、boolean、Boolean、byte、Byte、char、Character。例如，boolean 和 Boolean 类型的属性值（如“true”）通过 Boolean.valueOf 转换，int 和 Integer 类型的属性值（如“42”）通过 Integer.valueOf 转换。

value 和 param 不能同时使用，但可以使用其中任意一个。

（4）param 属性是可选的。它指定用哪个请求参数作为 Bean 属性的值。如果当前请求没有参数，则什么事情也不做，系统不会把 null 传递给 Bean 属性的 set 方法。因此，可以让 Bean 自己提供默认属性值，只有当请求参数明确指定了新值时才修改默认属性值。

例如，下面的代码片段表示：如果存在 numItems 请求参数，则把 numberOfItems 属性的值设置为请求参数 numItems 的值；否则什么也不做。

```
<jsp:setProperty name="orderBean"
property="numberOfItems"
param="numItems" />
```

如果同时省略 value 和 param，其效果相当于提供一个 param 且其值等于 property 的值。进一步利用这种借助请求参数和属性名字相同进行自动赋值的思想，还可以在 property（Bean 属性的名字）中指定“*”，然后省略 value 和 param。此时，服务器会查看所有的 Bean 属性和请求参数，如果两者名字相同，则自动赋值。

3. getProperty 元素

<jsp:getProperty>标记符表示获取 Bean 的属性的值并将之转化为一个字符串，然后将其插入到输出的页面中。该动作实际是调用了 Bean 的 get()方法。

在使用<jsp:getProperty>之前，必须用<jsp:useBean>来创建它。不能使用<jsp:getProperty>来检索一个已经被索引了的属性。

语法如下：

```
<jsp:getProperty name="beanInstanceName" property="propertyName"/>
```

jsp:getProperty 有两个必需的属性，即：name，表示 Bean 的名字；property，表示要提取哪个属性的值。

例如：

```
<jsp:useBean id="itemBean" ... />
<ul>
<li>Number of items:
<jsp:getProperty name="itemBean" property="numItems" />
<li>Cost of each:
<jsp:getProperty name="itemBean" property="unitCost" />
</ul>
```

具体实例在后续章节讲解。

一个 JSP 页面主要由注释、指令、脚本元素、动作元素等内容组成。

1. 注释包括 HTML 注释和 JSP 隐藏注释。

2. 指令包括:

（1）page: 用来定义整个 JSP 页面的属性和相关功能。

（2）include: 用来指定 JSP 文件被编译时需要插入的资源，可以是文本、代码、HTML 文件或 JSP 文件。

（3）taglib: 页面使用者用来自定义标记符。

3. 脚本元素

（1）声明：用来定义在程序中使用的实体，它是一段 Java 代码，可以声明变量，也可以声明方法。格式：<%! 开始声明 %>。例如：<%! int　i;%>。

（2）表达式：格式：<%=表达式%> 最后没有分号。例如：<%=1+2+3%>。

（3）Scriptlet：格式：<%java 代码%>。

4. JSP 中的动作指令包括：include、forward、plugin、useBean、getProperty、setProperty。

（1）include 指令：表示包含一个静态的或者动态的文件。子句能让你传递一个或多个参数给动态文件，也可以在一个页面中使用多个指令来传递多个参数给动态文件。

（2）forward 指令：表示重定向一个静态 HTML/JSP 的文件，或者是一个程序段。

（3）Plugin 指令：用于在浏览器中播放或显示一个对象（典型的就是 Applet 和 Bean），而这种显示需要浏览器的 Java 插件。一般来说，元素会指定对象是 Applet 还是 Bean，同样也会指定 class 的名字和位置，另外还会指定将从哪里下载这个 Java 插件。

（4）useBean 指令：表示用来在 JSP 页面中创建一个 Bean 实例并指定它的名字和作用范围。

（5）setProperty 指令：用来为一个 Bean 的属性赋值。若在 jsp:useBean 后使用，jsp:setProperty 将被执行。若 jsp:setProperty 出现在 jsp:useBean 标记符内，jsp:setProperty 只有在新的对象被实例化时才被执行。注意，name 值应当和 useBean 中的 id 值相同。

（6）getProperty 指令：表示获取 Bean 的属性的值并将之转化为一个字符串，然后将其插入到输出的页面中。

习题四

一、填空题

1. JSP 文件不需要引入__________类包。
2. 一个 JSP 页面主要包含__________、__________、__________、__________等成分。
3. 三种 JSP 指令分别是__________、__________、__________。
4. 三种脚本元素分别是__________、__________、__________。
5. jsp:useBean 动作指令的作用是__________。

二、选择题

1. JSP 的默认应用语言是（　　）。

   A．JSP　　B．Servlet　　C．Java　　D．JavaScript

2. 下列（　　）不属于 JSP 脚本元素语法。

   A．<%! int i=0; %>　　B．<%= "Hello" %>

   C．<% out.println("Hello "); %>　　D．<%@ language="java" %>

3. jsp:forward 动作的 page 属性的作用是（　　）。

   A．定义 JSP 文件名　　B．定义 JSP 文件的传入参数

   C．定义 JSP 文件的文件头信息　　D．定义 JSP 文件的相对地址

三、简答题

1．JSP 有哪些页面成分？作用分别是什么？

2．JSP 中动态 include 与静态 include 的区别是什么？

3．JSP 有哪些动作元素？作用分别是什么？

4．简述 JSP 的几种注释方式。

第 5 章　JSP 内置对象

内置对象是不需要声明，直接可以在 JSP 中使用的对象。在 JSP 代码片段中，可以利用内置对象与 JSP 页面的执行环境产生互动。

- request 对象
- response 对象
- 其他内置对象

5.1　request 对象

request 对象代表请求对象，request 对象对应于：javax.servlet.http.HttpServletRequest 和 javax.servlet.ServletRequest 类的子类的对象。该对象封装了用户提交的信息，通过调用该对象相应的方法可以获取封装的信息和用户提交信息。

它包含了有关浏览器请求的信息，并且提供了几个用于获取 cookie、header 和 session 数据的有用的方法。通过 getParameter 方法可以得到 request 的参数，通过 get、post、head 等方法可以得到 request 的类型，通过 cookies、referer 等可以得到请求的 Http 头。来自客户端的请求经 Servlet 容器处理后，由 request 对象进行封装。它作为 jspService()方法的一个参数由容器传递给 JSP 页面。

request 对象所提供的方法可以将它分为四大类：

（1）存储和取得属性方法。

void setAttribute(String name,java.lang.Object objt)：设置名字为 name 的 request 参数的值。

Enumeration getAttributeNamesInScope(int scope)：取得所有 scope 范围的属性。

Enumeration getAttributeNames()：返回 request 对象的所有属性的名字集合，其结果是一个枚举的实例。

Object getAttribute(String name)：返回由 name 指定的属性值，如果指定的属性不存在，则会返回一个 null 值。

void removeAttribute(String name)：删除请求中的一个属性。

（2）取得请求参数的方法。

String getParameter(string name)：获取客户端传送服务区的参数值，该参数是由 name 指定的，通常是表单中的参数。

Enumeration getParameterNames()：获得客户端传送到服务器端的所有参数的参数名字，其结果是一个枚举实例。

String [] getParameterValues(string name)：获取指定参数的所有值，参数由 name 指定。

map getParameterMap()：获取一个要求参数的 map。

（3）能够取得请求 http 标头的方法。

String getHeader(string name)：获得 http 协议定义的文件头信息。

Enumeration getHeaderNames()：取得所有的标头名称，返回所有 request Header 的名字，其结果是一个枚举的实例。

Enumeration getHeaders(string name)：取得所有 name 的标头，返回指定名字的 request Header 的所有值，其结果是一个枚举的实例。

int getIntHeader(string name)：取得整数类型 name 的标头。

long getDateHeader(string name)：取得日期类型 name 的标头。

cookie [] getCookies()：取得与请求有关的 cookies，返回客户端的所有 cookie 对象，结果是一个 Cookie 数组。

（4）其他方法。

String getContextPath()：取得 context 路径（即站台名称）。

String getMethod()：取得 http 的方法（get、post）。

String getProtocol()：获取客户端向服务器端传送数据所依存的协议名称，返回请求用的协议类型及版本号。

String getQueryString()：获取查询字符串，该字符串是由客户端以 get 方法向服务器端传送的。

String getRequestedSessionId()：取得用户端的 session id。

String getRequestUri()：获取发出请求字符串的客户端地址。

String getRemoteAddr()：获取客户端的 IP 地址。

String getRemoteHost()：取得用户的主机名称。

String getRealPath(String path)：返回一虚拟路径的真实路径。

int getRemotePort()：取得用户的主机端口。

String getRemoteUser()：取得用户名。

void getCharacterEncoding(string encoding)：设定编码格式，返回请求中的字符编码方式。

String getCharacterEncoding()：返回字符编码方式。

int getContentLength()：返回请求体的长度（字节数），如果不确定长度，返回–1。

String getContentType()：得到请求体的 MIME 类型。

Servlet InputStream getInputStream()：返回请求的输入流，用于获得请求中的数据。

String getScheme()：返回请求用的计划名，如：http、https 及 ftp 等。

String getServerName()：返回接受请求的服务器主机名。

int getServerPort()：返回服务器接受此请求所用的端口号。

getServerPort()：获取服务器的端口号。

BufferedReader getReader()：返回解码过了的请求体。

5.1.1 request 应用实例

【例 5.1】获取环境变量信息，文件名为 requestEnvironment.jsp。

```
<%@ page contentType="text/html;charset=GB2312" %>
<%@ page import="java.util.*" %>
<html>
<body bgcolor=cyan>
<font size=5>
<br>
客户使用的协议是:
<% String protocol=request.getProtocol();
out.println(protocol);
%>
<br>
获取接受客户提交信息的页面：
<% String path=request.getServletPath();
out.println(path);
%>
<br>
接受客户提交信息的长度：
<% int length=request.getContentLength();
out.println(length);
%>
<br>
客户提交信息的方式：
<% String method=request.getMethod();
out.println(method);
%>
<br>获取 HTTP 头文件中 User-Agent 的值：
<% String header1=request.getHeader("User-Agent");
out.println(header1);
%>
<br>获取 HTTP 头文件中 accept 的值：
<% String header2=request.getHeader("accept");
out.println(header2);
%>
<br>获取 HTTP 头文件中 Host 的值：
<% String header3=request.getHeader("Host");
out.println(header3);
%>
<br>获取 HTTP 头文件中 accept-encoding 的值：
<% String header4=request.getHeader("accept-encoding");
out.println(header4);
%>
<br>获取客户的 IP 地址：
<% String IP=request.getRemoteAddr();
```

```
out.println(IP);
%>
<br>获取客户机的名称：
<% String clientName=request.getRemoteHost();
out.println(clientName);
%>
<br>
获取服务器的名称：
<% String serverName=request.getServerName();
out.println(serverName);
%>
<br>
获取服务器的端口号：
<% int serverPort=request.getServerPort();
out.println(serverPort);
%>
<br>获取客户端提交的所有参数的名字：
<% Enumeration enum=request.getParameterNames();
while(enum.hasMoreElements())
{
String s=(String)enum.nextElement();
out.println(s);
}
%>
<br>
获取头名字的一个枚举：
<% Enumeration enum_headed=request.getHeaderNames();
while(enum_headed.hasMoreElements())
{
String s=(String)enum_headed.nextElement();
out.println(s);
}
%>
<br>
获取头文件中指定头名字的全部值的一个枚举：
<% Enumeration enum_headedValues=request.getHeaders("cookie");
while(enum_headedValues.hasMoreElements())
{
String s=(String)enum_headedValues.nextElement();
out.println(s);
}
%>
<br>
</font>
</body>
</html>
```

运行结果如图 5.1 所示。

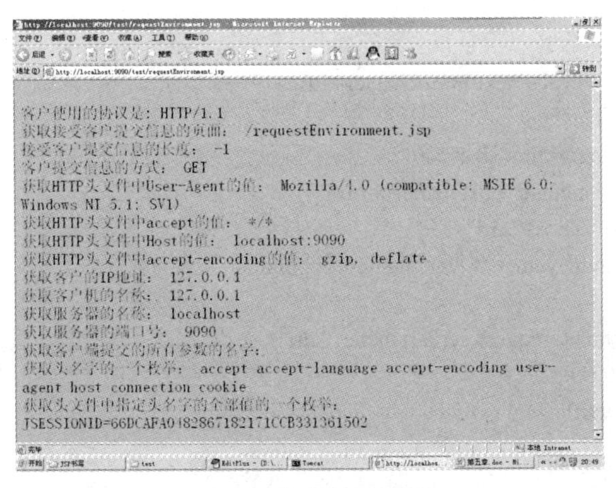

图 5.1　运行结果截图

【例 5.2】获取表单通过 form 提交的信息。

request1.jsp：

```
<%@ page contentType="text/html;charset=GB2312" %>
<html>
<body bgcolor=green><FONT size=1>
<form action="tree.jsp" method=post name=form>
<input type="text" name="boy">
<input type="submit" value="Enter" name="submit">
</form>
</font>
</body>
</html>
```

tree.jsp：

```
<%@ page contentType="text/html;charset=GB2312" %>
<html>
<body bgcolor=green><font size=1>
<p>获取文本框提交的信息：
<%String textContent=request.getParameter("boy");
%>
<br>
<%=textContent%>
<p> 获取按钮的名字：
<%String buttonName=request.getParameter("submit");
%>
<br>
<%=buttonName%>
</font>
</body>
</html>
```

使用 request 对象获取信息要格外小心，要避免使用空对象，否则会出现 NullPointer-Exception 异常。

【例 5.3】提取输入的数值，输出该数值的平方根。

request2.jsp

```
<%@ page contentType="text/html;charset=GB2312" %>
<html>
<body bgcolor=cyan><font size=5>
<form   action="" method=post name=form>
<input type="text" name="girl">
<input type="submit" value="Enter" name="submit">
</form>
<%String textContent=request.getParameter("girl");
double number=0,r=0;
if(textContent==null)
{
textContent="";
}
try
{
number=Double.parseDouble(textContent);
if(number>=0)
{
r=Math.sqrt(number) ;
out.print("<br>"+String.valueOf(number)+"的平方根：");
out.print("<br>"+String.valueOf(r));
}
else
{
out.print("<br>"+"请输入一个正数");
}
}
catch(NumberFormatException e)
{
out.print("<br>"+"请输入数字字符");
}
%>
</font>
</body>
</html>
```

【例 5.4】获取 HTML 表单单选按钮 radio 提交的数据。完成的功能是从 radio.jsp 页面获取选择的答案数据，提交给 answer.jsp 给出得分。

radio.jsp：

```
<html>
<%@ page contentType="text/html;charset=GB2312" %>
<body bgcolor=cyan><Font size=1 >
<P>诗人李白是中国历史上哪个朝代的人：
<form action="answer.jsp" method=post name=form>
<input type="radio" name="R" value="a">宋朝
<input type="radio" name="R" value="b">唐朝
<input type="radio" name="R" value="c">明朝
```

```
<input type="radio" name="R" value="d" checked="ok">元朝
<br>
<p>小说红楼梦的作者是:
<br>
<input type="radio" name="P" value="a">曹雪芹
<input type="radio" name="P" value="b">罗贯中
<input type="radio" name="P" value="c">李白
<input type="radio" name="P" value="d">司马迁
<br>
<input type="submit" value="提交答案" name="submit">
</form>
</font>
</body>
</html>
```

answer.jsp：

```
<html>
<%@ page contentType="text/html;charset=GB2312" %>
<body bgcolor=cyan><font size=1 >
<% int n=0;
String s1=request.getParameter("R");
String s2=request.getParameter("P");
if(s1==null)
{s1="";}
if(s2==null)
{s2="";}
if(s1.equals("b"))
{ n++;}
if(s2.equals("a"))
{ n++;}
%>
<p>您得了<%=n%>分
</font>
</body>
</html>
```

【例 5.5】获取 HTML 表单列表框 select 提交的数据。完成的功能是从 select.jsp 页面获取计算方式等数据，提交给 sum.jsp 给出计算结果。

select.jsp：

```
<html>
<%@ page contentType="text/html;charset=GB2312" %>
<body bgcolor=cyan><Font size=1 >
<P>选择计算和的方式
<form action="sum.jsp" method=post name=form>
<select name="sum" size=2>
<option selected value="1">计算 1 到 n 的连续和
<option value="2">计算 1 到 n 的平方和
<option value="3">计算 1 到 n 的立方和
</select>
```

```
<p>选择 n 的值：<br>
<select name="n" >
<option value="10">n=10
<option value="20">n=20
<option value="30">n=30
<option value="40">n=40
<option value="50">n=50
<option value="100">n=100
</select>
<br><br>
<input type="submit" value="提交你的选择" name="submit">
</form>
</font>
</body>
</html>
```

sum.jsp：

```
<html>
<%@ page contentType="text/html;charset=GB2312" %>
<body bgcolor=cyan><font size=1 >
<% long sum=0;
String s1=request.getParameter("sum");
String s2=request.getParameter("n");
if(s1==null)
{s1="";}
if(s2==null)
{s2="0";}
if(s1.equals("1"))
{
int n=Integer.parseInt(s2);
for(int i=1;i<=n;i++)
{
sum=sum+i;
}
}
else if(s1.equals("2"))
{
int n=Integer.parseInt(s2);
for(int i=1;i<=n;i++)
{
sum=sum+i*i;
}
}
else if(s1.equals("3"))
{
int n=Integer.parseInt(s2);
for(int i=1;i<=n;i++)
{
```

```
sum=sum+i*i*i;
}
}
%>
<p>您的求和结果是<%=sum%>
</font>
</body>
</html>
```

5.1.2　窗体传递中文的问题

当 request 对象获取客户提交的汉字字符时，会出现乱码问题，必须进行特殊处理。首先，将获取的字符串用 ISO-8859-1 进行编码，并将编码存放到一个字节数组中，然后再将这个数组转化为字符串对象即可。

如：

```
String textContent=request.getParameter("boy");
byte b[]=textContent.getBytes("ISO-8859-1");
textContent=new String(b);
request.setCharacterEncoding("GBK");
<% //转换字符编码。默认字符编码为 ISO-8859-1，gb2312 和 GBK 为中文字符编码。
String str=request.getParameter("param");
byte b[]=str.getBytes("ISO-8859-1");
str=new String(b);
%>
```

【例 5.6】获取输入的中文姓名和密码，然后在原页面显示出来。

ChineseName.jsp

```
<%@ page contentType="text/html;charset=gb2312"%>
<%request.setCharacterEncoding("gb2312");%>
<%@ page import="java.util.Enumeration"%>
<html>
<head>
<title>中文转码例 1</title>
</head>
<body bgcolor="#FFFFF0">
<form action="" method="post">
姓名：<input type="text" name="name">  
密　码：<input type="text" name="userpass">  
<input type="submit" value="进入" >
</form>
<%
String str="";
if(request.getParameter("name")!=null && request.getParameter("userpass")!=null)
{
Enumeration enumt = request.getParameterNames();
while(enumt.hasMoreElements())
{
str=enumt.nextElement().toString();
```

```
out.println(str+":"+request.getParameter(str)+"<br>");
}
}
%>
</body>
</html>
```

【例 5.7】将例 5.2 中 tree.jsp 文件做如下修改，就可以获取 request1.jsp 中传递的中文数据了。

tree2.jsp

```
<%@ page contentType="text/html;charset=GB2312" %>
<html>
<body>
<p>获取文本框提交的信息：
<%String textContent=request.getParameter("boy");
byte b[]=textContent.getBytes("ISO-8859-1");
textContent=new String(b);
%>
<br>
<%=textContent%>
<p> 获取按钮的名字：
<%String buttonName=request.getParameter("submit");
byte  c[]=buttonName.getBytes("ISO-8859-1");
buttonName=new String(c);
%>
<br>
<%=buttonName%>
</body>
</html>
```

5.2 response 对象

response 对象对客户的请求做出动态的响应，向客户端发送数据。它被包装成 HttpServletResponse 接口，封装了 JSP 产生的响应，然后被发送到客户端以响应客户的请求。和 request 一样，response 对象也由容器产生，作为 jspService()方法的参数被传入 JSP。因为输出流是缓冲的，所以可以设置 Http 状态码和 response 头。

response 对象包含了响应客户请求的有关信息，它有如下几类方法。

5.2.1 动态响应 contentType 方法

当一个用户访问一个 JSP 页面时，如果该页面用 page 指令设置页面的 contentType 属性是 text/html，那么 JSP 引擎将按照这种属性值作出反映。如果要动态改变这个属性值来响应客户，就需要使用 response 对象的 setContentType(String s)方法来改变 contentType 的属性值。

格式：

```
response.setContentType("MIME");
```

MIME 可以为：text/html（网页），text/plain（文本），application/x-msexcel（Excel 文件），application/msword（Word 文件）。

void setContentLength(int len)：设置响应头长度。

【例 5.8】将 JSP 页面保存为 Word 文档。

response1.jsp

```
<%@ page contentType="text/html;charset=GB2312" %>
<html>
<body bgcolor=cyan><font size=1 >
<p>我正在学习 response 对象的
<br>setContentType 方法
<p>将当前页面保存为 word 文档吗？
<form action="" method="get" name=form>
<input type ="submit" value="yes" name="submit">
</form>
<% String str=request.getParameter("submit");
if(str==null)
{
str="";
}
if(str.equals("yes"))
{
response.setContentType("application/msword;charset=GB2312");
}
%>
</font>
</body>
</html>
```

5.2.2　设定表头的方法

（1）void addCookies(Cookies, cookies)：添加一个 Cookies 对象，用来保存客户端的用户信息。

（2）void adddateheader(string name, long date)：新增 long 类型的值到 name 标头。

（3）void addHeader(String name, String value)：添加 Http 文件头信息，该 Header 将传到客户端去，如果已经存在同名的 Header，就覆盖。

（4）void addIntHeader(string name, int value)：新增 int 类型的值到 name 标头。

（5）void setDateHeader(string name, long date)：指定 long 类型的值到 name 标头。

（6）void setHeader(String name, String value)：设置指定名字的 Http 文件头的值，如果该值已经存在，则新值会覆盖旧值。

例如：

```
/**禁用缓存*/
<%response.setHeader("Cache-Control","no-store");
response.setDateHeader("Expires",0);%>
```

注意，只能在任何输出还没有发送到客户端之前使用这种方法禁用缓存。

5.2.3　设定响应状态码的方法

（1）void senderror(int sc)：传送状态码。

（2）void senderror(int sc, string msg)：传送状态码和错误信息。

（3）void setstatus(int sc)：设定状态码。

5.2.4 response 重定向

在某些情况下，当响应客户时，需要将客户重新引导至另一个页面，可以使用 response 的 sendRedirect(URL)方法实现网页重定向。

网页重定向的三种方法：

（1）response sendRedirect(String location)：重新定向客户端的请求。

（2）<%response.setStatus(HttpServletResponse.sc_moved_premanently);

```
String nowloc="/newpath/index.htm";
response.setHeader("Location",newloc);%>
```

（3）<jsp:forward page="/newpage.jsp"/>。

【例 5.9】从下拉列表框中选择要跳转的页面，单击“确定”，重定向该页面。

response2.jsp

```
<html>
<head><title>Where to go</title></head>
<body>
<%
String address = request.getParameter("where");
if(address!=null){
if(address.equals("sohu"))
response.sendRedirect("http://www.sohu.com");
else if(address.equals("163"))
response.sendRedirect("http://www.163.com");
else if(address.equals("sina"))
response.sendRedirect("http://www.sina.com");
}
%>
<b>Please select:</b><br>
<form action="response2.jsp" method="GET">
<select name="where">
<option value="sohu" selected>go to sohu
<option value="163" > go to 163
<option value="sina" > go to sina
</select>
<input type="submit" value="go">
</form>
</body>
</html>
```

5.2.5 其他方法

（1）String getCharacterEncoding()：返回响应用的是何种字符编码。

（2）void flushBuffer()：强制把当前缓冲区的内容发送到客户端。

（3）int getBufferSize()：返回缓冲区的大小。

（4）ServletOutputStream getOutputStream()：返回到客户端的输出流对象。

5.2.6　Cookie 对象的使用

Cookie 是 Web 服务器保存在用户硬盘上的一段文本。Cookie 允许一个 Web 站点在用户的电脑上保存信息并且随后再取回它。例如，一个 Web 站点可能会为每一个访问者产生一个唯一的 ID，然后以 Cookie 文件的形式保存在每个用户的机器上。

（1）Cookie 是以“关键字 key=值 value”的格式来保存记录的。

（2）创建一个 Cookie 对象，调用 Cookie 对象的构造函数可以创建 Cookie。Cookie 对象的构造函数有两个字符串参数：Cookie 名字和 Cookie 值。

```
cookie cook=new cookie(name,value);
```

（3）JSP 中如果要将封装好的 Cookie 对象传送到客户端，使用 response 的 addCookie() 方法。格式为：

```
response.addCookie(cook);
```

（4）读取保存到客户端的 Cookie，使用 request 对象的 getCookies()方法，执行时将所有客户端传来的 Cookie 对象以数组的形式排列，如果要取出符合需要的 Cookie 对象，就需要循环比较数组内每个对象的关键字。

例如：

```
cookie cookies[]=request.getCookies();
if(cook!=null)
for(int i=0;i< cookies.length;i++)
if("name".equals(cookies [i].getName()))
out.println(cookies [i].getValue());
```

（5）设置 Cookie 对象的有效时间：setMaxAge()。

例如：c.setMaxAge(3600);

（6）Cookie 应用。网站往往需要精确地知道网站的访问量。由于代理服务器、缓存等的使用，唯一能帮助网站精确统计来访人数的方法就是为每个访问者建立一个唯一的 ID。使用 Cookie，网站可以测定多少人访问过；测定访问者有多少是新用户（即第一次来访），有多少是老用户；测定一个用户多久访问一次网站。

网站使用数据库达到上述目标。当一个用户第一次访问时，网站在数据库中建立一个新的 ID，并把 ID 通过 Cookie 传送给用户。用户再次来访时，网站把该用户 ID 对应的计数器加 1，得到用户的来访次数。

【例 5.10】读取 Cookie 中 IntVal 变量的值。

Cookie.jsp

```
<%@ page contentType="text/html; charset=GB2312" import="java.util.Date" %>
<html>
<head>
<title>Cookie 的存取</title>
</head>
<body>
<center>
<font size = 5 color = blue>cookie 的存取</font>
</center>
```

```
<hr>
<p></p>
<%
//建立 Cookie 变量
Cookie IntVal = new Cookie("IntVal", "100");
Cookie temp = null;
response.addCookie(IntVal); //将 Cookie 变量加入 Cookie 中
Cookie[] cookies = request.getCookies();
//取得 Cookie 数据
int cookielen = cookies.length;
//取得 Cookie 变量数组的长度
if(cookielen != 0) //判断是否成功取得 Cookie 数据
{
for (int i = 0; i < cookielen; i++)
{
temp = cookies[i]; //取得 Cookies 数组中的 Cookie 变量
if (temp.getName().equals("IntVal"))
{//判断是否取得名为 DateVal 的 Cookie 数据
%>
Cookie 中<font color = blue>IntVal</font>变量的值为
<font color = red><%= IntVal.getValue()%></font><br>
<%
}
}
}
else
{
%>
不存在 Cookie<br>
<%
}
%>
</body>
</html>
```

【例 5.11】Cookie 存取日期/时间数据。

CookieDate.jsp

```
<%@ page contentType="text/html; charset=GB2312"import="java.util.Date"%>
<html>
<head>
<title>自 Cookie 存取日期/时间数据</title>
</head>
<body>
<center>
<font size = 5 color = blue>自 Cookie 存取日期/时间数据</font>
</center>
<hr>
<p></p>
```

```
<%
Date Now = new Date(); //取得目前的系统时间
Cookie DateVal = new Cookie("DateVal", String.valueOf(Now.getTime()));
//欲将存储至 Cookie 时间/日期值转换为毫秒数
response.addCookie(DateVal); //将 Cookie 变量加入 Cookie 中
Cookie temp = null;
DateVal = null; //重设 Cookie 变量
Cookie[] cookies = request.getCookies();
//取得 Cookie 数据
int cookielen = cookies.length;
//取得 Cookie 变量数组的长度
if(cookielen != 0) //判断是否成功取得 Cookie 数据
{
for (int i = 0; i < cookielen; i++)
{
temp = cookies[i]; //取得 Cookies 数组中的 Cookie 数据
if (temp.getName().equals("DateVal"))
{ //判断是否取得名为 DateVal 的 Cookie 数据
%>
Cookie 中<font color = blue>DateVal</font>
变量的值为<font color = red>
<%= new Date(Long.parseLong(temp.getValue())) %>
</font><br>
<%
}
}
}
else //若无法取得 Cookie 数据则执行下面的叙述
{
%>
无法取得 Cookie<br>
<%
}
%>
</body>
</html>
```

5.3 其他内置对象

5.3.1 out 内置对象

out 对象主要用来向客户端输出数据，控制管理输出的缓冲区和输出流。它被封装成 javax.servlet.jsp.JspWriter 接口，PrintWriter 使用它向客户端发送输出流。其生命周期为当前页。

常用方法：

（1）out.print(type)、out.println(type)：输出各种类型的数据。

（2）out.newLine()：输出一个换行符。

（3）out.flush()：输出缓冲区里的数据。

（4）out.close()：关闭输出流，清除所有的内容。

其他方法有：

（1）void clearBuffer()：清除缓冲区的当前数据，并把数据输出到客户端。

（2）void clear()：清除缓冲区里的数据，但不会把数据输出到客户端。

（3）int getBufferSize()：返回目前缓冲区的大小（KB），如不设缓冲区则为 0。

（4）int getRemaining()：获得缓冲区中没有被占用的空间的大小（KB）。

（5）boolean isAutoFlush()：返回布尔值。回传 true 表示缓冲区满时会自动清除，回传 false 表示不会自动清除并且产生异常处理。

【例 5.12】用 out 对象显示读取出的时间。

out.jsp

```
<%@ page contentType="text/html;charset=GB2312" %>
<%@ page    import="java.util.Date"%>
<html>
<body>
<%
Date Now = new Date();
String hours=String.valueOf(Now.getHours());
String mins=String.valueOf(Now.getMinutes());
String secs=String.valueOf(Now.getSeconds());
%>
现在是
<%out.print(String.valueOf(Now.getHours()));%>
时
<%out.print(String.valueOf(Now.getMinutes()));%>
分
<%out.print(String.valueOf(Now.getSeconds()));%>
秒
</body>
</html>
```

【例 5.13】读取缓存大小以及剩余缓存。

testbuffer.jsp

```
<%@page contentType="text/html;charset=gb2312"%>
<html><head><title>out 对象缓存测试</title></head>
<%@page buffer="1kb"%>
<body>
<%
  for(int i=0;i<2000;i++)
  out.println(i+"{"+out.getRemaining()+"}");
%><br>
缓存大小：<%=out.getBufferSize()%><br>
剩余缓存大小：<%=out.getRemaining()%><br>
自动刷新：<%=out.isAutoFlush()%><br>
<%--out.clearBuffer();--%>
<%--out.clear();--%>
```

```
<!--缺省情况下：服务端要输出到客户端的内容，不直接写到客户端，而是先写到一个输出缓冲区
中。只有在下面三种情况下，才会把该缓冲区的内容输出到客户端上：
（1）该 JSP 网页已完成信息的输出。
（2）输出缓冲区已满。
（3）JSP 中调用了 out.flush()或 response.flushbuffer()
-->
</body>
</html>
```

5.3.2　session 对象

从一个客户打开浏览器并连接到服务器开始，到客户关闭浏览器离开这个服务器结束，被称为一个会话。当一个客户访问一个服务器时，可能会在这个服务器的几个页面之间反复连接，反复刷新一个页面，服务器应当通过某种办法知道这是同一个客户，这就需要 session 对象。

session 对象是 javax.servlet.http.HttpSession 类的子类的对象。用来保存每个用户信息，以便跟踪每个用户的操作状态。其中 session 信息保存在容器里，session 的 ID 保存在客户机的 Cookies 中，在很多服务器上，如果浏览器支持 Cookies，就直接使用 Cookies，如果不支持或者废除了 Cookies，就自动转化为 URL-rewriting（重写 URL，这个 URL 包含客户端的信息），session 自动为每个流程提供了方便的存储信息的方法。直到客户关闭浏览器后，服务器端该客户的 session 对象才取消，并且和客户的会话对应关系消失。当客户重新打开浏览器再连接到该服务器时，服务器为该客户再创建一个新的 session 对象。

JSP 中 request.getParameter()和 session.getAttribute()有何区别？它们各自适合哪些场合？request.getParameter()是从上一个页面用户提交的数据中取得，而 session 存在范围是用户的整个会话期。比如用户需要密码才能访问你的网站，用户初次登录时，可以把变量设到 session 里，以后只要检查 session 里的变量就可以知道用户是否已经在登录状态。

request 范围较小一些，只是一个请求，简单说就是在页面上的一个操作，结果输出之后，request 就结束了。而 session 可以跨越很多页面，可以理解是客户端同一个 IE 窗口发出的多个请求。这之间都可以传递参数。

session 对象常用方法：

（1）public String getId()：返回 session 创建时 JSP 引擎为它设的唯一 id 号，每个 session 的 id 是不用的。

（2）public void setAttribute(String key,Object obj)：将参数 Object 指定的对象 obj 添加到 session 对象中，并为添加的对象指定一个索引关键字。

（3）public Object getAttribute(String key)：获取 session 对象中含有关键字的对象。

（4）public Boolean isNew()：判断是否是一个新的 session。

其他方法：

（1）long getCreationTime()：取得 session 产生的时间，单位是毫秒。

（2）long getLastAccessedTime()：返回此 session 里客户端最近一次请求时间。

（3）int getMaxInactiveInterval()：取得 session 不活动的最大时间，若超时，session 将会失效，负值标识 session 永远不会超时。

（4）void setMaxInactiveInterval()：设定 session 不活动的最大时间，若超时，session 将

会失效。

（5）String[] getValueNames()：返回一个包含此 session 所有可用属性的数组。

（6）void invalidate()：取消 session 对象，并将对象存放的内容完全抛弃。

（7）void removeValue(String name)：删除 session 中指定的属性。

（8）Enumeration getAttributeNames()：返回 session 对象存储的每一个属性对象，其结果为枚举类型。

（9）long getLastAccessedTime()：返回和当前 session 对象相关的客户端最后发送请求的时间，最小单位为毫秒。

【例 5.14】登录系统模拟，真实情况下需要与数据库连接。

用户登录表单 session_login.html。

```
<html>
<head>
<title>session_login.html</title>
<meta http-equiv="Content-Type" content="text/html; charset=gb2312" />
</head>
<body>
<form method=post action="check_login.jsp">
<table>
<tr><td>name:</td><td><input type=text name=name></td></tr>
<tr><td>password:</td><td><input type=text name=password></td></tr>
<tr colspan=2>
<td>登录类型:
<input type=radio name=type value=manager Checked>管理员
<input type=radio name=type value=user>普通用户
</td></tr>
<tr colspan=2><td><input type=submit value=login>
</td></tr>
</table>
</form>
</body>
</html>
```

验证过程 check_login.jsp。

```
<%@ page contentType="text/html;charset=gb2312"%>
<html>
<head>
<meta http-equiv="Content-Type" content="text/html; charset=gb2312" />
<title>My JSP 'check_login.jsp' starting page</title>
</head>
<body>
<% String name=request.getParameter("name");
String password = request.getParameter("password");
String type = request.getParameter("type");
System.out.println(name+"<br>"+password+"<br>"+type);
if(name.equals("starxing"))
{
```

```
session.setAttribute("name",name);
session.setAttribute("type",type);
response.sendRedirect("loginsuccess.jsp");
}
 else
{
response.sendRedirect("session_login.html");
}%>
</body>
</html>
```

登录页面 loginsuccess.jsp 成功。

```
<%@ page contentType="text/html;charset=gb2312"%>
<html>
<head>
<meta http-equiv="Content-Type" content="text/html; charset=gb2312" />
<title>My JSP 'loginsuccess.jsp' starting page</title>
</head>
<body>
<br>
<hr>
<%=session.getAttribute("name")%>
<% if(session.getAttribute("type").equals("manager"))
{%><br><a href="manager.jsp">进入管理界面</a>   <%    }
else
{%><a href="user.jsp">进入用户界面</a>    <%    }
%>
</body>
</html>
```

【例 5.15】计算页面的访问量，关闭浏览器再重新访问，访问量加 1。

session1.jsp

```
<%@ page contentType="text/html;charset=GB2312" %>
<html>
<body>
<%! int number=0;
synchronized void countPeople()
{
number++;
}
%>
<%
if(session.isNew())
{
countPeople();
String str=String.valueOf(number);
session.setAttribute("count",str);
}
%>
```

```
<p>您是第<%=(String)session.getAttribute("count")%>个访问本站的人。
</body>
</html>
```

【例 5.16】获取 session 参数值。

session2.jsp

```
<%@ page contentType="text/html;charset=gb2312"%>
<%@ page import="java.util.*" %>
<html>
<head><title>session 对象_例 1</title><head>
<body><br>
session 的创建时间：
<%=session.getCreationTime()%>  
<%=new Date(session.getCreationTime())%><br><br>
session 的 Id 号:<%=session.getId()%><br><br>
客户端最近一次请求时间：
<%=session.getLastAccessedTime()%>  
<%=new java.sql. Time(session.getLastAccessedTime())%><br><br>
两次请求间隔多长时间此 SESSION 被取消(ms):
<%=session.getMaxInactiveInterval()%>
<br><br>
是否是新创建的一个 SESSION:<%=session.isNew()?"是":"否"%>
<br><br>
<%
for(int i=0;i<session.getValueNames().length;i++)
out.println(session.getValueNames()[i]+"="+session.getValue(session.getValueNames()[i]));
%>
<!--返回的是从格林威治时间（GMT）1970 年 01 月 01 日 0：00：00 起到计算当时的毫秒数-->
</body>
</html>
```

5.3.3 application 对象

application 对象实现了用户间数据的共享，可存放全局变量。它始于服务器的启动，止于服务器的关闭，在此期间，此对象将一直存在。用户的前后连接或不同用户之间的连接中，可以对此对象的同一属性进行操作。服务器的启动和关闭决定了 application 对象的生命。它是 ServletContext 类的实例。

与 session 不同的是，所有客户的 application 对象都是同一个，即所有客户共享这个内置的 application 对象。环境的信息通常都存储在 servletcontext 中，所以常利用 application 对象来存取 servletcontext 中的信息。

application 对象常用方法：

（1）void setAttribute(String name,Object obj)：将参数 Object 指定的对象 obj 添加到 application 对象中，并为添加的对象指定一个索引关键字。

（2）Object getAttribute(String name)：获取 application 对象中含有关键字的对象。

其他方法：

（1）int getMajorVersion()：返回服务器支持的 Servlet API 的最大版本号。

（2）int getMinorVersion()：取得容器次要的 Servlet API 版本。

（3）String getServerInfo()：取得 JSP 容器的名称和版本。

（4）String getMimeType(string file)：返回指定文件的 MIME 类型。

（5）servletcontext getContext(String urlpath)：取得指定 local url 的 application context。

（6）String getRealPath(String path)：返回一虚拟路径的真实路径。

（7）Enumeration getAttributeNames()：返回所有可用属性名的枚举。

（8）void removeAttribute(String name)：删除一属性及其属性值。

（9）URL getResource(String path)：返回指定资源（文件及目录）的 URL 路径。

（10）InputStream getResourceAsStream(String path)：返回指定资源的输入流。

（11）RequestDispatcher getRequestDispatcher(String uripath)：返回指定资源的 Request-Dispatcher 对象。

（12）Servlet getServlet(String name)：返回指定名的 Servlet。

（13）Enumeration getServlets()：返回所有 Servlet 的枚举。

（14）Enumeration getServletNames()：返回所有 Servlet 名的枚举。

（15）void log(String msg)：把指定消息写入 Servlet 的日志文件。

（16）void log(String msg,Throwable throwable)：把栈轨迹及给出的 Throwable 异常的说明信息写入 Servlet 的日志文件。

（17）void log(Exception exception,String msg)：把指定异常的栈轨迹及错误消息写入 Servlet 的日志文件。

【例 5.17】获取 Application 参数值。

application1.jsp

```
<%@ page contentType="text/html;charset=gb2312"%>
<html>
<head><title>APPLICATION 对象例 1</title><head>
<body><br>
JSP(SERVLET)引擎名及版本号：<%=application.getServerInfo()%><br><br>
返回/application1.jsp 虚拟路径的真实路径：
<%=application.getRealPath("/application1.jsp")%><br><br>
服务器支持的 Servlet API 的大版本号：<%=application.getMajorVersion()%><br><br>
服务器支持的 Servlet API 的小版本号：<%=application.getMinorVersion()%><br><br>
指定资源（文件及目录）的 URL 路径：
<%=application.getResource("/application1.jsp")%><br><br>
<!--可以将 application1.jsp 换成一个目录-->
<br><br>
</body>
</html>
```

【例 5.18】计算页面的访问量，刷新页面，访问量加 1。注意与例 5.15 的区别。重启服务器，访问量归零。

application2.jsp

```
<%@ page contentType="text/html;charset=gb2312"%>
<html>
<head><title>APPLICATION 对象例 2</title><head>
<body><br>
```

```
<!--由于 application 一直存在于服务器端，可以利用此特性对网页记数-->
<%
String str=application.getAttribute("count").toString();//getAttribute("count")返回的是 Object 类型
int i=0;
if(str==null)
application.setAttribute("count","1");
else
i=Integer.parseInt(str); //out.println(i);
application.setAttribute("count",++i+"");
%>
你是第<%=application.getAttribute("count")%>位访问者
</body>
</html>
```

5.3.4 page 对象

page 对象是 java.lang.Object 类的一个实例。它指的是 JSP 实现类的实例，也就是说 page 对象代表 JSP 本身，有点像类中的 this 指针，更准确地说它代表 JSP 被转译后的 Servlet，它可以调用 Servlet 类所定义的方法。

常用方法说明：

（1）class getClass()：返回此 Object 的类。

（2）int hashCode()：返回此 Object 的 hash 码。

（3）boolean equals(Object obj)：判断此 Object 是否与指定的 Object 对象相等。

（4）void copy(Object obj)：把此 Object 传送到指定的 Object 对象中。

（5）Object clone()：复制此 Object 对象。

（6）String toString()：把此 Object 对象转换成 String 类的对象。

（7）void notify()：唤醒一个等待的线程。

（8）void notifyAll()：唤醒所有等待的线程。

（9）void wait(int timeout)：使一个线程处于等待直到超时结束或被唤醒。

（10）void wait()：使一个线程处于等待直到被唤醒。

（11）void enterMonitor()：对 Object 加锁。

（12）void exitMonitor()：对 Object 开锁。

5.3.5 config 对象

config 对象是在 Servlet 初始化时，JSP 引擎向它传递信息用的，此信息包括 Servlet 初始化时所要用到的参数（通过属性名和属性值构成）以及服务器的有关信息（通过传递 ServletContext 对象）。config 对象被封装成 javax.servlet.ServletConfig 接口。

常用的方法有：

（1）ServletContext getServletContext()：返回含有服务器相关信息的 ServletContext 对象。

（2）Sring getServletName()：返回 Servlet 的名字。

（3）String getInitParameter(String name)：返回名字为 name 的初始参数值。

（4）Enumeration getInitParameterNames()：返回这个 JSP 的所有参数的名字。

5.3.6　exception 对象

exception 对象是一个异常对象，当一个页面在运行过程中发生了异常，就产生这个对象。若要使用 exception 对象，必须在 page 指令中设定<%@ page iserrorpage="true"%>才能使用，否则无法编译。实际上 exception 对象是 java.lang.Throwable 类的一个实例，exception 针对错误网页，捕捉运行时的异常。

exception 提供 4 个方法：

（1）String getMessage()：返回描述异常的消息。

（2）String toString()：返回关于异常的简短描述消息。

（3）void printStackTrace()：显示异常及其栈轨迹。

（4）Throwable FillInStackTrace()：重写异常的执行栈轨迹。

5.3.7　pageContext 对象

pageContext 对象提供了对 JSP 页面内所有的对象及名字空间的访问，就是说它可以访问本页所在的 session，也可以获取本页面所在的 application 的某一属性值。pageContext 网页的属性在这里管理，它相当于页面中所有功能的集大成者。

pageContext 对象被封装成 javax.servlet.jsp.pageContext 接口。它用于方便存取各种范围的名字空间、servlet 相关的对象的 API，并且包装了通用的 servlet 相关功能的方法。

存取属性的方法有：

（1）object findattribute(string name)：按页面、请求、会话和应用程序共享范围搜索已命名的属性。

（2）object getAttribute(String name)：取属性的值。

（3）object getAttribute(String name,int scope)：在指定范围内取属性的值。

（4）int getAttributeScope(String name)：返回某属性的作用范围。

（5）Enumeration getAttributeNamesInScope(int scope)：检索某个特定范围的每个属性 String 字符串名字的枚举。

（6）void removeAttribute(String name)：移除属性名称为 name 的属性对象。

（7）void removeAttribute(String name,int scope)：用来删除默认页面范围或特定范围之中的已命名对象。

（8）void setAttribute(String name,Object attribute)：设置属性及属性值。

（9）void setAttribute(String name,Object value,int scope)：用来设置默认页面范围或特定范围之中的已命名对象。name 为名称、value 为值、scope 为范围。

在指定范围内设置属性及属性值范围参数有 4 个，分别代表 4 种范围：page_scope、request_scope、session_scope、application_scope。

获取其他内置对象的方法有：

（1）Exception getException()：返回当前的 Exception 对象。

（2）JspWriter getOut()：返回当前客户端响应被使用的 JspWriter 流（out）。

（3）void release()：释放 pageContext 所占用的资源。

（4）void forward(String relativeUrlPath)：使当前页面重导向到另一页面。

（5）void include(String relativeUrlPath)：在当前位置包含另一文件。

（6）object getPage()：返回当前页的 Object 对象（page）。

（7）ServletRequest getRequest()：返回当前页的 ServletRequest 对象（request）。

（8）ServletResponse getResponse()：返回当前页的 ServletResponse 对象（response）。

（9）ServletConfig getServletConfig()：返回当前页的 ServletConfig 对象（config）。

（10）ServletContext getServletContext()：返回当前页的 ServletContext 对象（application）。

（11）HttpSession getSession()：返回当前页中的 HttpSession 对象（session）。

【例 5.19】设定、读取、修改各种范围的值。

pagecontext.jsp

```
<%@page contentType="text/html;charset=gb2312"%>
<html><head><title>pageContext 对象_例 1</title></head>
<body><br>
<%
request.setAttribute("name","JSP 教程");
session.setAttribute("name","JSP 实用教程");
application.setAttribute("name","JSP 程序设计实用教程");
%>
request 设定的值：<%=pageContext.getRequest().getAttribute("name")%><br>
session 设定的值：<%=pageContext.getSession().getAttribute("name")%><br>
application 设定的值：<%=pageContext.getServletContext().getAttribute("name")%><br>
范围 1 内的值：<%=pageContext.getAttribute("name",1)%><br>
范围 2 内的值：<%=pageContext.getAttribute("name",2)%><br>
范围 3 内的值：<%=pageContext.getAttribute("name",3)%><br>
范围 4 内的值：<%=pageContext.getAttribute("name",4)%><br>
<!--从最小的范围 page 开始，然后是 request、session 以及 application-->
<%pageContext.removeAttribute("name",3);%>
pageContext 修改后的 session 设定的值：<%=session.getValue("name")%><br>
<%pageContext.setAttribute("name","JSP 程序实用教程",4);%>
pageContext 修改后的 application 设定的值：
<%=pageContext.getServletContext().getAttribute("name")%><br>
值的查找：<%=pageContext.findAttribute("name")%><br>
属性 name 的范围：<%=pageContext.getAttributesScope("name")%><br>
</body>
</html>
```

JSP 的执行首先转换成 Servlet，然后输出纯 HTML 文件并发送到客户端。在转换的过程中，JSP 引擎自动加入常用类的语句，并且定义了常用的对象。这些对象就是 JSP 内置对象。

内置对象是不需要声明，可以直接在 JSP 中使用的对象。在 JSP 代码片段中，可以利用内置对象与 JSP 页面的执行环境产生互动。

JSP 内置对象一共有 9 种，下面简要总结一下这 9 种内置对象的作用。

（1）request

request 代表请求对象，主要用于接受客户端通过 HTTP 协议连接传输到服务器端的数据。

（2）response

response 代表响应对象，主要用于向客户端发送数据并提供了几个用于设置送回浏览器的响应的方法（如 cookies，头信息等）。

（3）out

out 主要用于向客户端输出数据。out 对象是 javax.jsp.JspWriter 的一个实例，并提供了几个方法用于向浏览器回送输出结果。

（4）session

session 主要用于分别保存每个用户信息，与请求关联的会话。会话状态维持是 Web 应用开发者必须面对的问题，Session 可以存储用户的状态信息。

（5）application

applicaton 主要用于保存用户信息和代码片段的运行环境。有助于查找有关 Servlet 引擎和 Servlet 环境的信息。

（6）pageContext

pageContext 用于管理网页属性，为 JSP 页面包装页面的上下文，以及对属于 JSP 中特殊可见部分中已命名对象的访问，它的创建和初始化都是由容器来完成的。

（7）config

config 用于存取 Servlet 实例的初始化参数，是 Servlet 的构架部件。

（8）page

page 代表 JSP 网页本身，表示从该页面产生的一个 Servlet 实例。只有在 JSP 页面范围之内才是合法的。Object 类的 Page 对象相当于 Java 中的 this。

（9）exception

exception 的作用是处理 JSP 文件执行时发生的错误和异常。

JSP 页面的 4 种范围，分别为 page、request、session、application。可以用 setAttribute（"",""）和 getAttribute（"",""）来设置和获取它们的值。

page 的范围在默认情况下，只在当前页面范围内有效。

request 的范围是指在一个 JSP 网页发出请求到另一个 JSP 网页之间，随后这个属性就失效。设定 request 的范围时可利用 request 对象中的 setAttribute()和 getAttribute()。

session 的作用范围为一段用户持续和服务器所连接的时间，但与服务器断线，这个属性就无效。session 针对请求，对每个用户创建响应的 session，是用户身份的标识。可以在同一次请求的多个页面中传递参数。

application 的作用范围在服务器一开始执行服务，到服务器关闭为止。application 的范围最大，停留的时间也最久，所以使用时要特别注意，否则可能会造成服务器负载过重的情况。服务器启动，该对象自动创建，对象一直保持到服务器关闭。对一个容器而言，每个用户共享一个 application 对象。

习题五

一、填空题

1. JSP 的中文编码机制是__________。
2. request 对象的 getParameter 的作用是__________。

3．out 对象的主要作用是__________。

4．向客户端输出动态内容，需要使用__________内置对象。

5．__________对象表示 JSP 页面本身。

6．JSP 页面的 4 种范围分别是__________、__________、__________、__________。

二、选择题

1．下列（　　）不是中文编码方式。

A．ISO-8859-1　　B．ISO-2022-JP

C．GBK　　D．gb2312

2．下列（　　）不是 request 对象取得请求参数的方法。

A．Enumeration getAttributeNames()

B．String [] getParameterValues(string name)

C．Enumeration getParameterNames()

D．String getParameter(string name)

3．response 对象的 response.setContentType("MIME")方法中，MIME 不能是（　　）。

A．text/html　　B．application/msexcel

C．application/msword　　D．application/mspowerpoint

4．out.flush()的作用是（　　）。

A．关闭输出流　　B．输出缓冲区里的数据

C．清除缓存里的数据　　D．输出各种类型的数据

5．session 的页面范围是（　　）。

A．当前页面　　B．发送请求时

C．用户和服务器连接时　　D．直到服务器关闭

三、简答题

1．JSP 有哪些内置对象？作用分别是什么？

2．目前我们学过的三种页面跳转方式分别是什么？有什么区别？

3．简述 JSP 页面的 4 种范围的区别。

四、操作题

1．做一个留言板页面，写入留言提交后在本页面显示出来。

2.在HTML页面输入你的资料，提交给application.jsp，要求application.jsp接受这些数据并存入application对象，然后输出这些资料给用户。

第 6 章　JSP 与数据库开发

要学习 JSP 与数据库开发技术，首先要掌握几种常用的数据库。本章首先介绍关系数据库的概念，然后分别介绍 4 种数据库的基本操作和界面。因为 JSP 与数据的连接是通过 JDBC 的，所以接着介绍了 JDBC 的原理和驱动以及常用的类。

本章要点

- 数据库基础
- JDBC 基础
- JSP 中使用数据库
- JSP 数据库编程实例

6.1　数据库基础

计算机技术解决的是信息的处理和存储，网络技术关心的是信息的传输与共享，而数据库技术则旨在解决信息管理的问题。数据库技术自从产生到现在，一直都在数据处理领域中占据主导地位。

信息是对客观事物的抽象描述，是对客观事物的反映，数据是信息的符号化表示。在计算机中，为了存储和处理事物，就要抽出这些事物的特征组成一个记录来描述事物，如在学生档案中，我们关心的是学生的学号、姓名、性别、年龄、专业、籍贯等，则对某个学生就可以表示为：1001，张三，男，18，计算机应用，福建。

数据处理是指对各种形式的数据进行收集、组织、存储、分类、排序、检索、加工、传播等一系列活动的总和。数据管理是数据处理的核心，是指对数据的组织、存储、检索和维护等工作。随着计算机技术的发展，数据管理技术也得到迅速的发展。

数据库是以一定的方式组织并存储在计算机存储设备上、能够为不同用户所共享的、与应用程序彼此独立的相互关联的数据的集合。也就是说，数据库中的数据按一定的数据模型进行组织，在数据库中不仅要存储数据本身，还要存储数据与数据之间的联系。它具有如下特点：

（1）用综合的方法组织数据，具有统一的数据结构。

（2）数据库中的数据可以为多用户共享，具有较小的数据冗余。

（3）具有较高的数据独立性。

（4）具有安全控制机制，能够保证数据的安全、可靠。

（5）允许并发地使用数据库，能有效、及时地处理数据。

（6）能保证数据的一致性和完整性。

6.1.1 关系数据库简介

数据库这一概念提出后，先后出现了几种数据模型。其中基本的数据模型有三种：层次模型系统、网络模型系统和关系模型系统。关系模型系统具有数据结构简单灵活、易学易懂且数学基础雄厚等特点，从 20 世纪 70 年代开始流行，发展到现在已成为数据库的标准。20 世纪 70 年代以后开发的数据库管理系统产品几乎都是基于关系模型的。在数据库发展的历史上，最重要的成就就是关系模型。

关系数据库是目前各类数据库中最重要、最流行的数据库，它应用数学方法来处理数据库数据，是目前使用最广泛的数据库系统。

1. 关系模型（Relational Model，RM）

关系模型把世界看作由实体（Entity）和联系（Relationship）构成。

所谓实体就是指现实世界中具有区分于其他事物的特征或属性并与其他实体有联系的对象。在关系模型中实体通常是以表的形式来表现的。表的每一行描述实体的一个实例，表的每一列描述实体的一个特征或属性。关系模型把所有的数据都组织到表中。表是由行和列组成的，行表示数据的记录，列表示记录中的域。表反映了现实世界中的事实和值。

所谓联系就是指实体之间的关系，即实体之间的对应关系。联系可以分为三种：

（1）一对一的联系[1,1]。如校长和学校的关系。

（2）一对多的联系[1,n]。如某一学校和学校老师的关系。

（3）多对多的联系[n,m]。如课程与学生的关系。

通过联系就可以用一个实体的信息来查找另一个实体的信息。

2. 关系数据库

所谓关系数据库就是基于关系模型的数据库。

（1）关键字（Key）

关键字是关系模型中的一个重要概念，它是逻辑结构，不是数据库的物理部分。

1）候选关键字（Candidate Key）。如果一个属性集能唯一地标识表的一行而又不含多余的属性，那么这个属性集称为候选关键字。

2）主关键字（Primary Key）。主关键字是被挑选出来，作为表的行的唯一标识的候选关键字。一个表只有一个主关键字。主关键字又可以称为主键。

3）公共关键字（Common Key）。在关系数据库中，关系之间的联系是通过相容或相同的属性或属性组来表示的。如果两个关系中具有相容或相同的属性或属性组，那么这个属性或属性组被称为这两个关系的公共关键字。

4）外关键字（Foreign Key）。如果公共关键字在一个关系中是主关键字，那么这个公共关键字被称为另一个关系的外关键字。由此可见，外关键字表示了两个关系之间的联系。以另一个关系的外关键字作主关键字的表被称为主表，具有此外关键字的表被称为主表的从表。外关键字又称作外键。

（2）常见数据库对象

数据库对象是数据库的组成部分，常见的有以下几种：

1）表（Table）。数据库中的表与我们日常生活中使用的表格类似，它也是由行（Row）和列（Column）组成的。列由同类的信息组成，每列又称为一个字段，每列的标题称为字段名。行包括了若干列信息项。一行数据称为一个或一条记录，它表达有一定意义的信息组合。

一个数据库表由一条或多条记录组成，没有记录的表称为空表。每个表中通常都有一个主关键字（主键），用于唯一地确定一条记录。

2）索引（Index）。索引是根据指定的数据库表列建立起来的顺序。它提供了快速访问数据的途径，并且可监督表的数据，使其索引所指向的列中的数据不重复。

3）视图（View）。视图看上去同表似乎一模一样，具有一组命名的字段和数据项，但它其实是一个虚拟的表，在数据库中并不实际存在。视图是由查询数据库表产生的，它限制了用户能看到和修改的数据。由此可见，视图可以用来控制用户对数据的访问，并能简化数据的显示，即通过视图只显示那些需要的数据信息。

4）缺省值（Default）。缺省值是在表中创建列或插入数据时，对没有指定具体值的列或列数据项赋予事先设定好的值。

5）规则（Rule）。规则是对数据库表中数据信息的限制。它限定的是表的列。例如限定出生日期字段的规则为“小于 1990 年”。

6）触发器（Trigger）。解发器是一个用户定义的 SQL 命令的集合。当对一个表进行插入、更改、删除时，这组命令就会自动执行。例如，对部门表中的记录进行删除操作的触发器：当某个部门有员工（即在员工表的所属部门字段中含有该部门名）时，不能删除该部门。

7）存储过程（Stored Procedure）。存储过程是为完成特定的功能而汇集在一起的一组 SQL 程序语句，经编译后存储在数据库中的 SQL 程序。

8）用户（User）。用户是有权限访问数据库的人。

6.1.2　MySQL 数据库

MySQL 是一个真正的多用户、多线程的 SQL 数据库服务器。MySQL 是以客户机/服务器结构实现的，由服务器守护程序 mysqld 和很多不同的客户程序和库组成。

如果不是一个大型、昂贵的项目，则可以选择开源数据库产品，MySQL 数据库就是一个很不错的选择。

总体来说，MySQL 数据库具有以下主要特点：

（1）支持多线程，可充分利用 CPU 资源。

（2）优化的 SQL 查询算法，有效地提高了查询速度。

（3）提供多语言支持，常见的编码，如中文的 GB2312、GB18030、BIG5，日文的 SJIS 等都可以用作数据表名和数据列名。

（4）提供 TCP/IP、ODBC、JDBC 等多种数据库连接途径。

（5）提供用于管理、检查、优化数据库操作的管理工具。

（6）可以处理拥有上千万条记录的大型数据库。

与其他大型数据库（例如 Oracle、DB2、SQL Server 等）相比，MySQL 有其不足之处，如规模小、功能有限（MySQL 不支持视图）等，但是这丝毫没有减少它受欢迎的程度。对于一般的个人用户和中小型企业来说，MySQL 提供的功能已经绰绰有余，而且由于 MySQL 是开放源码软件，因此可以大大降低总体成本。

1. MySQL 的安装与管理

到 MySQL 的网站（www.mysql.com）下载 MySQL 的安装包。本书以 Windows 平台为例进行讲解，因此，首先下载 MySQL for Windows 的安装包 mysql-5.0.18-win32.zip，解压后执行 setup.exe 进行安装。

安装后的 MySQL 应用程序目录结构如下：

（1）bin 目录中包含了 MySQL 的常用命令，例如启动 MySQL 的命令 mysqld 和进入管理界面的命令 mysql 等。

（2）data 目录存放数据文件。

（3）docs 存放的是 MySQL 的使用手册，打开 manual.html 即可查看该手册。

启动 MySQL 的方法是单击“开始”→“所有程序”→MySQL→MySQL Server 5.0→MySQL Command Line Client 命令。

2. MySQL 的常用操作

下面给出 MySQL 下的一些常用命令的用法，这些命令均是在管理界面下完成的。如果想详细了解，请参阅相关书籍。

（1）退出 MySQL 管理界面。在 mysql>提示符下输入 quit 可以随时退出交互操作界面，也可以用 Ctrl+D 组合键退出。

（2）显示 MySQL 服务器的版本号和当前日期。

```
mysql>select version()，current_date();
```

（3）多行语句：一条命令可以分成多行输入，直到出现分号“;”为止。

```
mysql> select
-> USER()
-> ,
-> now()
->;
```

（4）一行多个命令，命令之间用分号隔开。

```
mysql> select user(); select now();
```

（5）显示当前存在的数据库。

```
mysql> show databases;
```

（6）选择数据库并显示当前选择的数据库。

```
mysql> use mysql
```

use 命令用来选择当前数据库（use 和 quit 命令不需要分号结束）。

（7）显示当前数据库中存在的表。

```
mysql> show tables;
```

（8）显示表（db）的内容。

```
mysql>select * from db;
```

（9）命令的取消。当命令输入错误而又无法改变（多行语句情形）时，只要在分号出现前，就可以用 c 来取消该条命令。

```
mysql> select
-> user()
-> c
```

（10）用文本方式将数据装入一个数据库表。如果一条一条地输入数据，很麻烦。我们可以用文本文件的方式将所有记录加入到数据库表中。

创建一个文本文件 mysql.txt，每行包含一条记录，用定位符（tab）把值分开，并且以在 create table 语句中列出的次序给出，例如：

```
abccs f 1977-07-07 china
mary f 1978-12-12 usa
```

```
tom m 1970-09-02 usa
```

下面的命令将文本文件 mytable.txt 装载到 mytable 表中：

```
mysql>load datalocal infile "mytable.txt"into table mytable;
```

（11）批处理方式执行。首先建立一个批处理文件 mytest.sql，内容如下：

```
use abccs;
select * from mytable;
select name，sex from mytable where name='abccs';
```

在 MySQL 的管理界面执行命令 mytest.sql，屏幕上会显示执行结果。如果想查看结果，但输出结果很多，则可以用这样的命令：

```
mysql < mytest.sql | more
```

还可以将结果输出到一个文件中：

```
mysql < mytest.sql > mytest.out
```

（12）修改用户密码：

```
set password for{用户名}=password ('密码');
```

例如，

```
set password for root=password ('admin');
```

可以设置 root 的密码为 admin。

6.1.3　SQL Server 数据库

SQL Server 是由 Microsoft 开发和推广的关系数据库管理系统，它最初是由 Microsoft、Sybase 和 Ashton-Tate 三家公司共同开发的，并于 1988 年推出了第一个 OS/2 版本。SQL Server 近年来不断更新版本，SQL Server 2012 是 Microsoft 公司推出的最新版本。通过全面的功能集、与现有系统的互操作性以及对日常任务的自动化管理能力，SQL Server 2005 为不同规模的企业提供了一个完整的数据解决方案。

SQL Server 的特点：

（1）真正的客户机/服务器体系结构。

（2）图形化用户界面，使系统管理和数据库管理更加直观、简单。

（3）丰富的编程接口工具，为用户进行程序设计提供了更大的选择余地。

（4）SQL Server 与 Windows NT 完全集成，利用了 NT 的许多功能，如发送和接受消息，管理登录安全性等。SQL Server 也可以很好地与 Microsoft BackOffice 产品集成。

（5）具有很好的伸缩性，可跨越从运行 Windows 95/98 的膝上型电脑到运行 Windows 2000 的大型多处理器等多种平台使用。

（6）对 Web 技术的支持，使用户能够很容易地将数据库中的数据发布到 Web 页面上。

（7）SQL Server 提供了数据仓库功能，这个功能只在 Oracle 和其他更昂贵的 DBMS 中才有。

SQL Server 2005 的安装过程与其他 Microsoft Windows 系列产品类似。用户可以根据向导提示，选择需要的选项一步一步地完成。配置要求企业版最少具备 512MB 内存，建议使用 1G 的内存，完全安装需要 350 MB 可用硬盘空间。

SQL Server 2005 组件界面如图 6.1 所示。

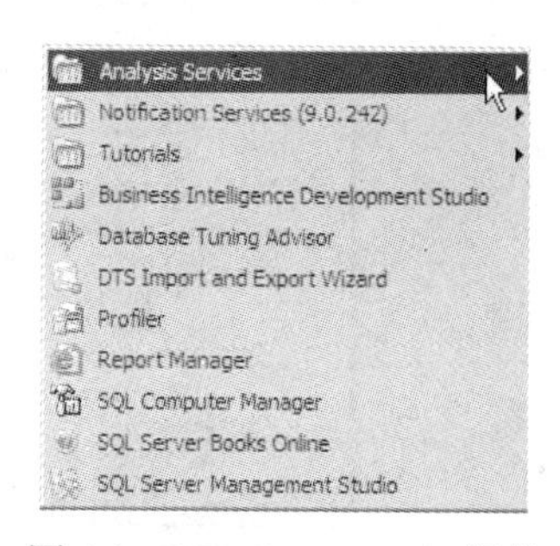

图 6.1　SQL Server 2005 组件

SQL Server Management Studio（如图 6.2 所示）仿 Visual Studio 的风格，结合了 SQL Server 2000 的企业管理器和查询分析器的功能。

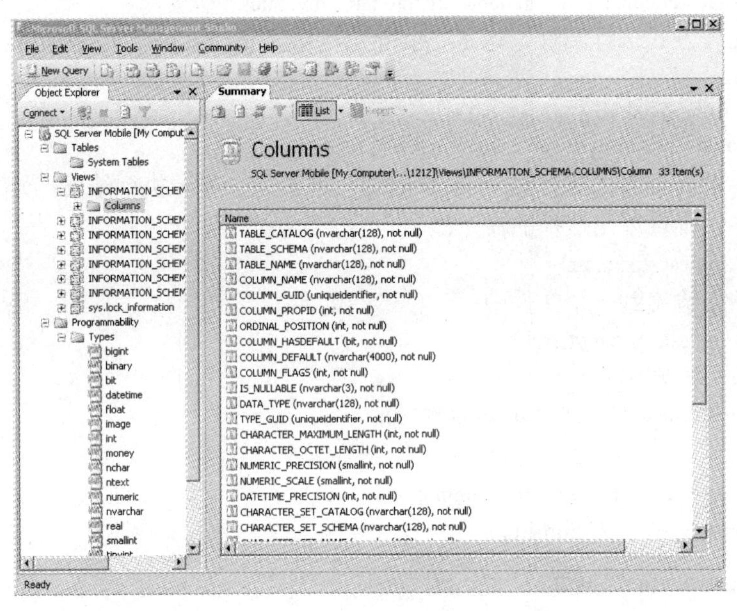

图 6.2 SQL Server Management Studio

Object Explorer（如图 6.3 所示）可以查看数据库，管理数据库，新建数据库、表。Template Explorer（模板管理器）可以查看常用 SQL 语句语法，如图 6.4 所示。

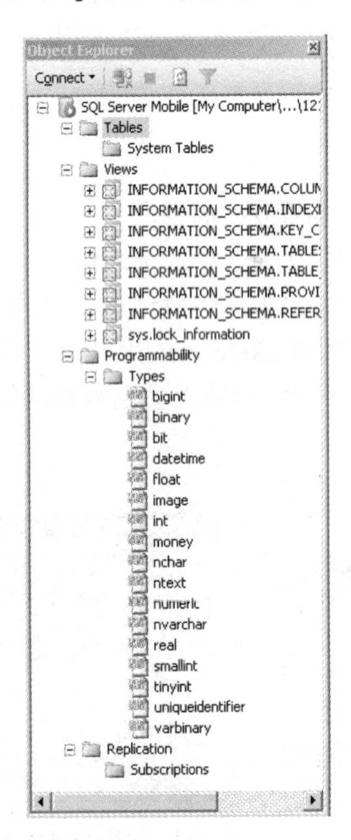

图 6.3 Object Explorer

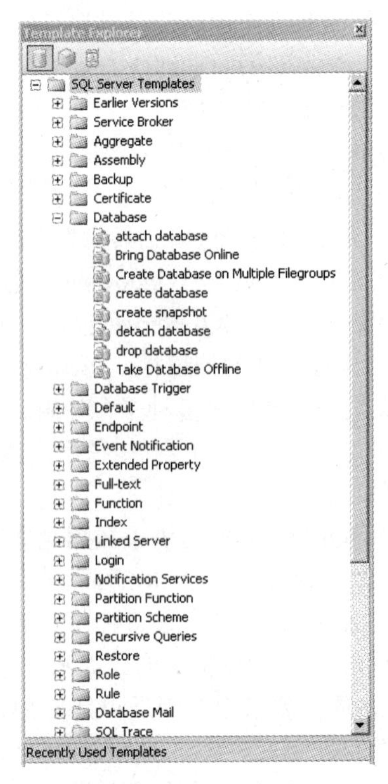

图 6.4 Template Explorer

6.1.4　Oracle 数据库

Oracle 是以高级结构化查询语言（SQL）为基础的大型关系数据库，通俗地说，它是用方便逻辑管理的语言操纵大量有规律数据的集合，是目前大型数据处理最流行的数据库之一。

1. 特点

（1）Oracle 引入了共享 SQL 和多线程服务器体系结构，减少了 Oracle 的资源占用，并增强了 Oracle 的能力，使之在低档软硬件平台上用较少的资源就可以支持更多的用户，而在高档平台上可以支持成千上万个用户。

（2）提供了基于角色分工的安全保密管理。在数据库管理功能、完整性检查、安全性、一致性方面都有良好的表现。

（3）支持大量多媒体数据，如二进制图形、声音、动画以及多维数据结构等。

（4）提供了与第三代高级语言的接口软件——PRO*系列，能在 C、C++等主语言中嵌入 SQL 语句及过程化（PL/SQL）语句，对数据库中的数据进行操纵。加上它有许多优秀的前台开发工具，如 PowerBuilder、SQL*Forms、Visual Basic 等，可以快速开发生成基于客户端 PC 平台的应用程序，并具有良好的移植性。

（5）提供了新的分布式数据库能力。可通过网络较方便地读写远端数据库里的数据，并有对称复制的技术。

2. 存储结构

（1）物理结构。Oracle 数据库在物理上是存储于硬盘的各种文件。它是活动的，可扩充的，随着数据的添加和应用程序的增大而变化。

（2）逻辑结构。Oracle 数据库在逻辑上由许多表空间构成，主要分为系统表空间和非系统表空间。非系统表空间内存储着各项应用的数据、索引、程序等相关信息。用户准备上马一个较大的 Oracle 应用系统时，应该创建它所独占的表空间，同时定义物理文件的存放路径和所占硬盘的大小。

图 6.5 为 Oracle 数据库逻辑结构与物理结构的对照关系。

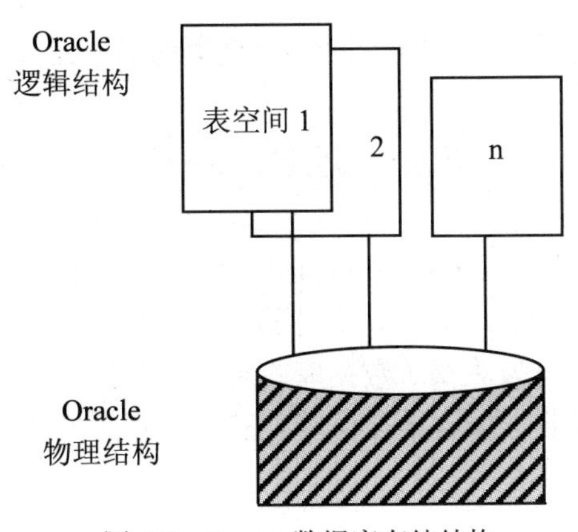

图 6.5　Oracle 数据库存储结构

3. 分布式数据库管理介绍

（1）原理。物理上存放于网络的多个 Oracle 数据库，逻辑上可以看成一个单个的大数据库。用户可以通过网络对异地数据库中的数据同时进行存取，而服务器之间的协同处理对于工作站用户及应用程序而言是完全透明的：开发人员无须关心网络的连接细节、无须关心数据在网络节点中的具体分布情况，也无须关心服务器之间的协调工作过程。

（2）过程。由网络相连的两个 Oracle 数据库之间通过数据库链接（DB-Links）建立访问机制，相当于一方以另一方的某用户远程登录所做的操作。但 Oracle 采用的一些高级管理方法，如同义词等使我们觉察不到这个过程，似乎远端的数据就在本地。数据库复制技术包括：实时复制、定时复制、存储转发复制。对复制的力度而言，有整个数据库表的复制和表中部分行的复制。在复制过程中，有自动冲突检测和解决的手段。

4. 安装

所有安装步骤为系统默认安装。Oracle 安装需要 1G 的硬盘空间，Intel 奔腾处理器，最少 128 MB 内存（推荐 256MB）；对于大多数系统，推荐两倍于该内存数量或至少 400MB。

Oracle 操作界面如图 6.6 所示。

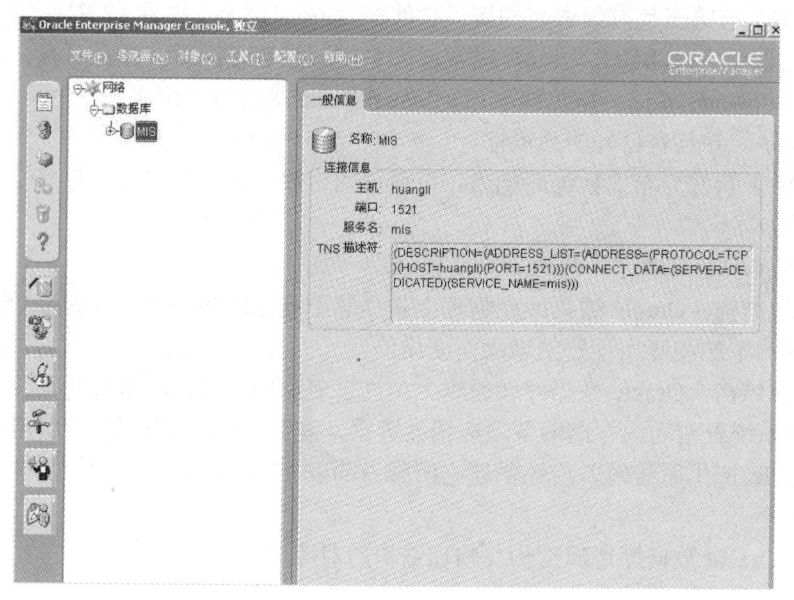

图 6.6　Oracle 的操作界面

6.2　JDBC 基础

JDBC（Java DataBase Connectivity standard）是一种可用于执行 SQL 语句的 Java API（Application Programming Interface，应用程序设计接口）。它由一些 Java 语言编写的类和界面组成。JDBC 为数据库应用开发人员、数据库前台工具开发人员提供了一种标准的应用程序设计接口，使开发人员可以用纯 Java 语言编写完整的数据库应用程序，通过它可以访问各类关系数据库。

6.2.1　JDBC 简介

JDBC API 定义了客户软件可以做什么，要连接某种特定的数据库，必须由数据库开发商（或者一个第三方）提供与 JDBC 兼容的驱动程序。同时，说到 JDBC，很容易让人联想到 ODBC。它们之间有没有联系呢？如果有，那么它们之间又是怎样的关系呢？

ODBC 全称为 Open Database Connectivity，即开放数据库互联。它是一种用来在相关或不相关的数据库管理系统中存取数据的，用 C 语言实现的标准应用程序数据接口。通过 ODBC API，应用程序可以存取保存在多种不同数据库管理系统中的数据，而不论每个 DBMS 使用了何种数据存储格式和编程接口。

自从 Java 语言于 1995 年 5 月正式公布以来，Java 风靡全球，出现了大量的用 Java 语言编写的程序，其中也包括数据库应用程序。由于没有 Java 语言的 API，编程人员不得不在 Java 程序中加入 C 语言的 ODBC 函数调用。这就使很多 Java 的优秀特性无法充分发挥，如平台无关性、面向对象特性等。随着越来越多的编程人员对 Java 语言的日益喜爱，越来越多的公司在 Java 程序开发上投入的精力日益增加，对 Java 语言接口的访问数据库的 API 的要求也越来越强烈。但也由于 ODBC 有其不足之处，比如没有面向对象的特性等，Sun 公司决定开发以 Java 语言为接口的数据库应用程序接口。

通过使用 JDBC，开发人员可以很方便地将 SQL 语句传送给几乎任何一种数据库。也就是说，开发人员可以不必专门写一个程序访问 Sybase，再写另一个程序访问 Oracle，或是再写一个程序访问 SQL Server。用 JDBC 写的程序能够自动地将 SQL 语句传送给相应的数据库管理系统（DBMS）。不但如此，使用 Java 编写的应用程序可以在任何支持 Java 的平台上运行，不必在不同的平台上编写不同的应用。Java 和 JDBC 的结合可以让开发人员在开发数据库应用时真正实现“Write Once，Run Every where！”。

Java 具有健壮、安全、易用等特性，而且支持自动网上下载，本质上是一种很好的数据库应用编程语言。它所需要的是 Java 应用如何同各种各样的数据库连接，JDBC 正是实现这种连接的关键。

JDBC 扩展了 Java 的能力，使用 Java 和 JDBC API 就可以发布一个 Web 页，页中带有能访问远端数据库的 Applet。MIS（Management Information System，管理信息系统）管理员喜欢 Java 和 JDBC，因为这样可以更容易地发布信息。对新的数据库应用来说，开发时间将缩短，安装和版本升级将大大简化。程序员可以编写或改写一个程序，然后将它放在服务器上，而每个用户都可以访问服务器得到最新的版本。对于信息服务行业，Java 和 JDBC 提供了一种很好的向外界用户更新信息的方法。

6.2.2　JDBC 原理和驱动

1. JDBC 的任务

简单地说，JDBC 能完成下列三件事：①同数据库建立连接；②向数据库发送 SQL 语句；③处理数据库返回的结果。

2. JDBC 两层模型和三层模型

JDBC 支持两层模型，也支持三层模型访问数据库。

两层模型中，Java Applet 直接同数据库连接。这就需要与被访问的数据库进行连接的 JDBC 驱动器。用户的 SQL 语句被传送给数据库，而这些语句执行的结果将被传回给用户。数据库可以在同一台机器上，也可以在另一台机器上通过网络进行连接。

三层模型中，命令将被发送到服务的“中间层”，而“中间层”将 SQL 语句发送到数据库。数据库处理 SQL 语句并将结果返回“中间层”，然后“中间层”将它们返回用户。MIS 管理员发现三层模型很有吸引力，因为“中间层”可以对访问进行控制并协同数据库更新，另一优势就是如果有“中间层”，用户可以使用一个易用的、高层的 API，这个 API 可以由“中间层”

转换成底层的调用。因而在许多情况下，三层模型可以提供更好的性能。

到目前为止，“中间层”通常还是用 C 或 C++实现，以保证其高性能。但随着优化编译器的引入，将 Java 的字节码转换成高效的机器码，用 Java 来实现“中间层”将越来越实际，而 JDBC 是允许从 Java“中间层”访问数据库的关键。要通过 JDBC 来存取某一特定的数据库，必须有相应的 JDBC 驱动，这些驱动往往由生产数据库的厂家提供，是连接 JDBC API 与具体数据库之间的桥梁。

3. JDBC 的驱动

通常，Java 程序首先使用 JDBC API 来与 JDBC Driver Manager 交互，由 JDBC Driver Manager 载入指定的 JDBC 驱动程序，以后就可以通过 JDBC API 来存取数据库了。

JDBC 驱动程序是用于特定数据库的一套实施了 JDBC 接口的类集。目前共有 4 种类型的 JDBC 驱动程序。

（1）JDBC-ODBC Bridge。桥接器型驱动程序，这类驱动程序的特色是用户端的计算机上必须事先安装好 ODBC 驱动程序（Windows 2000 以上操作系统已自带），然后通过 JDBC-ODBC 桥的调用方法，进而通过 ODBC 来存取数据库。该方案适用于快速的原型系统以及没有提供 JDBC 驱动的数据库，如 Access。

（2）JDBC-Native API Bridge。该驱动也是桥接器驱动程序之一，这类驱动程序也必须先在使用者计算机上安装好特定的驱动程序（类似 ODBC），然后通过 JDBC-Native API 桥接器的转换，把 Java API 调用转换成特定驱动程序的调用方法，进而存取数据库。利用开发商提供的本地库来直接与数据库通信，比上一种性能略好。

（3）JDBC-middleware。这种类型的驱动程序最大的好处就是省去了在用户端计算机上安装任何驱动程序的麻烦，只需在服务器端安装好 middleware，而 middleware 会负责所有存取数据库必要的转换。该方案具有最大的灵活性，通常由非数据库厂商提供，是 4 种类型中最小的一种。

（4）Pure JDBC Driver。该类型的驱动程序是最成熟的 JDBC 驱动程序，不但无须在用户端计算机上安装任何额外的驱动程序，也不需要在服务器端安装任何中介程序（middleware），所有存取数据库的操作，都直接由驱动程序来完成——通过自己的本地协议直接与数据库引擎通信，并且具备在 Internet 上装配的能力。

6.2.3 常用的 JDBC 类与方法

1. DriverManager 类

负责管理 JDBC 驱动程序。使用 JDBC 驱动程序之前，必须先将驱动程序加载并向 DriverManager 注册后才可以使用，同时提供方法来建立与数据库的连接。

常用方法有：

（1）Class.forName(String driver)：加载注册驱动程序。

（2）Static Connection getConnection(String url，String user，String password) throws SQLException：取得对数据库的连接。

（3）Static Driver getDriver(String url) throws SQLExcetion：在已经向 DriverManager 注册的驱动程序中寻找一个能够打开 url 所指定的数据库的驱动程序。

2. Connection 类

负责维护 JSP/Java 数据库程序和数据库之间的联机。可以建立三个非常有用的类对象。

常用方法有：

（1）Statement createStatement(int resultSetType，int resultSetConcurrency) throws SQLException：建立 Statement 类对象。

resultSetType 值有：

- type_forward_only：结果集不可滚动。
- type_scroll_insensitive：结果集可滚动，不反映数据库的变化。
- type_scroll_sensitive：结果集可滚动，反映数据库的变化。

resultSetConcurrency 值有：

- concur_read_only：不能用结果集更新数据。
- concur_updatable：能用结果集更新数据。

（2）DatabaseMetaData getMetaData() throws SQLException：建立 DatabaseMetaData 类对象。

（3）PreparedStatement prepareStatement(String sql) throws SQLException：建立 PreparedStatement 类对象。

（4）boolean getAutoCommit() throws SQLException：返回 Connection 类对象的 AutoCommit 状态。

（5）void setAutoCommit(boolean autoCommit) throws SQLException：设定 Connection 类对象的 AutoCommit 状态。

（6）void commit() throws SQLException：确定执行对数据库新增、删除或修改记录的操作。

（7）void rollback() throws SQLException：取消执行对数据库新增、删除或修改记录的操作。

（8）void close() throws SQLException：结束 Connection 对象对数据库的联机。

（9）boolean isClosed() throws SQLException：测试是否已经关闭 Connection 类对象对数据库的联机。

3. Statement 类

通过 Statement 类提供的方法，可以利用标准的 SQL 命令，对数据库直接进行新增、删除或修改操作。

常用方法有：

（1）ResultSet executeQuery(String sql) throws SQLException：使用 SELECT 命令对数据库进行查询。

（2）int executeUpdate(String sql) throws SQLException：使用 INSERT、DELETE、UPDATE 对数据库进行新增、删除和修改操作。

（3）void close() throws SQLException：结束 Statement 类对象对数据库的联机。

4. PreparedStatement 类

PreparedStatement 类和 Statement 类的不同之处在于 PreparedStatement 类对象会将传入的 SQL 命令事先编好等待使用，当有单一的 SQL 指令要多次执行时，用 PreparedStatement 类会比 Statement 类有效率。

常用方法有：

（1）ResultSet executeQuery() throws SQLException：使用 SELECT 命令对数据库进行查询。

（2）int executeUpdate() throws SQLException：使用 INSERT、DELETE、UPDATE 对数据库进行新增、删除和修改操作。

（3）ResultSetMetaData getMetaData() throws SQLException：取得 ResultSet 类对象有关字段的相关信息。

（4）void setInt(int parameterIndex，int x) throws SQLException：设定整数类型数值给 PreparedStatement 类对象的 IN 参数。

（5）void setFloat(int parameterIndex，float x) throws SQLException：设定浮点数类型数值给 PreparedStatement 类对象的 IN 参数。

（6）void setNull(int parameterIndex，int sqlType) throws SQLException：设定 NULL 类型数值给 PreparedStatement 类对象的 IN 参数。

（7）void setString(int parameterIndex，String x) throws SQLException：设定字符串类型数值给 PreparedStatement 类对象的 IN 参数。

（8）void setDate(int parameterIndex，Date x) throws SQLException：设定日期类型数值给 PreparedStatement 类对象的 IN 参数。

（9）void setTime(int parameterIndex，Time x) throws SQLException：设定时间类型数值给 PreparedStatement 类对象的 IN 参数。

5. DatabaseMetaData 类

DatabaseMetaData 类保存了数据库的所有特性，并且提供许多方法来取得这些信息。常用方法有：

（1）String getDatabaseProductName() throws SQLException：取得数据库名称。

（2）String getDatabaseProductVersion() throws SQLException：取得数据库版本代号。

（3）String getDriverName() throws SQLException：取得 JDBC 驱动程序的名称。

（4）String getDriverVersion() throws SQLException：取得 JDBC 驱动程序的版本代号。

（5）String getURL() throws SQLException：取得连接数据库的 JDBC URL。

（6）String getUserName() throws SQLException：取得登录数据库的使用者账号。

6. ResultSet 类

负责存储查询数据库的结果并提供一系列的方法对数据库进行新增、删除和修改操作。也负责维护一个记录指针，记录指针指向数据表中的某个记录，通过适当移动记录指针，可以随心所欲地存取数据库，提高程序的效率。

常用方法有：

（1）boolean absolute(int row) throws SQLException：移动记录指针到指定的记录。

（2）void beforeFirst() throws SQLException：移动记录指针到第一条记录之前。

（3）void afterLast() throws SQLException：移动记录指针到最后一条记录之后。

（4）boolean first() throws SQLException：移动记录指针到第一条记录。

（5）boolean last() throws SQLException：移动记录指针到最后一条记录。

（6）boolean next() throws SQLException：移动记录指针到下一条记录。

（7）boolean previous() throws SQLException：移动记录指针到上一条记录。

（8）void deleteRow() throws SQLException：删除记录指针指向的记录。

（9）void moveToInsertRow() throws SQLException：移动记录指针以新增一条记录。

（10）void moveToCurrentRow() throws SQLException：移动记录指针到被记忆的记录。

（11）void insertRow() throws SQLException：新增一条记录到数据库中。

（12）void updateRow() throws SQLException：修改数据库中的一条记录。

（13）void update(int columnIndex，x) throws SQLException：修改指定字段的值。

（14）int get(int columnIndex) throws SQLException：取得指定字段的值。

（15）ResultSetMetaData getMetaData() throws SQLException：取得 ResultSetMetaData 类对象。

7. ResultSetMetaData 类

ResultSetMetaData 类对象保存了所有 ResultSet 类对象中关于字段的信息，提供许多方法来取得这些信息。

常用方法有：

（1）int getColumnCount() throws SQLException：取得 ResultSet 类对象的字段个数。

（2）int getColumnDisplaySize() throws SQLException：取得 ResultSet 类对象的字段长度。

（3）String getColumnName(int column) throws SQLException：取得 ResultSet 类对象的字段名称。

（4）String getColumnTypeName(int column) throws SQLException：取得 ResultSet 类对象的字段类型名称。

（5）String getTableName(int column) throws SQLException：取得 ResultSet 类对象的字段所属数据表的名称。

（6）boolean isCaseSensitive(int column) throws SQLException：测试 ResultSet 类对象的字段是否区分大小写。

（7）boolean isReadOnly(int column) throws SQLException：测试 ResultSet 类对象的字段是否为只读。

6.3　JSP 中使用数据库

6.3.1　数据库的连接过程

JDBC API 是通用接口，在与数据库连接时要先加载。加载驱动程序有很多方法，最常用的就是先把驱动程序类装载到内存中，作为“当前”驱动程序。内存中可以有多个驱动程序，但只有现在加载的这个驱动程序作为首选连接的驱动程序。

通常一个数据库的连接过程为：

（1）加载驱动程序。

（2）通过 DriverManager 得到一个与数据库连接的句柄。

（3）通过连接句柄绑定要执行的语句。

（4）接收执行结果。

（5）可选的对结果的处理。

（6）关闭数据库连接。

注册驱动程序有多种方法，Class.forName()是一种显式的加载。当一个驱动程序类被 Classloader 装载后，在装载的过程中，DriverManager 会注册这个驱动类的实例。

另外可以利用系统属性 jdbc.drivers 来加载多个驱动程序：System.setProperty("jdbc.drivers"，"driver1:driver2…drivern")，多个驱动程序之间用“:”隔开，这样在连接时 JDBC 会按顺序搜索，直到找到第一个能成功连接指定 url 的驱动程序。

在成功注册驱动程序后，就可以用 DriverManager 的静态方法 getConnection 来得到和数据库连接的引用。

语法如下：

```
Connection conn = DriverManager.getConnection(url);
```

如果连接是成功的，则返回 Connection 对象 conn；如果为 null 或抛出异常，说明没有和数据库建立连接。对于 getConnection()方法，有多种不同重载方法。最简单的一种是只给出数据源即 getConnection(url)；另一种是同时给出一些数据源信息即 getConnection(url,Properties)；还有一种是给出数据源、用户名和密码：getConnection(url,user,password)。对于数据源信息，如果想在连接时给出更多的信息，可以把这些信息压入到一个 Properties，当然可以直接压入用户名和密码，另外还可以压入指定字符集、编码方式或默认操作等一些其他信息。得到一个连接后，也就有了与数据库通信的通道，就可以做其他操作了。

如果要对数据库中的表进行操作，要先绑定一条语句：

```
Statement stmt = conn.createStatement();
```

利用这个语句来执行操作，如果执行查询操作，返回为结果集 ResultSet；如果执行更新操作，则返回操作的记录数 int。

注意：SQL 操作的严格区分只有两个：一种就是读操作（即查询操作），另一种是写操作（即更新操作），其中 create、insert、update、drop、delete 等对数据有改写行为的操作都是更新操作。

例如下面的语句：

```
ResultSet rs = stmt.executeQuery("select * from table where xxxxx");
int x = stmt.executeUpdate("delete from table where ...");
```

只有查询操作才返回结果集。操作过程完成后，一个非常必要的步骤是关闭数据库连接。

```
rs.close();
stmt.close();
conn.close();
```

6.3.2 数据库基本操作

SQL 有 4 种基本的数据操作语句：Insert，Select，Update 和 Delete。由于经常用到，有必要在此进行详细说明，在本节，我们初步学习 SQL 语言，这是我们学习数据库操作的基础。

1. 插入数据

用户可以用 Insert 语句将一行记录插入到一个指定的数据表中。例如，要将球员姚明的记录插入到名为 players 的表中，可以使用如下语句：

```
insert into players values('YaoMing','1980-09-12','Houston Rockets');
```

通过这样的 Insert 语句，系统将括号内的值填入相应的列中。这些列按照创建表时定义的顺序排列。

Insert 语句的完整句法如下：

```
insert [into] {table_name|view_name} [(column_list)]
{default values | values_list | select_statement};
```

如果一个表有多个字段，通过把字段名和字段值用逗号隔开，可以向所有的字段插入数据。系统将值插入表时，除了执行规则之外，还要进行类型检查。如果类型不符（例如将一个字符串插入到类型为数字的列中），系统将拒绝操作并返回错误信息。如果 SQL 拒绝所填入的一列值，语句中其他各列的值也不会填入。

注意：所有的十进制整数都不需要用单引号引起来，而字符串和日期类型的值都要用单引号来区别，为了增加可读性而在数字间插入逗号会引起错误，在 SQL 中逗号是元素的分隔符。输入文字值时要使用单引号。双引号用来封装限界标记符。

如果用 Insert 语句向一个表中插入一条新记录，但有一个字段没有提供数据。这种情况有下面 4 种可能：

（1）如果该字段有一个缺省值，该值会被使用。例如，假设插入新记录时没有给字段 birthday 提供数据，而这个字段有一个缺省值“不详”。在这种情况下，当新记录建立时会插入值“不详”。

（2）如果该字段可以接受空值，而且没有缺省值，则会被插入空值。

（3）如果该字段不能接受空值，而且没有缺省值，就会出现错误。系统报错：The column in table player may not be null。

（4）如果该字段是一个标识字段，那么它会自动产生一个新值。当向一个有标识字段的表中插入新记录时，只要忽略该字段，标识字段会给自己赋一个新值。

2. 查询记录

Select 语句可以从一个或多个表中选取特定的行和列。因为查询和检索数据是数据库管理中最重要的功能，所以 Select 语句在 SQL 中是工作量最大的部分。

Select 语句的结果通常是生成另外一个表。在执行过程中系统根据用户的标准从数据库中选出匹配的行和列，并将结果放到临时的表中。也可以结合其他 SQL 语句来将结果放到一个已知名称的表中。

Select 语句功能强大，它可以完成关系代数运算，还可以完成聚合计算并对数据进行排序。

Select 语句最简单的语法如下：

```
select columns from tables;
```

例如，创建了一个名为 newtable 的新表，该表包含表 players 中的所有数据：

```
select * into newtable from players;
```

从一个很长的表中读出所有信息：

```
select * from players;
```

Select 语句的完整句法如下：

```
select [distinct] (column [{, columns}])| * from table [ {, table}] [where 子句];
```

where 子句对条件进行了设置，只有满足条件的行才被包括到结果表中。在 SQL 语句中子句通常通过比较来表示。例如，你需要查询所有湖人队的球员，则可以使用以下 Select 语句：

```
select * from players    where    team ='Los Angeles Lakers';
```

在执行该语句时，SQL 将每一行的 team 列与“Los Angeles Lakers”进行比较。如果条件成立，该球员的信息将被包括到结果表中。

上例中的条件是基于“等值”的比较（team= ' Los Angeles Lakers '），还可以包含其他几种类型的比较。其中最常用的有：等于 =，不等于 <>，小于 <，大于 >，小于或等于 <=，大于或等于 >=。有时需要定义不止一种条件的 Select 语句，为了进一步定义一个 where 子句，用户可以在子句中使用逻辑连接符 AND、OR 和 NOT。

例如，需要查询所有湖人队和火箭队的球员，则可以使用以下 Select 语句：

```
select * from players    where    team = ' Los Angeles Lakers' and team=' Houston Sockets';
```

3. 删除记录

Delete 语句用来删除已知表中的一条或多条记录。由于 SQL 中没有 Undo 语句或是“你确认删除吗？”之类的警告，在执行这条语句时要小心。如果决定取消火箭队并解雇该队的所有球员，可以由以下这条语句来实现：

```
delete from players where team = ' Houston Rockets ';
```

Delete 语句的完整句法如下：

```
delete [from] {table_name|view_name} [where 子句];
```

在 SQL Select 语句中可以使用的任何条件都可以在 Delete 语句的 where 子句中使用。例如，下面的这个 Delete 语句只删除那些 first_column 字段的值为'goodbye'或 second_column 字段的值为'so long'的记录：

```
delete mytable where first_column='goodby' or second_column='so long';
```

如果不给 Delete 语句提供 where 子句，表中的所有记录都将被删除。如果想删除表中的所有记录，应使用 truncate table 语句。当使用 truncate table 语句时，记录的删除是不做记录的，也就是说，truncate table 要比 Delete 的删除速度快得多。

4. 更新记录

Uptate 语句允许用户在已知的表中修改已经存在的一条或多条记录。同 Delete 语句一样，Uptate 语句可以使用 where 子句来选择更新特定的记录。

例如，姚明转会湖人队，可以通过下面的 SQL 语句对数据库进行更新。

```
update players   set team=' Los Angeles Lakers' where name= 'YaoMing';
```

上面的例子说明了一个单行更新，但是 Uptate 语句可以对多行进行操作。

Uptate 语句的完整句法如下：

```
update{table_name|view_name}
set[{table_name|view_name}]
{column_list|variable_list|variable_and_column_list}
[,{column_list2|variable_list2|variable_and_column_list2}…
[,{column_listN|variable_listN|variable_and_column_listN}]]
[where 子句]
```

如果不提供 where 子句，表中的所有记录都将被更新。

Uptate 语句也可以同时更新多个字段，例如，下面的 Uptate 语句同时更新 name、birthday 和 team 三个字段：

```
update mytable set name='Updated! ', birthday='Updated!', team='Updated! '
where name='YaoMing';
```

SQL 忽略语句中多余的空格，可以把 SQL 语句写成任何最容易读的格式。

6.4 JSP 数据库编程实例

6.4.1 用户管理信息系统

一般管理信息系统都有用户管理模块，本节以最简单的实例来介绍 JDBC 数据库的编程应用。为了便于学习，使用 SQL Server 数据库进行开发，实现显示用户信息、动态添加、删除用户信息等功能。

本例数据库表如图 6.7 所示。

user : 表

	id	name	sex	age	diploma	tel
▶	1	张华	男	25	本科	8594384
	2	龙银枝	女	19	大专	8656445
	3	孟小亮	男	32	本科	4814651
	4	刘兵	男	28	硕士	4816581
	5	谭艳娟	女	26	本科	1891117
	9	王颖	女	29	本科	54653356
*	(自动编号)			0		0

图 6.7　数据库表

1. 首页结构

首页 manage.htm 页面运行界面如图 6.8 所示。

图 6.8　用户信息管理系统首页

manage.jsp 代码如下：

```
<html>
<head>
<meta http-equiv="Content-Type" content="text/html; charset=gb2312">
<title>用户信息管理系统</title>
<style type="text/css">
<!--
.STYLE1 {
	font-family: "华文楷体";
	font-size: 18px;
}
-->
</style>
</head>
<body>
<p align="center" class="STYLE1">用户信息管理系统</p>
<p align="center"><a href="listUser.jsp" target="mainFrame" class="style4">显示用户资料</a>
</p>
<p align="center"><a href="insertUser.jsp" target="mainFrame" class="style4">添加用户资料</a>
</p>
</body>
</html>
```

errorpage.jsp

此外本系统还包含一个出错提示页面，如果其他 JSP 文件运行出错，将跳转到该页面。代码如下：

```
<%@ page isErrorPage="true" contentType="text/html; charset=gb2312"(?) %>
```

```
<html>
<head>
<meta http-equiv="Content-Type" content="text/html; charset=gb2312">
<title>错误信息</title>
<style type="text/css">
<!--
.STYLE2 {font-size: 18px}
.STYLE3 {color: #33FF66}
-->
</style>
</head>
<body bgcolor="#0099FF" text="#FFFFFF" link="#66FF00">
<p align="center" class="STYLE3"> <font   size="4">对不起，出错啦~</font></p>
<p align="center">  </p>
<p align="center"> <a href="javascript:history.back();"> <font ><span class="STYLE2">
&lt;&lt;返回上一页</span></a></font></p>
</body>
</html>
```

2. 显示用户资料

单击“显示用户资料”，框架页面 main.jsp 跳转到 listUser.jsp 页面，该页面自动查询数据库，列表显示所有用户资料。

listUser.jsp 代码如下：

```
<%@  page  contentType="text/html;charset=gb2312"  language="java"  import="java.io.*,java.sql.*"
errorPage="errorpage.jsp"%>
<html>
<head>
<title>显示用户信息</title>
</head>
<body text="#FFFFFF" link="#66FF00"><br><br>
<p>
<div align="center"><font color="#3366FF" size="4">用户资料列表</font></div>
</p>
<br>
<table border="1" cellspacing="1" cellpadding="1" align="center">
<tr>
  <td align=center><font color="#0033CC">姓名</font></td>
  <td align=center><font color="#0033CC">性别</font></td>
  <td align=center><font color="#0033CC">年龄</font></td>
  <td align=center><font color="#0033CC">学历</font></td>
  <td align=center><font color="#0033CC">联系电话</font></td>
  <td align=center><font color="#0033CC">删除</font></td>
</tr>
<%
Connection con=null;
try{
     Class.forName("sun.jdbc.odbc.JdbcOdbcDriver");
```

```
        //userManage 是 odbc 数据源的名称
        con=DriverManager.getConnection("jdbc:odbc:userManage","","");
        Statement stmt=con.createStatement();
        //user 是数据库中的表名
        ResultSet rs=stmt.executeQuery("select * from user");
        while(rs.next()){String a=rs.getString("id");
%>

<tr>
        <td   align=center><font color="#3366FF"><%=rs.getString("name")%></font></td>
        <td   align=center><font color="#3366FF"><%=rs.getString("sex")%></font></td>
        <td   align=center><font color="#3366FF"><%=rs.getString("age")%></font></td>
        <td   align=center><font color="#3366FF"><%=rs.getString("diploma")%></font></td>
        <td   align=center><font color="#3366FF"><%=rs.getString("tel")%></font></td>
        <td   align=center>
        <a href="deleteUser.jsp?id=<%=a%>"><font color="#3366FF">删除</font></a></td>
</tr>

<%
}
rs.close();
stmt.close();
con.close();
}
catch(Exception e)
{
out.println(e.getMessage());
}
%>
</table>
<br>
<div align="center">
<a href="insertUser.jsp"><font color="#3366FF">添加用户资料</font></a>
</div>
</body>
</html>
```

由代码可以看出，listUser.jsp 首先与数据库建立连接，然后执行 Select 语句查询数据表中的所有记录，最后将记录显示在表格中。从图 6.9 中可以看出每条用户信息都有“删除”操作的链接，同时在表格下方有“添加用户资料”的链接，方便管理员删除和添加用户资料。“删除”链接至 deleteUser.jsp，“添加用户资料”链接至 insertUser.jsp。注意“删除”链接与一般链接不同，单击链接的同时，系统记录了被删除的用户在数据库中对应的 id 值，数据库中只有唯一的用户资料与 id 值对应。必须在链接的同时提交 id 值，因为 deleteUser.jsp 需要获取 id 值来执行具体删除操作。

运行界面如图 6.9 所示。

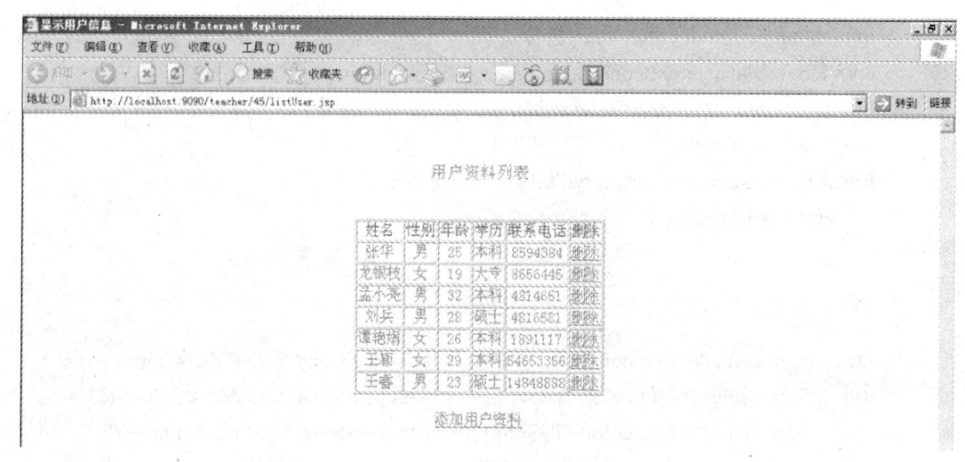

图 6.9　显示用户资料

3. 删除用户资料

单击“删除”链接，系统将执行 deleteUser.jsp 页面，页面显示“正在删除数据，请稍候……”2 秒之后跳回已更新的 listUser.jsp 页面，此时用户信息已删除。

deleteUser.jsp 代码如下：

```
<%@ page contentType="text/html;charset=gb2312" language="java" import="java.util.*,java.sql.*"
errorPage="errorpage.jsp"%>
<html>
<head>
<meta http-equiv="Content-Type" content="text/html; charset=gb2312">
<title>删除用户资料</title>
</head>
<body>
<%
String id=request.getParameter("id");
Connection con=null;
try{
	Class.forName("sun.jdbc.odbc.JdbcOdbcDriver");
	String url="jdbc:odbc:userManage";
	con=DriverManager.getConnection(url,"","");
	Statement stmt=con.createStatement();
	stmt.executeUpdate("delete from user where id="+id+"");
	out.println("<font size=3 color=#3366FF>正在删除数据，请稍候……</font>");
%>
<meta http-equiv="refresh" content="2;url=listUser.jsp">
<%
stmt.close();
con.close();
}catch(Exception e){
out.println(e.getMessage());
}
%>
</body>
</html>
```

语句 <meta http-equiv="refresh" content="2;url=listUser.jsp">的作用是让页面停留 2 秒后，跳转到 url 指定的页面。在执行数据库写入操作时经常用到该语句，因为写入操作一般耗时相对较长，让页面延时并显示等待信息或是执行进度条，有利于系统的稳定。

运行界面如图 6.10 所示。

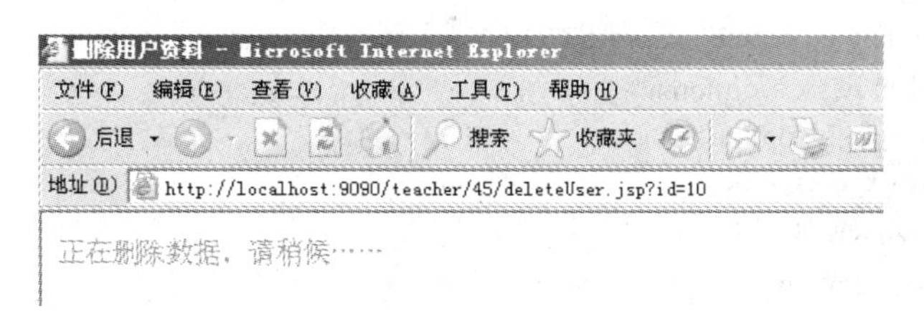

图 6.10　正在删除界面

4. 添加用户资料

单击“添加用户资料”，框架页面 main.jsp 跳转到 insertUser.jsp 页面，该页面显示填写资料的表单。

insertUser.jsp 的代码如下：

```
<%@ page contentType="text/html; charset=gb2312" language="java" import="java.sql.*"
errorPage="errorpage.jsp" %>
<html>
<head>
<meta http-equiv="Content-Type" content="text/html; charset=gb2312" />
<title>添加用户资料</title>
<style type="text/css">
<!--
.STYLE1 {color: #3366FF}
-->
</style>
</head>
<body>
<div align="center">
  <p class="STYLE1">添加新资料</p>
</div>
<form id="form1" name="form1" method="post" action="queryUser.jsp">
<table width="220" border="1" align="center">
<tr>
     <td width="80"><div align="center" class="STYLE1">姓名</div></td>
     <td ><input name="name" type="text" size="12" /></td>
</tr>
<tr>
     <td><div align="center" class="STYLE1">性别</div></td>
     <td><select name="sex">
      <option selected>男</option>
      <option>女</option>
      </select>
     </td>
</tr>
```

```
<tr>
    <td><div align="center" class="STYLE1">年龄</div></td>
    <td><input type="text" name="age" size="12"/></td>
</tr>
<tr>
    <td><div align="center" class="STYLE1">学历</div></td>
    <td><select name="diploma">
     <option>高中</option>
     <option>大专</option>
<option selected>本科</option>
 <option>硕士</option>
<option>博士</option>
      </select></td>
</tr>
<tr>
    <td><div align="center" class="STYLE1">联系电话</div></td>
    <td><input type="text" name="tel" size="12"/></td>
</tr>
<tr>
    <td colspan="2">  
       <input type="submit" name="Submit" value="提交" />   
      <input type="reset" name="Submit2" value="重置" />
    </td>
</tr>
</table>
</form>
<div align="center"><a href="listUser.jsp"><font color="#3366FF">
显示用户资料</font></a></div>
</body>
</html>
```

运行界面如图 6.11 所示。

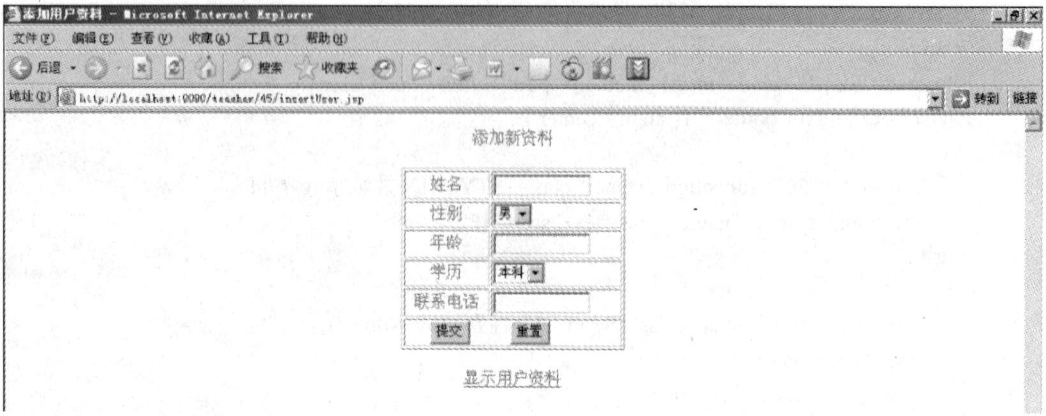

图 6.11　添加用户资料

填写完资料后，提交表单，跳转到 queryUser.jsp 页面。该页面获取表单提交的数据，执行将数据插入数据库的操作。

queryUser.jsp 代码如下：

```
<%@ page contentType="text/html; charset=gb2312" language="java" import="java.sql.*,java.io.*"
errorPage="errorpage.jsp" %>
<html>
<head>
<meta http-equiv="Content-Type" content="text/html; charset=gb2312" />
<title>插入数据</title>
</head>
<body>
<%
Connection con=null;
try{
    Class.forName("sun.jdbc.odbc.JdbcOdbcDriver");
    con=DriverManager.getConnection("jdbc:odbc:userManage","","");
    Statement stmt=con.createStatement();
    String sql="";
    ResultSet rs =null;
    String name=new String(request.getParameter("name").getBytes("iso8859_1"),"gbk");
    String sex=new String(request.getParameter("sex").getBytes("iso8859_1"),"gbk");
    String age=request.getParameter("age");
    String diploma=new String(request.getParameter("diploma").getBytes("iso8859_1"),"gbk");
    String tel=request.getParameter("tel");
    sql="select name from user where name='"+name+"'";
    rs=stmt.executeQuery(sql);
    if(rs.getRow()>0){
    response.sendRedirect("errorpage.jsp");
}
sql="insert into user(name,sex,age,diploma,tel)";
sql=sql+"values('"+name+"','"+sex+"','"+age+"','"+diploma+"','"+tel+"')";
stmt.executeUpdate(sql);
out.println("<font size=3 color=#3366FF>正在处理数据，请稍候……</font>");
%>
<meta http-equiv="refresh" content="2;url=insertUser.jsp">
<%
rs.close();
stmt.close();
con.close();
}catch(Exception e){
     out.println(e.getMessage());
}
%>
</body>
</html>
```

与 deleteUser.jsp 页面相似，数据写入数据库，也需要等待，采用与之相同的方式进行处理。

6.4.2 分页显示的问题

对于用户信息管理系统，有一个明显的缺点就是，在显示用户资料页面时，如果用户资料太多，页面将一次列出数据库的所有数据，这样会对维护浏览页面带来很大的不便。一是记录多查找困难，二是浏览速度变慢。因此为用户提供分页显示的功能才是更好的选择。下面介绍如何实现分页显示功能的问题。

根据数据量和具体应用情况的不同，采取的分页策略也是不同的。一种分页策略是利用 ResultSet 的游标功能，每次从数据库中取出一页的数据送到页面中显示，每次翻页都要重新访问数据库，取出当页数据。这种策略的优点是当数据变动比较频繁时，可以及时访问到最新的数据，缺点是数据库访问太频繁。

另一种相反的策略是一次从数据库中取出全部的数据，存储到 session 或其他某个作用域中，然后把当页的数据送到页面显示。以后每次翻页时，不必重新访问数据库，而是从 session 中取数据。这种策略的优点是大大减少了访问数据库的次数，在并发访问较多时可以明显提高性能。缺点是因为数据存储在 session 中，无法及时访问到最新的数据，当数据量过大时，会消耗过多的内存空间。

我们以第一种方案为例来实现分页显示功能。

（1）定义每页的记录行数（pageLine）、当前页（intPage，初始值为 1）、总记录数（totalRec）、总页数（intPageCount）

取得总记录数代码如下：

```
String sql1="select count(*) as cnt from user";
ResultSet rs_totalRec=stmt.executeQuery(sql1);//
if(rs_totalRec.next())
totalRec=rs_totalRec.getInt("cnt");
rs_totalRec.close();
```

取得总页数代码如下：

```
intPageCount=(totalRec+pageLine-1)/pageLine;
```

（2）根据检索的信息数量把记录分页显示出来。在显示页面时，当查询记录条数不足 pageLine，即 intPage 不足一页时，则把当前页数设置为 1，同时【首页】、【上一页】、【下一页】、【尾页】无链接，语句如下：

```
if(intPage<1)    intPage=1;
```

当输入的跳转的页数大于总页数时，则把该页数设置为总页数，语句如下：

```
if(intPage >total)   intPage =total;
```

记录在页面中显示时，用到总页数和每页记录数，同时嵌套几个循环。语句如下：

```
if(intPageCount>0)//如果总页数大于 0，则执行下面语句
{
    for(int m=1;m<=(thisPage-1)*pageLine;m++)//页循环
        rs.next();//分页定位，确定开始显示的数据位置
    for(int i=1;i<=pageLine;i++){
        if(rs.next()){
        ......
        }
    }
}else
```

```
    {out.println("<tr>数据库为空</tr>");
}
```

（3）如果当前页数不小于 2，【首页】和【上一页】出现链接，语句如下：

```
if(intPage <2) {
    <td>【首页】</td>
    <td>【上一页】</td>
}else {
<td><a href="ilist.jsp?page=1">【首页】</a></td>
<td><a href="ilist.jsp?page=<%=thisPage-1%>">【上一页】</a></td>
}
```

（4）如果当前页数小于等于总页数，【下一页】和【尾页】出现链接。语句如下：

```
    if(intPage - intPageCount >=0)
{
    <td>【下一页】</td>
    <td>【尾页】</td>
}else{
    <td><a href="ilist.jsp?page=<%=thisPage+1%>">【下一页】</a></td>
    <td><a href="ilist.jsp?page=<%=intPageCount%>">【尾页】</a></td>
}
```

listUser.jsp 改进后的页面命名为 listUser_01.jsp，详细代码如下所示：

```
<%@ page contentType="text/html;charset=gb2312" language="java" import="java.io.*,java.sql.*"
errorPage="errorpage.jsp"%>
<html>
<head>
    <title>显示用户信息</title>
    <meta http-equiv="Content-Type" content="text/html; charset=gb2312">
</head>
<body text="#FFFFFF" link="#66FF00" >
<br>
<br>
<p>
<div align="center"><font color="#3366FF" size="4">用户资料列表</font></div>
</p>
<br>
<table border="1" cellspacing="1" cellpadding="1" align="center" >
<tr>
  <td align=center><font color="#0033CC">姓名</font></td>
  <td align=center><font color="#0033CC">性别</font></td>
  <td align=center><font color="#0033CC">年龄</font></td>
  <td align=center><font color="#0033CC">学历</font></td>
  <td align=center><font color="#0033CC">联系电话</font></td>
  <td align=center><font color="#0033CC">删除</font></td>
</tr>
<%
Connection con=null;
try{
    Class.forName("sun.jdbc.odbc.JdbcOdbcDriver");
    //userManage 是 odbc 数据源的名称
```

```
        con=DriverManager.getConnection("jdbc:odbc:userManage","","");
        Statement stmt=con.createStatement();
    //定义每页的记录行数（pageLine）、当前页（intPage，初始值为 1）、
    //总记录数（totalRec）、总页数（intPageCount）
    //String page = request.getParameter("page");
    String str_page = request.getParameter("page");
    if(str_page==null)
        str_page = "1";//初始化;
    int intPage = Integer.parseInt(str_page);//字符转为 int;
    if(intPage<1)    intPage=1;
    int thisPage = intPage;//记录为第几页
    int totalRec= 0;
    int intPageCount=0;
    int pageLine= 20;//设定每页 20 行
    //取得总记录数代码如下：
    String sql1="select count(*) as cnt from user";
            ResultSet rs_totalRec=stmt.executeQuery(sql1);//
            if(rs_totalRec.next())
             totalRec=rs_totalRec.getInt("cnt");
            rs_totalRec.close();
    //取得总页数代码如下：
        intPageCount=(totalRec+pageLine-1)/pageLine;
    //user 是数据库中的表名
        ResultSet rs=stmt.executeQuery("select * from user");
    if(intPageCount>0)//如果总页数大于 0，则执行下列语句
    {
        for(int m=1;m<=(thisPage-1)*pageLine;m++)
          //页循环
        rs.next();//分页定位，确定开始显示的数据位置
        for(int i=1;i<=pageLine;i++){
            if(rs.next()){
            String a=rs.getString("id");
%>
<tr><td  align=center><font color="#3366FF"><%=rs.getString("name")%></font></td>
     <td  align=center><font color="#3366FF"><%=rs.getString("sex")%></font></td>
     <td  align=center><font color="#3366FF"><%=rs.getString("age")%></font></td>
     <td  align=center><font color="#3366FF"><%=rs.getString("diploma")%></font></td>
     <td  align=center><font color="#3366FF"><%=rs.getString("tel")%></font></td>
     <td  align=center><a href="deleteUser.jsp?id=<%=a%>"><font color="#3366FF">
删除</font></a></td>
</tr>
<%
     }// if(rs.next())-end
     }// for(int i=1;i<=pageLine;i++)-end
}//if(intPageCount>0)-end
else
     {out.println("<tr>数据库为空</tr>");
}
%>
```

```
<tr>
  <td><font color="#3366FF">第 <%=intPage%>页/共 <%=intPageCount%> 页</font></td>
<%
    if(intPage <2) {
%>
  <td><font color="#3366FF">【首页】</font></td>
  <td><font color="#3366FF">【上一页】</font></td>
<%}else {%>
  <td><a href="ilist.jsp?page=1">【首页】</a></td>
  <td><a href="ilist.jsp?page=<%=thisPage-1%>">【上一页】</a></td>
<%}//if--else--end
if(intPage - intPageCount >=0)//如果当前页数小于等于总页数，下一页和尾页出现链接
    {%>
  <td><font color="#3366FF">【下一页】</font></td>
  <td><font color="#3366FF">【尾页】</font></td>
<%}else{%>
  <td><a href="ilist.jsp?page=<%=thisPage+1%>">【下一页】</a></td>
  <td><a href="ilist.jsp?page=<%=intPageCount%>">【尾页】</a></td>
<%}//if--else--end%>
<%
    rs.close();
    stmt.close();
    con.close();
    }//try-end
    catch(Exception e){
    out.println(e.getMessage());
    }//catch
%>
</table>
<br>
<div align="center"><a href="insertUser.jsp"><font color="#3366FF">
添加用户资料</font></a></div>
</body>
</html>
```

运行界面如图 6.12 所示。

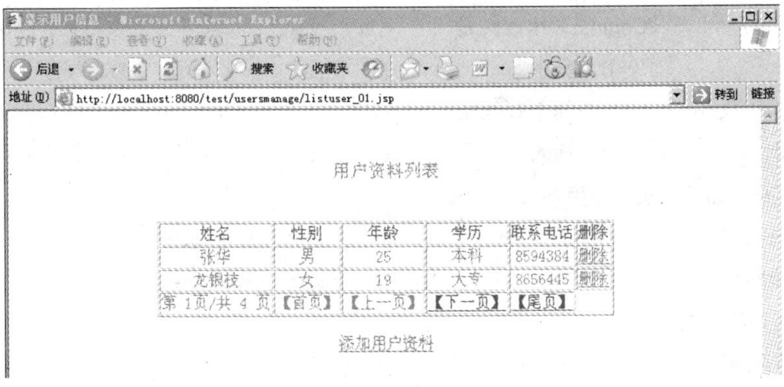

图 6.12　分页显示运行效果

数据库是许多网站或应用系统不可缺少的部分。JSP 可以与多种数据库相连，通过 JSP 网页可以添加、删除、修改和浏览数据库中的数据。

常见的中小型数据库系统有 MySQL，大型数据库系统有 SQL Server 和 Oracle。JSP 连接数据库可以有 4 种驱动方法，最简单的方式是通过 JDBC-ODBC 桥。其他方式是通过 JDBC 驱动程序。

SQL 有 4 种基本的数据操作语句：Insert，Select，Update 和 Delete。这些操作经常用到，应熟练掌握。

分页显示技术是 Web 开发中最常用的技术之一，是动态网站必须具备的功能，对于数据量很大的情况，都采用分页显示，每页显示一部分数据。

一、填空题

1．关系模型把世界看做由_________和_________构成。

2．关系数据库的常用关键字有_________、_________、_________、_________。

3．JDBC 全称为_________，ODBC 全称为_________。

4．SQL Server 的 JDBC 驱动程序的名字是_________。

5．利用 Statement stmt = conn.createStatement()语句来执行操作，如果执行查询操作，返回为_________；如果执行更新操作，则返回_________。

6．ResultSet 的 next 方法的作用是_________。

7．SQL 有 4 种基本的数据操作语句_________，_________，_________和_________。

二、选择题

1．在关系模型中，（　　）不是实体数据的对应关系。

A．一对一的联系　　B．一对多的联系　　C．多对一的联系　　D．多对多的关系

2．由行（Row）和列（Column）组成的是（　　）。

A．表　　B．索引　　C．视图　　D．规则

3．下列数据库操作（　　）不属于写入操作。

A．查询　　B．插入　　C．更新　　D．删除

4．Class 的 forName 方法的作用是（　　）。

A．注册类名　　B．注册数据库驱动程序

C．创建类名　　D．创建数据库驱动程序

5．Select 语句的作用是（　　）。

A．插入数据　　B．创建记录和表

C．删除记录　　D．更新记录

三、简答题

1．简述 JDBC 的任务。
2．简述 JDBC 的 4 种驱动方式。
3．简述 JDBC 与数据库的连接过程。
4．配置数据源大致有哪几步操作？
5．向数据库插入数据时，如果数据类型不符，会出现什么情况？

四、操作题

1．使用 SQL Server 数据库建立一个留言板系统。
2．设计一个登录系统，要求用户在登录页面输入账号和密码，用数据库验证通过后，跳转到另一页面。

第7章　JSP与JavaBean

目前，JSP作为一个流行的动态网站开发语言，得到了越来越广泛的应用。在各类JSP应用程序中，JSP + JavaBean的组合成为了一种事实上最常见的JSP程序标准。

- JavaBean概述
- JavaBean的应用
- JavaBean应用实例

7.1　JavaBean概述

7.1.1　JavaBean简介

JavaBean 是一种Java语言写成的可重用组件，在前面我们介绍过，JavaBean是一种特殊的Java类。JavaBean中的类必须是具体的和公共的，并且是具有无参数的构造器。JavaBean通过提供符合一致性设计模式的公共方法，将内部域封装为属性。众所周知，属性符合这种模式，其他Java类可以通过自省机制发现和操作这些JavaBean 属性。

用户可以使用JavaBean将功能、处理、值、数据库访问和其他任何可以用Java代码构造的对象进行打包，并且其他开发者可以通过内部的JSP页面、Servlet、其他JavaBean、Applet程序或者应用来使用这些对象。用户可以认为JavaBean提供了一种随时随地复制和粘贴的功能，而不用关心任何改变。

JavaBean组件能够通过定义好的标准属性改进性能。总体而言，JavaBean充分发展了Java Applet的功能，并结合了Java AWT组件的紧凑性和可重用性。

JavaBean 是一个面向对象的编程接口，它是可以建立重用应用程序或在网络中任何主流操作系统平台上配置的程序块或组件。从用户的观点来看，一个组件可以是一个交互的按钮或是一个按下按钮便开始的小计算程序。要想用JavaBean建一个组件，必须用Java编程语言来写程序，并且在程序中包括描述组件特性的JavaBean语句。这些组件特性有用户接口的特性，以及触发一个Bean和在同一个容器中或网络其他地方的其他的Bean交流的事件。它在内部有接口或有与其相关的属性，以便不同人在不同时间开发的Bean可以访问和集成。

JavaBean通过Java虚拟机可以得到正确的执行，运行JavaBean最小的需求是JDK1.1或者更新的版本。JavaBean传统的应用在于可视化的领域，如AWT、GUI下的应用。

自从JSP诞生后，JavaBean更多的应用在非可视化领域，在服务器端应用方面表现出越来越强的生命力。这里主要讨论的是非可视化的 JavaBean，可视化的 JavaBean 在市面上有很多 Java 书籍都有详细的阐述，本书就不作为重点了。

非可视化的 JavaBean，顾名思义就是没有 GUI 界面的 JavaBean。在 JSP 程序中常用来封装事务逻辑、数据库操作等，可以很好地实现业务逻辑和前台程序（如 JSP 文件）的分离，使得系统具有更好的健壮性和灵活性。

Java 应用程序在运行时，最终用户也可以通过 JavaBean 组件设计者或应用程序开发者所建立的属性存取方法 setXXX 和 getXXX 修改 JavaBean 组件的属性，这是 JavaBean 所特有的属性。

JavaBean 和 Server Bean（通常称为 Enterprise JavaBean ）有一些相同之处。它们都是用一组特性创建，以执行其特定任务的对象或组件。具有从当前所驻留服务器上的容器获得其他特性的能力。这使得 Bean 的行为根据特定任务和所在环境的不同而有所不同。

JavaBean 与 EJB 的主要区别：

（1）JavaBean 与 EJB 规范在以下方面有共同的目标：通过标准的设计模式推广 Java 程序代码，提升开发过程和开发工具之间的重复运用性、可携性。但是这两种规范的原始问题却是为了解决不同的问题。

定义于 JavaBean 组件模型中的标准规范，被设计来产生可重复运用的组件，而这些组件通常被用于 IDE 开发工具。

（2）EJB 规范所定义的组件模型是用来开发服务端的 Java 程序，因为 EJB 可能执行在不同的服务器平台上，包括无图形的大型主机上，所以 EJB 无法使用类似 AWT 或 Swing 这样的图形化程序库。

JavaBean 体系结构是第一个全面的基于组件的标准模型。在集成的 IDE 中使 JavaBean 在设计时可以操作，组件模型如图 7.1 所示。

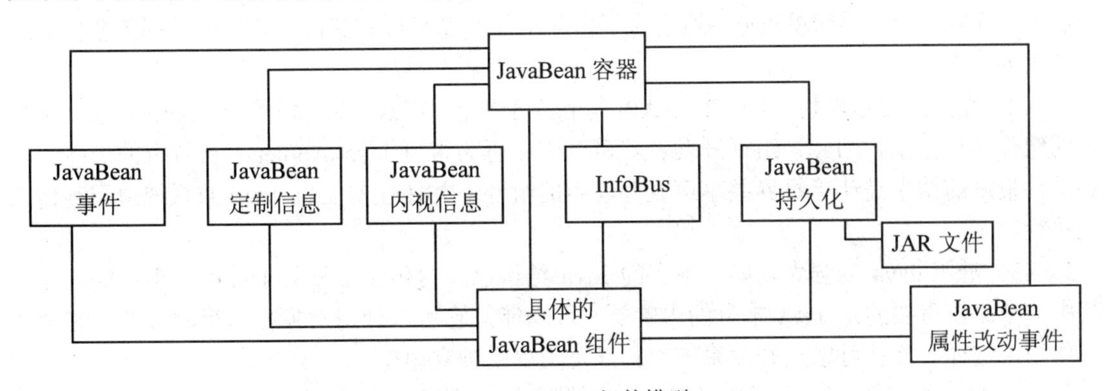

图 7.1 JavaBean 组件模型

JavaBean 的组件模型为开发人员提供了一种标准的方式，定义 Java 类以便其组件在 JavaBean 容器环境操作，JavaBean 组件根据各种属性定义模型对外提供其属性、事件及内视信息，它允许设计工具的定制，达到在设计时 Bean 自身定制的目的。

7.1.2 JavaBean 的任务

JavaBean 的任务就是：“Write once，run anywhere，reuse everywhere”，即“一次性编写，任何地方执行，任何地方重用”。这个“任何”实际上就是要解决困扰软件工业的日益增加的复杂性，提供一个简单的、紧凑的和优秀的问题解决方案。

一个开发良好的软件组件应该是一次性地编写，而不需要再重新编写代码以增强或完善功能。因此，JavaBean 应该提供一个实际的方法来增强现有代码的利用率，而不再需要在原有代码上重新进行编程，可以说 JavaBean 提供的方法就是 Java 类中的一个公共方法。

除了在节约开发资源方面的意义外，一次性地编写 JavaBean 组件也可以在版本控制方面起到非常好的作用。开发者可以不断地对组件进行改进，而不必从头开始编写代码。这样就可以在原有基础上不断提高组件功能，而不会犯相同的错误。

其次，因为 JavaBean 与平台无关，JavaBean 的可移植性非常好，对于将来的解决方案，供应商可以轻易向不同用户推出其客户机方的 JavaBean，而不必创建或维护不同的版本。这些 JavaBean 可以与执行商业功能（例如订购、信用卡处理、电子汇款、存货分配、运输等）的 EJB 配合使用。这里有巨大潜力，而这正是组件代理（WebSphere Application Server 企业版）设计提供的潜力。

举一个简单的例子：一个购物车程序，要实现在购物车中添加一件商品这样的功能，就可以写一个购物车操作的 JavaBean，建立一个 public 的 AddItem 成员方法，在前台 JSP 文件里直接调用这个方法来实现。如果后来又考虑添加商品的时候，需要判断库存是否有货物，没有货物不得购买，在这个时候就可以直接修改 JavaBean 的 AddItem 方法，加入处理语句来实现，这样就完全不用修改前台 JSP 页面了。

由此可见，通过 JavaBean 可以很好地实现逻辑的封装、程序的维护等。

以下是实现 JavaBean 的一些具体的主要设计目标。

（1）紧凑而方便地创建和使用。JavaBean 紧凑性的需求是基于 JavaBean 的组件常常用于分布式计算环境中，这使得 JavaBean 组件常常需要在有限的带宽连接环境下进行传输。显然，为了适应传送的效率和速度，JavaBean 组件必须是越紧凑越好。另外，为了更好地创建和使用组件，就应该使其越简单越好。通常为了提高组件的简易性和紧凑性，设计过程需要投入相对较大的功夫。

（2）完全的可移植性。JavaBean API 与独立于平台的 Java 系统相结合，提供了独立于平台的组件解决方案。因此，组件开发者就可以不必再为带有 Java Applet 平台特有的类库而担心了。最终的结果是计算机界共享可重复使用的组件，并在任何支持 Java 的系统中无须修改地执行。

（3）继承 Java 的强大功能。现有的 Java 结构已经提供了多种易于应用于组件的功能。其中一个比较重要的是 Java 本身的内置类发现功能，它可以使得对象在运行时彼此动态地交互作用，这样对象就可以从开发系统或其开发历史中独立出来。

对于 JavaBean 而言，由于它是基于 Java 语言的，所以就自然地继承了这个对于组件技术而言非常重要的功能，而不再需要任何额外的开销来支持它。

JavaBean 继承现有 Java 功能中的持久性，它保存对象并获得对象的内部状态。通过 Java 提供的序列化机制，持久性可以由 JavaBean 自动进行处理。当然在需要的时候，开发者也可以自己建立定制的持久性方案。

（4）应用程序构造器支持。JavaBean 的另一个设计目标是设计环境和开发者如何使用 JavaBean 创建应用程序的问题。JavaBean 体系结构支持指定设计环境属性和编辑机制以便于 JavaBean 组件的可视化编辑。这样开发者可以使用可视化应用程序构造器无缝地组装和修改 JavaBean 组件。就像 Windows 平台上的可视化开发工具 VBX 或 OCX 控件处理组件一样，通过这种方法，组件开发者可以指定在开发环境中使用和操作组件的方法。

（5）分布式计算支持。支持分布式计算虽然不是 JavaBean 体系结构中的核心元素，但也是 JavaBean 中的一个主要问题。

7.2　JavaBean 的应用

7.2.1　如何创建 JavaBean

一个 JavaBean 和一个 JavaApplet 相似，是一个非常简单的遵循某种严格协议的 Java 类。JavaBean 可以看成是一个黑盒子，即只需要知道其功能而不必理会其内部结构的软件设备。黑盒子只介绍和定义其外部特征和与其他部分的接口，如按钮、窗口、颜色、形状、句柄等。

通过将系统看成使用黑盒子关联起来的通信网络，开发者可以忽略黑盒子内部的系统细节，从而有效地控制系统的整体性能。作为一个黑盒子的模型，JavaBean 有三个接口，可以独立进行开发：①JavaBean 可以调用的方法；②JavaBean 提供的可读写的属性；③JavaBean 向外部发送的或从外部接收的事件。

JavaBean 是类文件的一种，JavaBean 保存很多公用的属性和方法，可以方便地被其他程序应用，其创建语法如下：

```
public class className{
}
```

其中 public 标识的作用是使 JavaBean 可以被其他类访问。className 的作用是定义 JavaBean 的名字。

一个最简单的例子如下：

```
package a
public class OneBean{}
```

注意，保存文件名应该是 OneBean.java，注意大小写。然后编译成.class 文件就可以让 JSP 文件调用。

7.2.2　如何调用 JavaBean

为了在 JSP 页面中使用 JavaBean，必须使用 JSP 动作标记符 useBean。

useBean 的格式如下：

```
<jsp:usebean id="name" scope="page | request | session | application"   class=beanName/>
</jsp:usebean>
```

或

```
<jsp:usebean id="name" scope="page | request | session | application"   class=beanName/>
```

当服务器上某个含有 useBean 动作标记符的 JSP 页面被加载执行时，JSP 引擎将首先根据 id 的名字，在一个同步块中，查找 JSP 引擎内置对象中是否含有名字 id 和作用域 scope 的对象，如果这个对象存在，JSP 引擎就分配一个这样的对象给用户。如果没有查找到指定作用域和名字为 id 的对象，就根据 class 指定的类创建一个名字为 id 的对象，同时 JSP 引擎分配给用户一个作用域为 scope 和名字为 id 的 Bean。

设置属性格式如下：

```
<jsp:setProperty name="propertyName" property="*"/>
```

获取属性格式如下：

```
<jsp:getProperty name="propertyName" value="val"/>
```

有了 Bean 以后，就可以使用 jsp:setProperty 语句来设置 Bean 的属性了，设置时，可以明确给定值来设置，也可以通过 request 对象的参数隐含给定。当我们说“某个 Bean 具有类型 X 的属性 abc”时，实际表示的是在 Bean 中有这样两个方法：①getAbc()，其返回值的类型为 X；②setAbc(X para)，它以类型为 X 的对象作为参数。

7.2.3 JavaBean 的存放目录

JavaBean 被组织成为 package（包）进行管理，实际上就是把一组属于同一个包的 JavaBean 一起放在某个目录中，目录名即为包名。每个 Bean 文件都可以加上包定义语句。存放 JavaBean（class 文件）的目录必须包含在系统环境 CLASSPATH 中，系统才能找到其中的 JavaBean。

如果想让任何 Web 服务目录中的 JSP 页面都可以使用某个 JavaBean，那么这个 Bean 的字节码文件需存放在 Tomcat 安装目录的 classes 目录中。如果只让当前 JSP 页面调用，则在该目录下新建文件夹，命名为 WEB-INF，注意，不能使用其他名称。同时在创建好的文件夹下再建立一个文件夹，命名为 classes。把 Bean 的字节码文件存放在该文件夹下，这样在 JSP 页面就可以用 useBean 调用了。

【例 7.1】以下是一个简单的程序实例，可以设置和获取 Bean 的属性。

JavaBean 程序：SimpleBean.java 代码如下：

```
package com;
public class SimpleBean {
private String message = "No message specified";
public String getMessage() {
return message;
}
public void setMessage(String message) {
this.message = message;
}
}
```

JSP 程序：beanTest.jsp 代码如下：

```
<html>
<head>
<title>reusing javabeans in jsp</title>
</head>
<body>
<center>
<table border=1 >
  <tr><th>
      reusing javabeans in jsp
  </th></tr>
</table>
</center>
<p>
<jsp:usebean id="test" scope="page" class="com.simplebean"/>
<jsp:setproperty name="test"
```

```
                    property="message"
                    value="hello www" />
<h1 align="center">message:
<jsp:getproperty name="test" property="message" />
</h1>
</body>
</html>
```

运行效果界面如图 7.2 所示。

图 7.2 获取 Bean 页面

7.3 JavaBean 应用实例

7.3.1 使用 JavaBean 连接数据库

在第 6 章已经学过了数据库的使用——用户管理系统的实现中，可以直接在 JSP 页面进行数据库的连接，如果不希望使用 SQL Server 数据库，而想使用其他数据库，几乎需要更改所有的页面代码。

有了本章关于 JavaBean 应用的学习，只要把用户管理系统稍做修改，就可以使维护升级变得简单而轻松。下面以 listUser.jsp 页面为例，使用 JavaBean 替换代码中的数据库连接部分。

首先需要专门建立一个 JavaBean，作为数据库连接的工具类。

DataBaseConnection.java 代码如下所示：

```
package com;
import java.sql.*;
import java.io.*;
import java.util.*;
//连接数据库的工具类
public class DataBaseConnection
{
    /**
     *一个静态方法，返回一个数据库的连接，
     *这样达到了对数据库连接统一控制的目的
     */
    public static Connection getConnection()
    {
        Connection con=null;
```

```
            String CLASSFORNAME="sun.jdbc.odbc.JdbcOdbcDriver";
            String SERVANDDB="jdbc:odbc:userManage";
            String USER="";
            String PWD="";
            try
            {

            Class.forName(CLASSFORNAME);
            con = DriverManager.getConnection(SERVANDDB,USER,PWD);
            }
            catch(Exception e){
                e.printStackTrace();
            }
            return con;
        }
    }
```

然后在 listUser_02.jsp 页面使用 useBean 动作标记符来调用该类中的 getConnection()方法。这样即可获取数据库的连接，页面效果与 listUser.jsp 完全一致。

listUser_02.jsp 代码如下：

```
<%@ page contentType="text/html;charset=gb2312" import="com.*,java.io.*,java.sql.*" %>
<html>
<head>
<title>显示用户信息</title>
</head>
<body text="#FFFFFF" link="#66FF00">
<br>
<br>
<p>
<div align="center"><font color="#3366FF" size="4">用户资料列表</font></div>
</p>
<br>
<table border="1" cellspacing="1" cellpadding="1" align="center">
<tr>
        <td align=center><font color="#0033CC">姓名</font></td>
        <td align=center><font color="#0033CC">性别</font></td>
        <td align=center><font color="#0033CC">年龄</font></td>
        <td align=center><font color="#0033CC">学历</font></td>
        <td align=center><font color="#0033CC">联系电话</font></td>
        <td align=center><font color="#0033CC">删除</font></td>
</tr>
<jsp:useBean id="users" class="com.DataBaseConnection" scope="request"/>
<%
Connection con=users.getConnection();
Statement stmt=con.createStatement();
//user 是数据库中的表名
ResultSet rs=stmt.executeQuery("select * from user");
while(rs.next()){String a=rs.getString("id");
```

```
%>
<tr><td  align=center><font color="#3366FF"><%=rs.getString("name")%></font></td>
    <td  align=center><font color="#3366FF"><%=rs.getString("sex")%></font></td>
  <td  align=center><font color="#3366FF"><%=rs.getString("age")%></font></td>
    <td  align=center><font color="#3366FF"><%=rs.getString("diploma")%></font></td>
  <td  align=center><font color="#3366FF"><%=rs.getString("tel")%></font></td>
    <td  align=center><a href="deleteUser.jsp?id=<%=a%>"><font color="#3366FF">
删除</font></a></td>
</tr>
<%
}
rs.close();
stmt.close();
con.close();
%>
</table>
<br>
<div align="center"><a href="insertUser.jsp"><font color="#3366FF">
添加用户资料</font></a></div>
</body>
</html>
```

请读者们自己完成 deleteUser.jsp 和 queryUser.jsp 页面的修改。修改后整个系统与数据库的连接都只需调用上面的 DataBaseConnection 类，不需要重写任何类。

完成这些后，如果需要升级或是更改数据库种类，只需把数据库连接工具类 DataBaseConnection 里的驱动方式稍作修改，就完成了整个系统的更改，这样工作就变得异常轻松了。

7.3.2　进程条的实现

多线程的概念在第 3 章中已经简单介绍过了，对于一般的应用程序，一般不会同时运行一个类的两个进程，但是有时是需要的。许多 Web 应用、企业应用涉及长时间的操作，例如复杂的数据库查询或繁重的 XML 处理等，虽然这些任务主要由数据库系统或中间件完成，但任务执行的结果仍旧要借助 JSP 才能发送给用户。

当 JSP 调用一个必须长时间运行的操作，且该操作的结果不能（在服务器端）缓冲时，用户每次请求该页面时都必须长时间等待。很多时候，用户会失去耐心，尝试单击浏览器的刷新按钮，最终失望地离开。进度条显示功能提供了一种通过改进前端表现层来改善用户感觉、减轻服务器负载的办法。

如何控制多线程之间的同步呢？有两种实现方法：一种是方法同步，另一种是语法块同步。注意语法块同步的参数一般都是 synchronized(this){}，this 是指向当前对象的句柄。

以下是一个简单的进度条系统。

1．模拟任务

首先设计一个 TaskBean 类，它实现了 java.lang.Runnable 接口，其 run()方法在 JSP 页面（start.jsp）启动的独立线程中运行。终止 run()方法的执行由另一个 JSP 页面 stop.jsp 负责。TaskBean 类还实现了 java.io.Serializable 接口，这样 JSP 页面就可以将它作为 JavaBean 调用。

TaskBean 包含的“繁重任务”是计算 1+2+…+100 的值，通过累加的方式计算，由 run()方法调用 work()方法 100 次完成。work()方法调用 Thread.sleep()是为了确保任务总耗时约 10 秒。

status.jsp 页面通过调用下面的 getPercent()方法获得任务的完成状况：

```
public synchronized int getPercent() {
return counter;
}
```

如果任务已经启动，isStarted()方法将返回 true：

```
public synchronized boolean isStarted() {
return started;
}
```

如果任务已经完成，isCompleted()方法将返回 true：

```
public synchronized boolean isCompleted() {
return counter == 100;
}
```

如果任务正在运行，isRunning()方法将返回 true：

```
public synchronized boolean isRunning() {
return running;
}
```

setRunning()方法由 start.jsp 或 stop.jsp 调用，当 running 参数是 true 时，setRunning()方法还要将任务标记为“已经启动”。调用 setRunning(false)表示要求 run()方法停止执行。

```
public synchronized void setRunning(boolean running) {
this.running = running;
if (running)
started = true;
}
```

任务执行完毕后，调用 getResult()方法返回计算结果；如果任务尚未执行完毕，它返回 null。

```
public synchronized Object getResult() {
if (isCompleted())
return new Integer(sum);
else
return null;
}
```

当 running 标记为 true、completed 标记为 false 时，run()方法调用 work()。在实际应用中，run()方法也许要执行复杂的 SQL 查询、解析大型 XML 文档，或者调用消耗大量 CPU 时间的 EJB 方法。注意“繁重的任务”可能要在远程服务器上执行。报告结果的 JSP 页面有两种选择：等待任务结束或使用一个进度条。

```
public void run() {
try {
setRunning(true);
while (isRunning() && !isCompleted())
work();
} finally {
setRunning(false);
}
}
```

TaskBean.java 代码如下：

```
package test.barBean;
import java.io.Serializable;
public class TaskBean implements Runnable, Serializable {
private int counter;
private int sum;
private boolean started;
private boolean running;
private int sleep;
public TaskBean() {
counter = 0;
sum = 0;
started = false;
running = false;
sleep = 100;
}
protected void work(){
	try {
		Thread.sleep(sleep);
		counter++;
		sum += counter;
	} catch (InterruptedException e) {
		setRunning(false);
	}
}
public synchronized int getPercent() {
return counter;
}
public synchronized boolean isStarted() {
return started;
}
public synchronized boolean isCompleted() {
return counter == 100;
}
public synchronized boolean isRunning() {
return running;
}
public synchronized void setRunning(boolean running) {
this.running = running;
if (running)
started = true;
}
public synchronized Object getResult() {
if (isCompleted())
return new Integer(sum);
else
return null;
```

```
}
public void run() {
try {
setRunning(true);
while (isRunning() && !isCompleted())
work();
} finally {
setRunning(false);
}
}
}
```

2. 启动任务

start.jsp 启动一个专用的线程来运行"繁重的任务"，然后把 HTTP 请求传递给 status.jsp。start.jsp 页面利用<jsp:useBean>标记创建一个 TaskBean 的实例，将 scope 属性定义为 session，使得对于来自同一浏览器的 HTTP 请求，其他页面也能提取到同一个 Bean 对象。start.jsp 通过调用 session.removeAttribute("task")确保<jsp:useBean>创建了一个新的 Bean 对象，而不是提取一个旧对象（例如，同一个用户会话中更早的 JSP 页面所创建的 Bean 对象）。

下面是 start.jsp 页面的代码：

```
<%@ page contentType="text/html; charset=gb2312"   import="java.sql.*" errorPage="" %>
<% session.removeAttribute("task");%>
<jsp:useBean id="task" scope="session" class="test.barBean.TaskBean"/>
<% task.setRunning(true);%>
<% new Thread(task).start();%>
<jsp:forward   page="status.jsp" /><jsp:forward page="status.jsp"/>
```

start.jsp 创建并设置好 TaskBean 对象之后，接着创建一个 Thread，并将 Bean 对象作为一个 Runnable 实例传入。调用 start()方法时新创建的线程将执行 TaskBean 对象的 run()方法。

于是有两个线程在并发执行：一个是执行 JSP 页面的线程（称之为"JSP 线程"），另一个是由 JSP 页面创建的线程（称之为"任务线程"）。接下来，start.jsp 调用 status.jsp，status.jsp 显示出进度条和任务的执行情况。注意，status.jsp 和 start.jsp 在同一个 JSP 线程中运行。

start.jsp 在创建线程之前就把 TaskBean 的 running 标记设置成了 true，这样，即使当 JSP 线程已开始执行 status.jsp 而任务线程的 run()方法尚未启动，也能够确保用户会得到"任务已开始运行"的状态报告。

将 running 标记设置成 true、启动任务线程，这两行代码可以移入 TaskBean 构成一个新的方法，然后由 JSP 页面调用这个新方法。一般而言，JSP 页面应当尽量少用 Java 代码，即应当尽可能地把 Java 代码放入 Java 类。不过本例不遵从这一规则，把 new Thread(task).start()直接放入 start.jsp 突出表明 JSP 线程创建并启动了任务线程。

在 JSP 页面中操作多线程必须谨慎，注意，JSP 线程和其他线程实际上是并发执行的，就像在桌面应用程序中，用一个线程来处理 GUI 事件，另外再用一个或多个线程来处理后台任务一样。不过在 JSP 环境中，考虑到多个用户同时请求某一个页面的情况，同一个 JSP 页面可能会在多个线程中同时运行；另外，有时同一个用户可能会向同一个页面发出多个请求，虽然这些请求来自同一个用户，它们也会导致服务器同时运行一个 JSP 页面的多个线程。

3. 任务进度

status.jsp 页面利用一个 HTML 进度条向用户显示任务的执行情况。首先，status.jsp 利用

<jsp:useBean>标记获得 start.jsp 页面创建的 Bean 对象：

```
<jsp:useBean id="task" scope="session"
class="test.barBean.TaskBean"/>
```

为了及时反映任务执行进度，status.jsp 会自动刷新。JavaScript 代码 setTimeout("location='status.jsp'", 1000)将每隔 1000 毫秒刷新页面，重新请求 status.jsp，不需要用户干预。

```
if (task.isRunning()) {
<script language="JavaScript">
setTimeout("location='status.jsp'", 1000);
</script>
}
```

进度条实际上是一个 HTML 表格，包含 10 个单元，即每个单元代表任务总体的 10%进度。任务执行情况分下面几种状态：正在执行、已完成、尚未开始、已停止。页面底部提供了一个按钮，用户可以用它来停止或重新启动任务。只要不停止任务，约 10 秒后浏览器将显示出计算结果 5050。

status.jsp 代码如下：

```
<%@ page contentType="text/html; charset=gb2312"   import="java.sql.*" errorPage="" %>
<jsp:useBean id="task" scope="session"
class="test.barBean.TaskBean"/>
<!--为了及时反映任务执行进度，status.jsp 会自动刷新。JavaScript 代码 setTimeout("location=
'status.jsp'", 1000)将每隔 1000 毫秒刷新页面，重新请求 status.jsp，不需要用户干预。
-->
<html>
<head>
<title>jsp 进度条</title>
<% //
if (task.isrunning()) { %>
<script language="javascript">
settimeout("location='status.jsp'", 500)
</script>
 <% } %>
</head>
<body >
<!--进度条实际上是一个 HTML 表格，包含 10 个单元，即每个单元代表任务总体的 10%进度。-->
<h1 align="center">JSP 进度条</h1>
<h2 align="center">结果: <%= task.getResult()%><br>
<% int percent = task.getPercent(); %>
<%= percent %>%
</h2>
<table width="60%" align="center"
border=0 cellpadding=0 cellspacing=2>
<tr>
<% for (int i = 2; i <= percent; i += 2) { %>
<td width="2%" bgcolor="#000080"> </td>
<% } %>
<% for (int i = 100; i > percent; i -= 2) { %>
<td width="2%"> </td>
```

```
<% } %>
</tr>
</table>
<!--任务执行情况分下面几种状态：正在执行，已完成，尚未开始，已停止： -->
<table width="100%" border=0 cellpadding=0 cellspacing=0>
<tr>
<td align="center">
<% if (task.isRunning()) { %>
正在执行
<% } else { %>
<% if (task.isCompleted()) { %>
完成
<% } else if (!task.isStarted()) { %>
尚未开始
<% } else { %>
已停止
<% } %>
<% } %>
</td>
</tr>
<!--页面底部提供了一个按钮，用户可以用它来停止或重新启动任务： -->
<tr>
<td align="center">
<br>
<% if (task.isrunning()) { %>
<form method="get" action="stop.jsp">
<input type="submit" value="停止">
</form>
<% } else { %>
<form method="get" action="start.jsp">
<input type="submit" value="开始">
</form>
<% } %>
</td>
</tr> </table> </body></html>
```

4. 停止任务

stop.jsp 页面把 running 标记设置成 false，从而停止当前的计算任务：

```
<jsp:useBean id="task" scope="session"
class="test.barBean.TaskBean"/>
<% task.setRunning(false); %>
<jsp:forward page="status.jsp"/>
```

注意：最早的 Java 版本提供了 Thread.stop 方法，但 JDK 从 1.2 版开始已经不建议使用 Thread.stop 方法，所以不能直接调用 Thread.stop()。

第一次运行本文程序的时候，你会看到任务的启动有点延迟；同样地，第一次单击“停止”按钮时也可以看到任务并没有立即停止运行（特别是如果机器配置较低的话，延迟的感觉更加明显），这些延迟都是由于编译 JSP 页面导致的。编译好 JSP 页面之后，应答速度就快多了。

运行效果如图 7.3 所示。

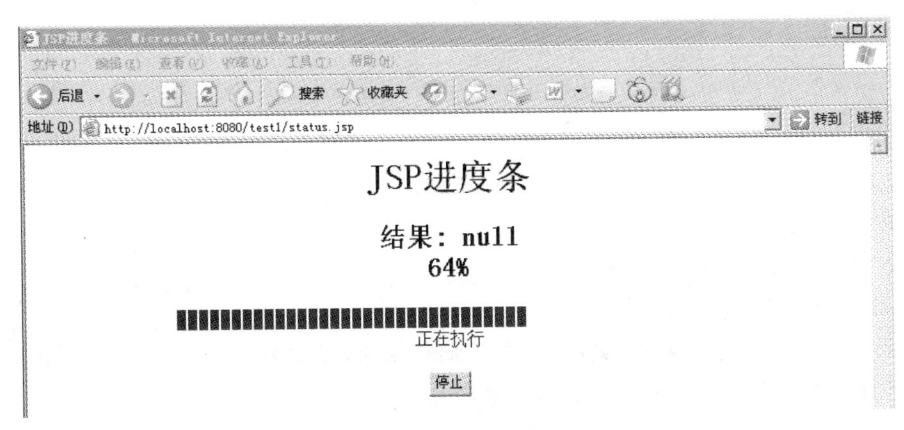

图 7.3　进度条显示效果

5. 实际应用

进度条不仅使用户界面更加友好，而且对服务器的性能也有好处，因为进度条会不断地告诉用户当前的执行进度，用户不会再频繁地停止并重新启动（刷新）当前的任务。另一方面，创建单独的线程来执行后台任务也会消耗不少资源，必要时可考虑通过一个线程池来实现 Thread 对象的重用。另外，频繁地刷新进度页面也增加了网络通信开销，所以务必保持进度页面简洁短小。

在实际应用中，后台执行的繁重任务可能不允许停止，或者它不能提供详细的执行进度数据。例如，查找或更新关系数据库时，SQL 命令执行期间不允许中途停止，不过如果用户表示想要停止或中止任务，程序可以在 SQL 命令执行完毕后回退事务。

估计一个任务需要多少执行时间通常是很困难的，因为它涉及许多因素，即使用实际测试的办法也无法得到可靠的结论，因为服务器的负载随时都在变化之中。一种简单的办法是测量任务每次执行所需的时间，然后根据最后几次执行的平均时间估算。如果要提高估计时间的精确度，应当考虑实现一种针对应用特点的算法，综合考虑多种因素，例如要执行的 SQL 语句类型等。

JavaBean 是描述 Java 的软件组件模型，有点类似于 Microsoft 的 COM 组件概念。在 Java 模型中，通过 JavaBean 可以无限扩充 Java 程序的功能，通过 JavaBean 的组件可以快速地生成新的应用程序。对于程序员来说，最好的一点就是 JavaBean 可以实现代码的重复利用，另外对于程序的易维护性等也有很重大的意义。如果使用 JSP 开发程序，一个很好的习惯就是多使用 JavaBean。

进度条实例表明用 JSP、Java、HTML 和 JavaScript 构造进度条是相当容易的，真正困难的是如何将它加到实际应用之中，特别是获得后台任务的进度信息，但这个问题没有通用的答案，每一种后台执行的任务都有其自身的特点，必须具体情况具体分析。

习题七

一、填空题

1．JavaBean 是一种__________语言写成的可重用组件。

2．EJB 的全称是__________。

3．setXXX 方法和 getXXX 方法的作用是__________。

4．JavaBean 有三个接口，分别是__________、__________、__________。

5．如果只让当前 JSP 页面调用，则在该目录下新建文件夹，命名为__________，注意不能使用其他名称。同时在创建好的文件夹下再建立一个文件夹，命名为__________。

二、选择题

1．JavaBean 就是（　　）。

A．Java 类文件　　B．JSP 文件　　C．Servlet 文件　　D．HTML 文件

2．为了在 JSP 页面中使用 JavaBean，必须使用的 JSP 动作标记符是（　　）。

A．property　　B．useBean　　C．plugin　　D．forword

3．为了使 JavaBean 可以被其他类访问，类的属性一般定义为（　　）。

A．public　　B．private　　C．protected　　D．static

三、简答题

1．什么是 JavaBean？什么叫非可视化的 JavaBean？

2．简述 JavaBean 与 EJB 的主要区别。

3．JavaBean 要完成的任务是什么，它有哪些作用？

四、操作题

1．设计一个账户登录系统，要求在前页（login.jsp）输入账户信息，然后在验证页（login_confirm.jsp）通过调用 JavaBean 来获取前页表单提交的参数，并查询数据库进行验证。

2．请把第 6 章分页显示实例中的 listUser_01.jsp 页面改成使用 JavaBean 与数据库连接。

第 8 章　JSP 与文件操作

无论是用 JSP 技术，还是 ASP、PHP 技术实现的网站，都可能有文件上传下载、计数器以及投票等功能，这些功能的实现离不开对文件的操作。由此可见，文件操作对网站建设来说，有着很重要的作用。本章我们如何用 JSP 技术实现文件操作。

- File 对象
- 输入输出流
- 文件上传下载
- 网页计数器实现

8.1　File 对象

无论学习哪种语言都难免要接触到文件系统，Java 当然也不例外。Java.io 包通过数据流、序列和文件系统为系统提供输入输出。现在首先介绍一下 File 对象。

File 的使用非常简单，它有 4 个构造函数：

（1）File(File parent,String child)。根据 parent 抽象路径名和 child 路径名字符串创建一个新 File 实例。参数 parent 表示父抽象路径名，child 表示子路径名字符串。

如果 child 为 null，抛出 NullPointerException 异常。

（2）File(String parent, String child)。根据 parent 路径名字符串和 child 路径名字符串创建一个新 File 实例。参数 parent 表示父路径名字符串，child 表示子路径名字符串。

如果 child 为 null，抛出 NullPointerException 异常。

（3）File(String pathname)。通过将给定路径名字符串转换成抽象路径名来创建一个新 File 实例。参数 pathname 表示路径名字符串。

如果 pathname 参数为 null，抛出 NullPointerException 异常。

（4）File(URI uri)。通过将给定的 file:URI 转换成一个抽象路径名来创建一个新的 File 实例。参数 uri 表示一个绝对的分层 URI，由一个等于"file"的 scheme、非空的 path 组件，以及未定义的 authority、query 和 fragment 组件组成。

如果 uri 为 null，抛出 NullPointerException，如果与参数有关的前提不成立，则抛出 IllegalArgumentException 异常。

如上所述，前面两个函数可以让我们在某个已知特定的目录下新建文件或者目录，后面两个函数可以让我们通过 pathname 或者 URI 新建文件或者目录。有一点需要注意，File 虽然是一个系统无关的代表，但是pathname的表示和系统相关，比如UNIX下“/”表示root目录，而Windows下通常用盘符来表示。比如绝对路径C:\helloworld\mingjava，如果是相对路径的话，则不以“/”开头，一般相对路径是相对当前目录的。

常用方法摘要：

（1）boolean canRead()：测试应用程序是否可以读取此抽象路径名表示的文件。

（2）boolean canWrite()：测试应用程序是否可以修改此抽象路径名表示的文件。

（3）boolean createNewFile()：当且仅当不存在具有此抽象路径名指定的名称的文件时，创建由此抽象路径名指定的一个新的空文件。

（4）boolean delete()：删除此抽象路径名表示的文件或目录。

（5）boolean equals(Object obj)：测试此抽象路径名与给定对象是否相等。

（6）boolean exists()：测试此抽象路径名表示的文件或目录是否存在。

（7）File getAbsoluteFile()：返回抽象路径名的绝对路径名形式。

（8）String getAbsolutePath()：返回抽象路径名的绝对路径名字符串。

（9）String getName()：返回由此抽象路径名表示的文件或目录的名称。

（10）String getParent()：返回此抽象路径名的父路径名的路径名字符串，如果此路径名没有指定父目录，则返回null。

（11）String getPath()：将此抽象路径名转换为一个路径名字符串。

（12）boolean isAbsolute()：测试此抽象路径名是否为绝对路径名。

（13）boolean isDirectory()：测试此抽象路径名表示的文件是否是一个目录。

（14）boolean isFile()：测试此抽象路径名表示的文件是否是一个标准文件。

（15）boolean isHidden()：测试此抽象路径名指定的文件是否是一个隐藏文件。

（16）long lastModified()：返回此抽象路径名表示的文件最后一次被修改的时间。

（17）long length()：返回由此抽象路径名表示的文件的长度。

（18）boolean mkdir()：创建此抽象路径名指定的目录。

（19）String toString()：返回此抽象路径名的路径名字符串。

8.1.1 获取文件的属性

【例8.1】file_01.jsp

```
<%@ page import="java.io.File"%>
<%@ page contentType="text/html;charset=GB2312" language="java" %>
<html>
 <head>
<title>获取文件的属性</title>
</head>
<body>
 <%
      String dir=request.getRealPath("/fileText.txt");
      File file=new File(dir);
      out.println("文件属性测试<br>");
       out.println("------------------------------<br>");
       out.println("文件名字："+file.getName()+"<br>");
       out.println("是否可读："+file.canRead()+"<br>");
```

```
        out.println("是否可写："+file.canWrite()+"<br>");
        out.println("是否存在："+file.exists()+"<br>");
        out.println("绝对路径："+file.getAbsolutePath()+"<br>");
        out.println("上一级目录："+file.getParent()+"<br>");
        out.println("是否为绝对路径："+file.isAbsolute()+"<br>");
        out.println("是否是目录："+file.isDirectory()+"<br>");
        out.println("是否是文件："+file.isFile()+"<br>");
        out.println("是否隐藏文件："+file.isHidden()+"<br>");
        out.println("最后修改时间："+file.lastModified()+"<br>");
        out.println("文件长度："+file.length()+"<br>");
        out.println("-------------------------------");
%>
</body>
</html>
```

页面显示效果如图 8.1 所示。

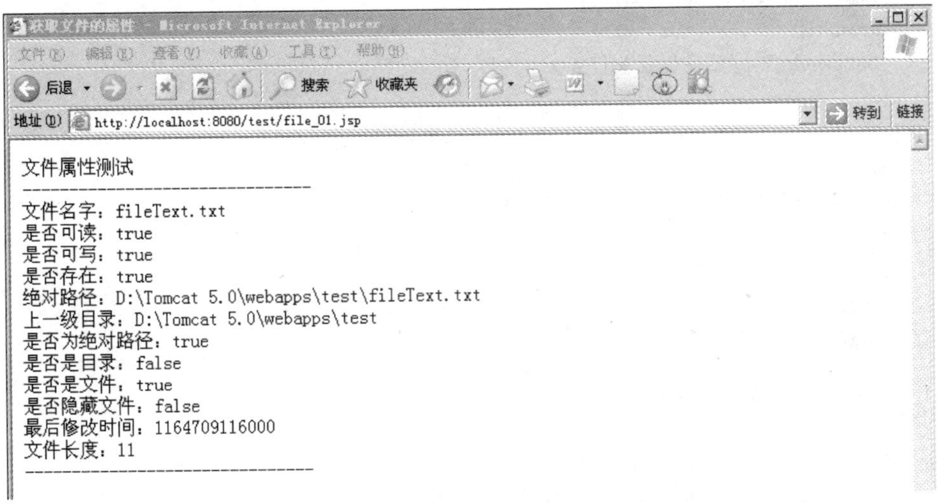

```
文件属性测试
--------------------------------
文件名字：fileText.txt
是否可读：true
是否可写：true
是否存在：true
绝对路径：D:\Tomcat 5.0\webapps\test\fileText.txt
上一级目录：D:\Tomcat 5.0\webapps\test
是否为绝对路径：true
是否是目录：false
是否是文件：true
是否隐藏文件：false
最后修改时间：1164709116000
文件长度：11
--------------------------------
```

图 8.1　获取文件属性

8.1.2　创建文件和文件夹

File 对象调用 boolean mkdir()来创建一个文件夹，调用 boolean createNewFile()来创建一个文件。

【例 8.2】本例先调用 boolean exists()来判断文件夹 t1 和文件 a.txt 是否已经存在。

file_02.jsp

```
<%@ page contentType="text/html; charset=gb2312" %>
<%@ page import="java.io.*;"%>
<html>
<head>
<title>创建文件和文件夹</title>
</head>
<body>
<%
 //在 D 盘创建 t1 文件夹
```

```
File file = new File("d:\\t1");
 boolean result = false;
//创建文件夹
 if(!file.exists()){
  result = file.mkdir();
 if(result){
  out.println("<p>成功创建文件夹 d:\\t1</p>");
 }
}
else{
 out.println("<p>目录 d:\\t1 已存在.</p>");
}
//创建文件
 file = new File("d:\\t1","a.txt");
 if(!file.exists()){
  result = file.createNewFile();
 if(result){
  out.println("<p>成功创建文件 a.txt</p>");
 }
}
else{
 out.println("<p>文件 a.txt 已存在.</p>");
}
%>
</body>
</html>
```

8.1.3 删除文件和文件夹

File 对象删除文件和文件夹都使用 boolean delete()来进行操作。

【例 8.3】本例先判断文件夹是否存在。为了便于差错控制，采用了 try 函数。

file_02.jsp

```
<%@ page contentType="text/html; charset=gb2312" %>
<%@ page import="java.io.*"%>
<html>
<head>
<title>文件删除示例</title>
</head>
<body>
<%
File file = new File("D:\\t1");
boolean result = false;
if(file.exists()){
try{
//删除文件夹
result = file.delete();
if(result)out.println("<p>成功删除文件夹 D:\\t1.</p>");
else out.println("<p>文件夹 D:\\t1 不为空，不能删除 .</p>");
```

```
}catch (Exception ex){
ex.printStackTrace();
}
}
else out.println("<p>D:\\t1 文件夹不存在.</p>");
%>
</body>
</html>
```

8.2　输入输出流

上节介绍了如何创建一个文件，但是我们更需要了解对文件的访问方法，即往文件里写数据或读出文件中的内容，它是通过文件输入流、文件输出流来实现的。

在 Java 中，按照数据交换的单位文件流可分为字节流、字符流两种。我们把能够读取一个字节序列的对象称作一个输入流，把能够写一个字节序列的对象称作一个输出流。它们分别由抽象类 InputStream 和 OutputStream 类表示。因为面向字节的流不方便用来处理存储为 Unicode（每个字符使用两个字节）的信息，所以 Java 引入了用来处理 Unicode 字符的类层次，这些类派生自抽象类 Reader 和 Writer，用于读写双字节的 Unicode 字符。

8.2.1　字节流

1. InputStream 类

InputStream 类是所有输入数据流的父类，它是一个抽象类，定义了所有输入数据流都具有的共同特性。

InputStream 类的常用方法如下：

（1）abstract read()throws IOException。读取一个字节并返回该字节，如果检测到输入源末则返回-1。一个具体的输入流类需重载此方法，以提供具体功能。

例如：在 FileInputStream 类中，该方法从一个文件读取一个字节。

（2）int read(byte[] b)throws IOException。把数据读入到一个字节数据中，并返回实际读取的字节数目。如果遇到数据流末则返回-1，该方法最多读取 b.length 个字节。

（3）abstract int read(byte[] b,int off,int len)throws IOException。把数据读入到一个字节数组中并返回实际读取的字节数目。如果遇到流的末尾则返回-1。其中参数 off 表示第一个字节在 b 中的位置，len 表示读取的最大字节数。

（4）long skip(long n)throws IOException。略过 n 个字节不读取，会返回实际略过的字节数目。因为数据流中剩下的数据可能不到 n 个字节，所以此时返回值会小于 n。

2. OutputStream 类

此类是所有输出字节流类的父类。输出流接受输出字节并将这些字节发送到某个接收器。一个具体的输出流类需要重载此方法，以提供具体功能。

OutputStream 类的常用方法如下：

（1）void close()：关闭此输出流并释放与此流有关的所有系统资源。

（2）void flush()：刷新此输出流并强制写出所有缓冲的输出字节。

（3）void write(byte[] b)：将 b.length 个字节从指定的字节数组写入此输出流。

（4）void write(byte[] b, int off, int len)：将指定字节数组中从偏移量 off 开始的 len 个字节写入此输出流。

（5）abstract void write(int b)：将指定的字节写入此输出流。

read 方法和 write 方法都能够阻塞一个线程，直到字节被实际读取或写入。

3. FileInputStream 类

文件输入输出流是一个从文件读取数据的输入输出流。

FileInputStream 类是从 InputStream 中派生出来的简单输入类，作用是从输入流中读取字节。它的所有方法都是从 InputStream 类继承来的。

构造方法有：

（1）FileInputStream(String name)：使用给定的文件名 name 创建该类对象。

（2）FileInputStream(File file)：使用 File 对象创建该类对象。

参数 name 和 file 指定的文件被称作输入流的源，输入流通过 read 方法读出源中的数据。

当出现 I/O 错误的时候，Java 生成一个 IOException（I/O 异常）对象来表示这个错误的信号。程序必须使用一个 catch 检测这个异常。

4. FileOutputStream 类

FileOutputStream 类是 OutputStream 中派生出来的简单输出类，它提供了基本的文件写入能力。

构造方法有：

（1）FileOutputStream(String name)：使用给定的文件名 name 创建该类对象。

（2）FileOutputStream(File file)：使用 File 对象创建该类对象。

参数 name 和 file 指定的文件被称作输出流的目的地。通过向输出流中写入数据把信息传到目的地。

【例 8.4】字节流文件的读入与写出的示例，完成的功能是在同一文件夹下读入图片 picture1.jpg，同时输出相同图片 picture2.jpg。

file_04.jsp

```
<%@ page contentType="text/html; charset=gb2312" import="java.io.*" %>
<html>
<head>
<title>流文件的读入与写出</title>
</head>
<body>
<%
//取得 JSP 的运行目录
String path = application.getRealPath(this.getServletName());
 path = path.substring(0,path.lastIndexOf("\\"));
 //创建流读入文件 picture1.jpg
 FileInputStream fileInputStream = new FileInputStream(path + "\\file\\picture1.jpg");
 //创建新文件 picture2.jpg
 FileOutputStream fileOutputStream = new FileOutputStream(path + "\\file\\picture2.jpg");
 //创建 byte 数组，通过 available 方法取得流的最大字符数
 byte[] inOutb = new byte[fileInputStream.available()];
 //读入流，保存在 byte 数组
 fileInputStream.read(inOutb);
```

```
    //写入流，保存在文件 picture2 中
    fileOutputStream.write(inOutb);
    //关闭文件类
    fileInputStream.close();
    fileOutputStream.close();
    out.println("<p>成功创建" + path + "\\file\\picture2.jpg 文件.</p>");
  %>
  </body>
  </html>
```

8.2.2　字符流

尽管字节流提供了处理任何类型输入/输出操作的足够的功能，但是不能直接操作 Unicode 字符。既然 Java 的一个主要目的是支持“只写一次，到处运行”，那么对字符输入/输出的支持是必要的。本节将讨论字符输入/输出类。如前所述，字符流层次结构的顶层是 Reader 和 Writer 抽象类。

1. Reader 类

Reader 类是定义 Java 的流式字符输入模式的抽象类。该类的所有方法在出错情况下都将引发 IOException 异常。

常用方法有：

（1）abstract void close()：关闭输入源，进一步的读取将会产生 IOException 异常。

（2）void mark(int numChars)：在输入流的当前位置设立一个标志，后续调用 reset()重新将流定位到该点。并不是所有的字符输入流都支持 mark()操作。

（3）boolean markSupported()：报告此流是否支持 mark()操作，是则返回 true。

（4）int read()：如果调用的输入流的下一个字符可读，则返回一个整型。遇到文件尾时返回-1。

（5）int read(char buffer[ ])：试图读取 buffer 中的 buffer.length 个字符，返回实际成功读取的字符数。遇到文件尾返回-1。

（6）abstract int read(char buffer[ ],int offset, int numChars)：试图读取 buffer 中从 buffer[offset] 开始的 numChars 个字符，返回实际成功读取的字符数。遇到文件尾返回-1。

（7）boolean ready()：如果下一个输入请求不等待则返回 true；否则返回 false。

（8）void reset()：设置输入指针到先前设立的标志处。

（9）long skip(long numChars)：跳过 numChars 个输入字符，返回跳过的字符数。

2. Writer 类

Writer 类是定义流式字符输出的抽象类。所有该类的方法都返回一个 void 值并在出错条件下引发 IOException 异常。

主要方法有：

（1）abstract void close()：关闭输出流，关闭后的写操作会产生 IOException 异常。

（2）abstract void flush()：定制输出状态以使每个缓冲器都被清除，也就是刷新输出缓冲。如果调用各种 write()方法后的缓存字符数据保存在此流中，那么立即将这些数据写入它们相应的目的地址。如果目的地址是另一个字符或字节流，则刷新它。因此调用一次 flush()，将刷新 Writers 和 OutputStreams 链中的所有缓存区。

（3）void write(int ch)：向输出流写入单个字符，注意参数是一个整型，它允许你不必把参数转换成字符型就可以调用 write()。

（4）void write(char buffer[ ])：向一个输出流写一个完整的字符数组。

（5）abstract void write(char buffer[ ], int offset,int numChars)：向调用的输出流写入数组 buffer 以 buffer[offset]为起点的、长度为 numChars 个字符区域内的内容。

（6）void write(String str)：向调用的输出流写 str。

（7）void write(String str, int offset, int numChars)：写数组 str 中以指定的 offset 为起点的、长度为 numChars 个字符区域内的内容。

3. FileReader 类

涉及文件读写时，FileReader 类是一个经常用到的类，从 FileReader 类可以在指定文件上实例化一个文件输入流，利用字符流提供的方法可以从文件中读取一个字符或者一组数据。

构造方法有：

（1）FileReader(String name)：使用给定的文件名 name 创建该类对象。

（2）FileReader(File file)：使用 File 对象创建该类对象。

第一种方法使用更方便一些，构造一个输入流，并以文件 c:\cgi-bin\demo.java 为输入源。第二种方法构造一个输入流，并使 File 的对象和输入流相连接。这种情况下，还可以通过该对象对指定的文件做进一步的分析，比如，显示文件的属性、大小等。

4. FileWriter 类

由 FileWriter 类可以实例化一个文件输出流，并提供向文件中写入一个字符或者一组数据的方法。FileWriter 也有两个和 FileReader 类似的构造方法。如果用 FileWriter 来打开一个只读文件，会产生 IOException 异常。

【例 8.5】文本文件的读入与写出的示例，完成的功能是在同一文件夹下读入文本文件 file1.txt，同时输出相同文本文件 file2.txt。

File_05.jsp

```
<%@ page contentType="text/html; charset=gb2312" import="java.io.*" %>
<html>
<head>
<title>文本文件的读入与写出</title>
</head>
<body>
<%
 //取得 JSP 的运行目录
 String path = application.getRealPath(this.getServletName());
 path = path.substring(0,path.lastIndexOf("\\"));
 File inputFile = new File(path + "\\file\\file1.txt");
 File outputFile = new File(path + "\\file\\file2.txt");
 out.println("<p>文件保存路径是" + path + "\\file</p>");
 //创建文件读入类
 FileReader fileReader = new FileReader(inputFile);
 //创建文件写出类
 FileWriter fileWriter= new FileWriter(outputFile);
 //如果到了文件尾，read()方法返回的数字是-1
 int i;
```

```
    while((i = fileReader.read()) != -1){
      //使用 write()方法向文件写入信息
      fileWriter.write(i);
    }
    //关闭文件读入类
    fileWriter.close();
    //关闭文件写出类
    fileReader.close();
    out.println("<p>成功创建文件 file2.txt.</p>");
%>
</body>
</html>
```

8.3　文件上传下载

JavaBean 实现多个文件上传有两种方法，分别是使用 Http 协议和 Ftp 协议实现。本节首先讲述了 Http 协议传送多个文件的基本格式和实现上传的过程，然后简单介绍了使用 FtpClient 类实现了 Ftp 方式的上传，并对这两种方法进行比较。

8.3.1　实现多个文件上传的两种方法

文件的上传功能在基于 B/S 的开发模式中非常普遍。同其他开发工具相比，JSP 对文件的上传支持并不是很完美，它既不像 ASP 那样一定需要使用组件来完成，也不像 PHP 那样直接提供文件上传的支持。

JSP 实现文件上传的方式是这样的：使用 ServletRequest 类的 getInputStream()方法获得一个客户端向服务器发出的数据流，然后处理这个数据流，从中分析得到文件上传中传递到服务器的各个参数和数据，然后将其中的文件数据存储为一个文件或插入到数据库中。

通常 JSP 页面中不处理文件的上传功能，而是把这些功能放到 Servlet 或 JavaBean 中去实现。使用 Servlet 完成文件上传的例子在其他 JSP 书籍中有所介绍，这里只介绍使用 JeanBean 是如何完成文件上传的。

JSP 中实现文件的上传可以采用两种方式，即采用 Http 协议和 Ftp 协议实现，二者在传输的原理上存在很大的差异。以下将结合源代码对它们的实现做简单介绍，相信读者会从中有所收获。

在 JSP 中使用 JavaBean 实现基于 Web 的文件上传功能一般需要三种文件结合完成。这三种文件分别是提供界面的 HTML 页面文件、完成调用实现上传功能的 JavaBean 的 JSP 文件和实现 JavaBean 的 Java 类文件。

1. 采用 HTTP 协议实现多个文件的上传

在过去的 HTML 页面中，表单不能实现文件的上传，这多少限制了一些网页的功能。RFC1867 规范（即 HTML 中实现基于表单的文件上传）对表单作出了扩展，增加了一个表单元素（input type＝file）。通过使用这个元素，浏览器会自动生成一个输入框和一个按钮，输入框可供用户填写本地的文件名和路径名，按钮可以让浏览器打开一个文件选择框供用户选择文件。具体的表单实现如下：

```
<form method="post"   action="*.jsp" enctype="multipart/form-data">
<input type="file" name="file1" size="50"><br>
```

```
<input type="submit" value="upload">
</form>
```

选择了文件后直接输入本地文件的绝对路径，表单的 action 属性值是*.jsp，这意味着请求（包括上传的文件）将发送给*.jsp 文件。在这个过程中实际上就实现了 HTTP 方式的文件上传。文件从客户端到服务器的上传是由 HTTP 协议的通用网关界面（CGI）支持的。这种上传方式要求浏览器和 Web 服务器两方面都能够支持 RFC1867。JavaBean 通过 ServletRequest 类的 getInputStream()方法获得一个客户端向服务器发出的数据流、分析上传的文件格式，根据分析结果将多个文件依次输出到服务器端的目标文件中。

2. 采用 Ftp 协议实现多个文件的上传

Ftp 协议是 Internet 上用来传送文件的协议，规定了 Internet 上文件互相传送的标准。在 Java 中实现这一功能是借助 FtpClient 类完成的。具体实现过程是：首先与 Ftp 服务器建立连接。然后初始化文件的传输方式，包括 ASCII 和 BINARY 两种方式。将文件输出到文件输入流 FileInputStream 中，FileInputStream 中的数据读入字节数组中，字节数组中的数据写入输出流（利用 write 方法将数据写入到一个网络链接上）。这样和源文件同名的一个文件就复制到了服务器端。

以上两种方式中，采用 Ftp 协议实现多个文件的上传比较容易实现。利用 Ftp 协议上传文件一般是编写客户端程序，服务器端的安全设置会比较复杂；而利用 Http 协议上传文件则是编写服务器端的应用程序，相对来说安全设置会比较简单。

通过测试发现 Ftp 上传方式在传输大文件时速度是 Http 上传方式的几十倍甚至几百倍，但在传输小于 1MB 的文件时却比 Http 上传方式稍慢一些。因此两种传输方式各有优势。

8.3.2 JSP 上传组件

jspSmartUpload 是由 www.jspsmart.com 网站开发的一个可免费使用的全功能的文件上传下载组件，适于嵌入执行上传下载操作的 JSP 文件中。

该组件有以下几个特点：

（1）使用简单。在 JSP 文件中仅仅书写三五行 Java 代码就可以完成文件的上传或下载。

（2）能全程控制上传。利用 jspSmartUpload 组件提供的对象及其操作方法，可以获得上传文件的全部信息（包括文件名、大小、类型、扩展名、文件数据等），方便存取。

（3）能对上传的文件在大小、类型等方面做出限制。由此可以滤掉不符合要求的文件。

（4）下载灵活。仅写两行代码，就能把 Web 服务器变成文件服务器。不管文件在 Web 服务器的目录下或在其他任何目录下，都可以利用 jspSmartUpload 进行下载。

（5）能将文件上传到数据库中，也能将数据库中的数据下载下来。但这种功能只针对 MySQL 数据库，不具有通用性。

jspSmartUpload 组件可以从 www.jspsmart.com 网站上自由下载，压缩包的名字是 jspSmartUpload.zip。下载后，用 WinZip 或 WinRAR 将其解压到 Tomcat 的 webapps 目录下。因为 Tomcat 对文件名大小写敏感，所以解压后，将 webapps/jspsmartupload 目录下的子目录 Web-inf 改为全大写的 WEB-INF，这样修改后 jspSmartUpload 类才能使用。

注意：按上述方法安装后，只有 webapps/jspsmartupload 目录下的程序可以使用 jspSmartUpload 组件，如果想让 Tomcat 服务器的所有 Web 应用程序都能使用它，必须用压缩软件将 com 目录下的所有文件压缩成 jspSmartUpload.zip，将 jspSmartUpload.zip 换名为

jspSmartUpload.jar 文件，然后将 jspSmartUpload.jar 拷贝到 Tomcat 的 shared/lib 目录下。

下面简要介绍 jspSmartUpload 的几个类。

1. File 类

这个类包装了一个上传文件的所有信息。通过它，可以得到上传文件的文件名、文件大小、扩展名、文件数据等信息。

File 类主要提供以下方法：

（1）public void saveAs(String destFilePathName)或 public void saveAs(String destFilePathName, int optionSaveAs)：将文件换名另存。

其中，destFilePathName 是另存的文件名，optionSaveAs 是另存的选项，该选项有三个值，分别是 SP、SV、SA。SP 表明以操作系统的根目录为文件根目录另存文件，SV 表明以 Web 应用程序的根目录为文件根目录另存文件，SA 则表示让组件决定，当 Web 应用程序的根目录存在另存文件的目录时，它会选择 SV，否则会选择 SP。对于 Web 程序的开发来说，最好使用 SV，便于移植。

（2）public boolean isMissing()：用于判断用户是否选择了文件，即对应的表单项是否有值。选择了文件时，它返回 false；未选文件时，它返回 true。

（3）public String getFieldName()：获取表单中对应此上传文件的表单项的名字。

（4）public String getFileName()：获取文件名（不含目录信息）。

（5）public String getFilePathName()：获取文件全名（带目录）。

（6）public String getFileExt()：获取文件扩展名（后缀）。

（7）public int getSize()：获取文件长度（以字节计）。

（8）public byte getBinaryData(int index)：获取文件数据中指定位移处的一个字节，用于检测文件等处理。其中，index 表示位移，其值在 0 到 getSize()-1 之间。

2. Files 类

这个类表示所有上传文件的集合，通过它可以得到上传文件的数目、大小等信息。

Files 类有以下方法：

（1）public int getCount()：获取上传文件的数目。

（2）public File getFile(int index)：获取指定位移处的文件对象 File（此 File 指的是该组件内部的 File 类，非 java.io 里的 File 类）。其中，index 为指定位移，其值在 0 到 getCount()-1 之间。

（3）public long getSize()：获取上传文件的总长度，可用于限制一次性上传的数据量大小。

（4）public Collection getCollection()：将所有上传文件对象以 Collection 的形式返回，以便其他应用程序引用，浏览上传文件信息。

（5）public Enumeration getEnumeration()：将所有上传文件对象以 Enumeration（枚举类型）的形式返回，以便其他应用程序浏览上传文件信息。

3. Request 类

这个类的功能等同于 JSP 内置的对象 request。提供这个类，是因为对于文件上传表单，通过 request 对象无法获得表单项的值，必须通过 jspSmartUpload 组件提供的 request 对象来获取。

该类提供如下方法：

（1）public String getParameter(String name)：获取指定参数之值。当参数不存在时，返回

值为 null。其中 name 为参数的名字。

（2）public String[] getParameterValues(String name)：当一个参数可以有多个值时，用此方法来取其值。它返回的是一个字符串数组。当参数不存在时，返回值为 null。其中 name 为参数的名字。

（3）public Enumeration getParameterNames()：获取 request 对象中所有参数的名字，用于遍历所有参数。它返回的是一个枚举型的对象。

4. SmartUpload 类

该类完成上传下载工作。

（1）上传与下载共用的方法

public final void initialize(javax.servlet.jsp PageContext pageContext)：执行上传下载的初始化工作，必须第一个执行。其中 pageContext 为 JSP 页面内置对象。

（2）上传文件使用的方法

1）public void upload()：上传文件数据。对于上传操作，第一步执行 initialize 方法，第二步就要执行这个方法。

2）public int save(String destPathName) 和 public int save(String destPathName,int option)：将全部上传文件保存到指定目录下，并返回保存的文件个数。

其中，destPathName 为文件保存目录，option 为保存选项。option 有三个值，分别是 SP、SV 和 SA。与 File 类的 saveAs 方法的选项值类似。

注意：save(destPathName)作用等同于 save(destPathName,SAVE_AUTO)。

3）public int getSize()：获取上传文件数据的总长度。

4）public Files getFiles()：获取全部上传文件，以 Files 对象形式返回，可以利用 Files 类的操作方法来获得上传文件的数目等信息。

5）public Request getRequest()：获取 Request 对象，以便由此对象获得上传表单参数值。

6）void setAllowedFilesList(String allowedFilesList)：设定允许上传带有指定扩展名的文件，当上传过程中有文件名不允许时，组件将抛出异常。

其中，allowedFilesList 为允许上传的文件扩展名列表，各个扩展名之间以逗号分隔。如果想允许上传那些没有扩展名的文件，可以用两个逗号表示。例如：setAllowedFilesList("doc,txt,,") 将允许上传带 doc 和 txt 扩展名的文件以及没有扩展名的文件。

7）public void setDeniedFilesList(String deniedFilesList)：用于限制上传那些带有指定扩展名的文件。若有文件扩展名被限制，则上传时组件将抛出异常。

其中，deniedFilesList 为禁止上传的文件扩展名列表，各个扩展名之间以逗号分隔。如果想禁止上传那些没有扩展名的文件，可以用两个逗号表示。例如：setDeniedFilesList("exe,bat,,") 将禁止上传带 exe 和 bat 扩展名的文件以及没有扩展名的文件。

8）public void setMaxFileSize(long maxFileSize)：设定每个文件允许上传的最大长度。其中 maxFileSize 为每个文件允许上传的最大长度，当文件超出此长度时，将不被上传。

9）public void setTotalMaxFileSize(long totalMaxFileSize)：设定允许上传的文件的总长度，用于限制一次性上传的数据量大小。其中 totalMaxFileSize 为允许上传的文件的总长度。

（3）下载文件常用的方法

1）public void setContentDisposition(String contentDisposition)：将数据追加到 MIME 文件头的 Content-Disposition 域。jspSmartUpload 组件会在返回下载的信息时自动填写 MIME 文件

头的 Content-Disposition 域，如果用户需要添加额外信息，也使用此方法。

其中，contentDisposition 为要添加的数据。如果 contentDisposition 为 null，则组件将自动添加“attachment;”，以表明将下载的文件作为附件，IE 浏览器将会提示另存文件，而不是自动打开这个文件。

2）public void downloadFile(String sourceFilePathName)：下载文件。其中，sourceFilePathName 为要下载的文件名（带目录的文件全名）。

8.3.3　上传下载实例

1. 上传表单页面

本页面提供表单让用户选择要上传的文件，单击“上传”按钮执行上传操作。对于上传文件的 form 表单，有两个要求：一是 method 只能为“post”，二是增加属性 enctype= "multipart/form-data"。

表单页面 upload.htm 代码如下：

```
<html>
<style type="text/css">
<!--
.style1 {color: #33ff99}
-->
</style>
<body bgcolor="white">
<h1 align="left" class="style1">上传文件</h1>
<hr>
<form method="post" action="upload.jsp" enctype="multipart/form-data">
    <input type="file" name="file1" size="50"><br>
    <input type="file" name="file2" size="50"><br>
    <input type="file" name="file3" size="50"><br>
    <input type="file" name="file4" size="50"><br>
    <input type="submit" value="发布">
</form>
</body>
</html>
```

页面效果如图 8.2 所示。

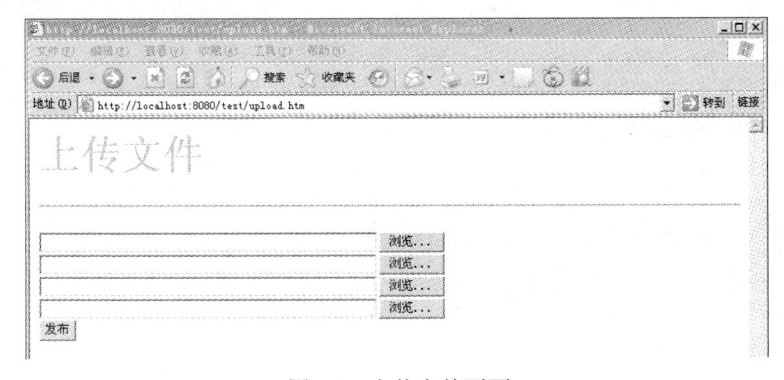

图 8.2　上传表单页面

2. 上传处理页面

本页面执行文件上传操作。upload.jsp 代码如下：

```
<%@ page contentType="text/html; charset=gb2312"   import="com.jspsmart.upload.*"%>
<jsp:useBean id="mySmartUpload" scope="page" class="com.jspsmart.upload.SmartUpload" />
<html>
<body bgcolor ="white">
<h1>发布成功</h1>
<hr>
<%  int count=0;
    //初始化
    mySmartUpload.initialize(pageContext);
    //上传
    mySmartUpload.upload();
    //逐一提取上传文件信息，同时可保存文件
    for (int i=0;i<mySmartUpload.getFiles().getCount();i++){
    com.jspsmart.upload.File myFile = mySmartUpload.getFiles().getFile(i);
        if (!myFile.isMissing()) {
    myFile.saveAs("/upload/" + myFile.getFileName());
    out.println("文件大小= " + myFile.getSize() + "<br>");
    out.println("文件名 = " + myFile.getFileName() + "<br>");
    out.println("文件类型 = " + myFile.getFileExt() + "<br>");
    out.println("文件路径 = " + myFile.getFilePathName() + "<br >");
    count ++;
    }
    }
    //显示上传文件数目
    out.println(count + "个文件已上传成功");
%>
<br>
<a href="displaydocuments.jsp">继续上传</a>
</body>
</html>
```

上传处理完成后页面效果如图 8.3 所示。

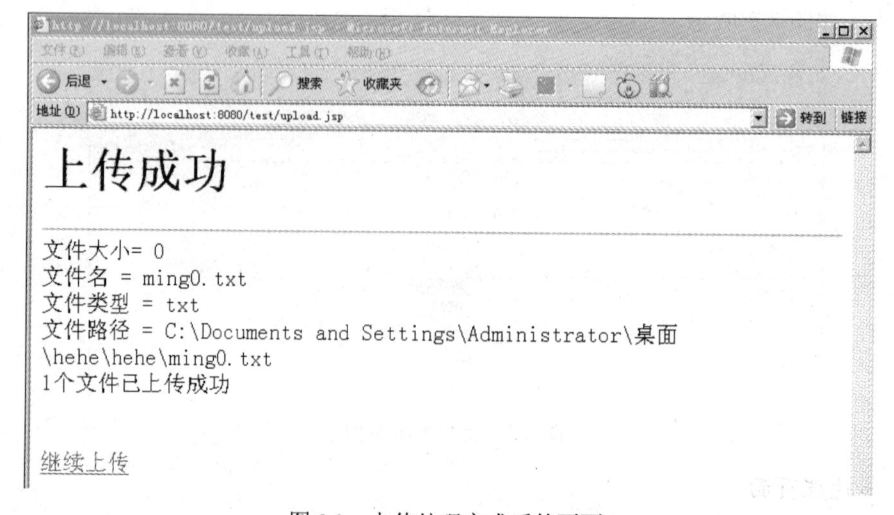

图 8.3　上传处理完成后的页面

3. 显示已上传的文件的文件名

displaydocuments.jsp 代码如下：

```
<%@ page contentType="text/html; charset=gb2312" import="java.io.*" errorPage="" %>
<html>
<head>
<meta http-equiv="Content-Type" content="text/html; charset=gb2312" />
<title>显示已上传文件</title>
</head>
<body>
<%
String path = request.getRealPath("/");
String tmp_path = path+"upload";
File fp1 = new File(tmp_path);
File filelist[]=fp1.listFiles();
%>
<p><br>
</p>
<table width="522" border="0" cellpadding="0" cellspacing="0">
<tr>
  <td width="522" height="56" valign="top">已上传文件列表</td>
</tr>
</table>
<table width="522" border="0" cellpadding="0" cellspacing="0">
<%   for(int i=0;i<filelist.length;i++){
%>
<tr>
    <td width="379" height="29" valign="top"> <%=filelist[i].getName()%><br></td>
    <td width="72" valign="top"></td>
</tr>
<%}%>
</table>
<a href="upload.htm">继续上传</a>
</body>
</html>
```

页面显示效果如图 8.4 所示。

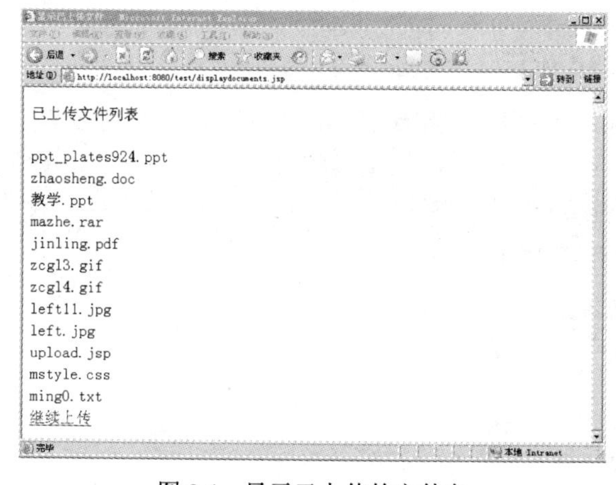

图 8.4　显示已上传的文件名

4. 下载页面

将文件夹 upload 下的文件显示出来，并在每个文件后加载提交按钮。当单击“提交”时，获取该文件的文件名，提交给下载处理页面。

download.jsp 代码如下：

```
<%@ page contentType="text/html; charset=gb2312" import="java.io.*" errorPage="" %>
<html>
<head>
<meta http-equiv="Content-Type" content="text/html; charset=gb2312" />
<title>下载页面</title>
</head>
<body>
<%
String path = request.getRealPath("/");
String tmp_path = path+"upload";
File fp1 = new File(tmp_path);
File filelist[]=fp1.listFiles();
%>
<table width="522" border="0" cellpadding="0" cellspacing="0">
<tr>
<td width="522" height="56">可供下载的文件清单</td>
</tr>
//获得文件清单
<% for(int i=0;i<filelist.length;i++){
%>
<form action="download_confirm.jsp" method="post" name="form1">
<tr>
<td><input type="text" readonly="true" name="filename" value="<%=filelist[i].getName()%>"/>
<input type="submit" name="Submit" value="下载"></td>
</tr>
<%}%>
</table>
</form>
</body>
</html>
```

页面显示效果如图 8.5 所示。

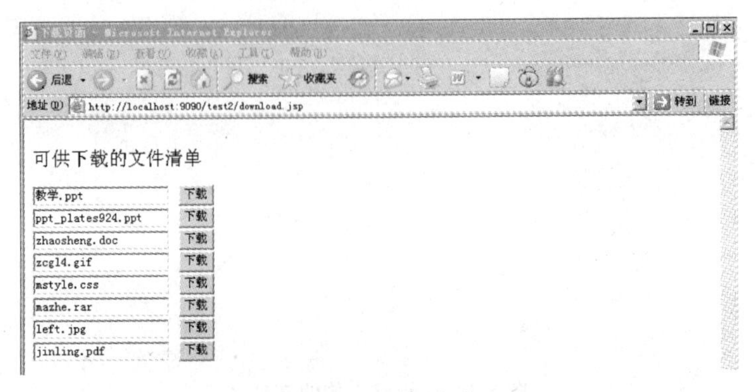

图 8.5　下载页面

5. 下载处理页面

下载处理页面 download_confirm.jsp 展示了如何利用 jspSmartUpload 组件来下载文件，从代码中可以看到，下载功能的实现非常简单。为了下载中文名的文件，需要对中文字符进行转码。

download_confirm.jsp 代码如下：

```
<%@ page language="java" import="com.jspsmart.upload.*"%>
<jsp:useBean id="mySmartUpload" scope="page" class="com.jspsmart.upload.SmartUpload"/>
<html>
<head>
<meta http-equiv="Content-Type" content="text/html; charset=gb2312" />
<title>无标题文档</title>
</head>
<body>
<%
    //初始化
    mySmartUpload.initialize(pageContext);
    String filename=request.getParameter("filename");
    String temp4= new String(filename.getBytes("ISO-8859-1"),"GBK");
    mySmartUpload.setContentDisposition(null);
    mySmartUpload.downloadFile("/upload/"+temp4+"");
%>
</body>
</html>
```

当单击 download.jsp 中的“下载”按钮时，该页面开始执行，运行成功，Windows 会自动弹出下载提示窗口，效果如图 8.6 所示。

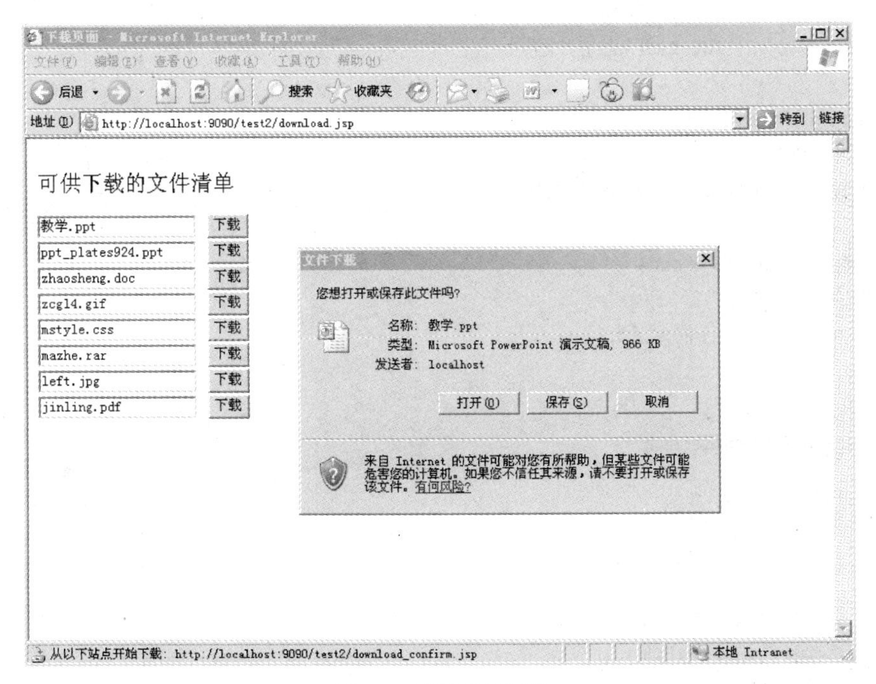

图 8.6　下载处理过程

8.4 网页计数器的实现

本实例用到了两个文件，test.jsp 文件用于在浏览器中运行，counter.java 是后台的一个小JavaBean 程序，用来读计数器的值和写入计数器的值。

counter.java 已详细注释，不再赘述，代码如下：

```
package com;
import java.io.*;
public class counter extends Object {
private String currentRecord = null;//保存文本的变量
private BufferedReader file; //BufferedReader 对象，用于读取文件数据
private String path;//文件完整路径名
public counter() {
}
//ReadFile 方法用来读取文件 filePath 中的数据，并返回这个数据
public String ReadFile(String filePath) throws FileNotFoundException
{
path = filePath;
//创建新的 BufferedReader 对象
file = new BufferedReader(new FileReader(path));
String returnStr =null;
try
{
//读取一行数据并保存到 currentRecord 变量中
currentRecord = file.readLine();
}
catch (IOException e)
{//错误处理
System.out.println("读取数据错误.");
}
if (currentRecord == null)
//如果文件为空
returnStr = "没有任何记录";
else
{//文件不为空
returnStr =currentRecord;
}
//返回读取文件的数据
return returnStr;
}
//WriteFile 方法用来将数据 counter+1 写入到文本文件 filePath 中
//以实现计数增长的功能
public void WriteFile(String filePath,String counter) throws FileNotFoundException
{
```

```
path = filePath;
//将 counter 转换为 int 类型并加 1
int Writestr = Integer.parseInt(counter)+1;
try {
//创建 PrintWriter 对象，用于写入数据到文件中
PrintWriter pw = new PrintWriter(new FileOutputStream(filePath));
//用文本格式打印整数 Writestr
pw.println(Writestr);
//清除 PrintWriter 对象
pw.close();
} catch(IOException e) {
//错误处理
System.out.println("写入文件错误"+e.getMessage());
}
}
}
```

test.jsp 页面首先获取文本文件 lyfcount.txt 的地址，传递给 counter.ReadFile(path)，counter 对象的 ReadFile 方法读取文本文件中的记数，最后再调用 counter 对象的 ReadFile 方法来将计数器加 1 后写入到文件 lyfcount.txt 中。

test.jsp 代码如下：

```
<%@ page contenttype="text/html;charset=gb2312"%>
<html>
<head>
<meta http-equiv="content-type" content="text/html; charset=gb2312">
<meta name="generator" content="oracle jdeveloper" >
<title>网页计数器的实现
</title>
</head>
<body>
<!--创建并调用 bean(counter)-- >
<jsp:usebean id="counter" class="counter" scope="request" >
</jsp:usebean>
<%
string path = request.getrealpath("/")+"lyfcount.txt";
//调用 counter 对象的 WriteFile 方法来读取文件 lyfcount.txt 中的计数
string cont=counter.ReadFile(path);
//调用 counter 对象的 WirteFile 方法来将计数器加 1 后写入到文件 lyfcount.txt 中
counter.Writefile(path,cont);%>
您是第< font color="red" >< %=cont% >< /font >位访问者
</body>
</html>
```

网页运行效果如图 8.7 所示。

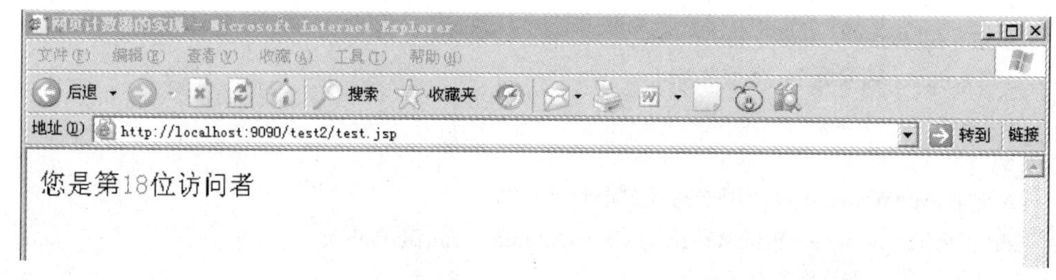

图 8.7　网页计数器页面

文件操作对 JSP 非常重要。Java.io 包通过数据流、序列和文件系统为系统提供输入/输出。File 对象有用来获取文件的属性，以及创建和删除文件的方法，使用起来非常简单。如果要往文件里写数据或读出文件中的内容，需要通过文件输入输出流来实现。

InputStream 和 OutputStream 类提供了字节流的方法，是所有输入输出数据流的父类。因为面向字节的流不方便用来处理存储为 Unicode（每个字符使用两个字节）的信息，所以 Java 引入了用来处理 Unicode 字符的类层次，Reader 和 Writer 类提供了字符流的方法。

JavaBean 实现多个文件上传的两种方法分别是使用 Http 协议和 Ftp 协议。jspSmartUpload 组件是应用 JSP 进行 B/S 程序开发过程中经常使用的上传/下载组件，它的使用使 JSP 实现多文件上传/下载变得非常简单。

一、填空题

1．File 对象的 boolean mkdir()方法用来__________。

2．利用 File 对象删除文件和文件夹时，使用__________方法来进行操作。

3．在 JSP 中，使用 request 对象的__________方法来获取文件夹的物理路径。

4．按照数据交换的单位，文件流可分为__________、__________两种。

5．JavaBean 实现多个文件上传的两种方法，分别是使用__________协议和__________协议实现。

二、选择题

1．File 类存在于 Java 的（　　）包中。

A．java.io　　　　B．java.net

C．java.lang　　　　D．java.sql

2．上传文件时，表单必须增加的属性是（　　）。

A．enctype="multipart/form-data"　　　　B．method 只能为"get"

C．enctype=multipart/form-data　　　　D．method 可以为"get"

三、简答题

1．简述输入/输出流的一些类的区别和联系。

2．简单说明采用 Http 协议实现多个文件上传的过程。

3．简述 jspSmartUpload 上传组件有哪些特点。

四、操作题

1．设计一个留言板，用表单将留言写入文本文件，读出文本文件的内容，把留言在页面上显示出来。

2．设计一个网上投票系统。

第 9 章　网上教学系统

该系统是基于 JSP 技术的网上教学系统，采用 B/S 模式，利用 JavaBean 技术，使用 Tomcat 服务器和 SQL Server 2005 数据库，完成开发。本章从系统的总体设计起步，详细讲述网上教学系统的数据库设计和具体的开发过程。要求读者能熟练掌握数据库的一些基本操作和数据库的封装，理解并掌握 JSP+JavaBean 的开发结构，并学会把 Java 代码封装成类和方法。

- 系统总体设计
- 系统数据库设计
- 各功能模块的具体实现

9.1　系统总体设计

随着 Internet 技术的日益普及，我国的各大院校也加快了信息化进程，建立了自己的校园网。这为高校学生管理工作走向数字化、信息化、网络化提供了必备的物质基础。同时，伴随着素质教育的不断推进，我国高校已普遍建立了学分制度，教学管理工作正在由既定型向开放型过渡。在技术和需求的推动下，各大院校都准备或已经采用了网上教学系统。早期的选课系统基本上都是 C/S 应用模式，该模式是对主机集中式结构的一次重大改进，但是 C/S 模式的缺陷使目前校方都偏好 B/S 应用模式的教学系统。

本节我们利用优秀的动态网页开发技术 JSP，采用 B/S 三层结构（浏览器、Web 服务器、数据库服务器），开发网上教学系统。

9.1.1　系统功能模块

本教学系统主要用来进行网上选课和网上评分。作为一个系统，应该由一些相对独立的模块耦合而成。本系统主要包括几个大的模块，每个大的模块下又细分为几个小的功能模块。

1. 登录模块

考虑到系统的安全性，设置了登录模块，系统的三个用户（管理员、学生、教师）必须通过登录验证后才能转入相应的使用页面。

2. 管理员模块

管理员可以增删改学生以及教师的基本信息，同时为了防止其他人员干扰正常教学，取消了“新用户注册”这一功能，使得仅本校学生和教师经过管理员新增后才能登录教学网站。同时为了有效管理开停课以及开停班，管理员还应承担增减课程和开停班的任务。因此在管理员模块增加了对课程和班级的增删改功能。

3. 学生信息管理模块

这个模块主要用于学生管理信息。完成的功能有网上选课、查看成绩和学分、更改登录密码和联系方式等。每个学生都应该有一个初始的用户名和密码，一般来说实际使用的用户名应该为该生的学号，这样使得一人一号，不会重复。在后台数据库中，需要建立学生信息表来存储和管理每个学生的信息，如学号、密码、姓名、专业等。显然应当把学号作为该表的主键，不可重复，作为唯一标明学生身份的一项。

4. 教师管理模块

该模块的主要作用是确认学生的选课信息和为已经修完课的学生给出成绩。学生在学生模块选好的课程，必须通过所选课程的任课教师的确认，才能确定选课成功。

9.1.2 系统总体框架

由系统的功能模块分析，可以画出整个系统的基本框架，如图 9.1 所示。

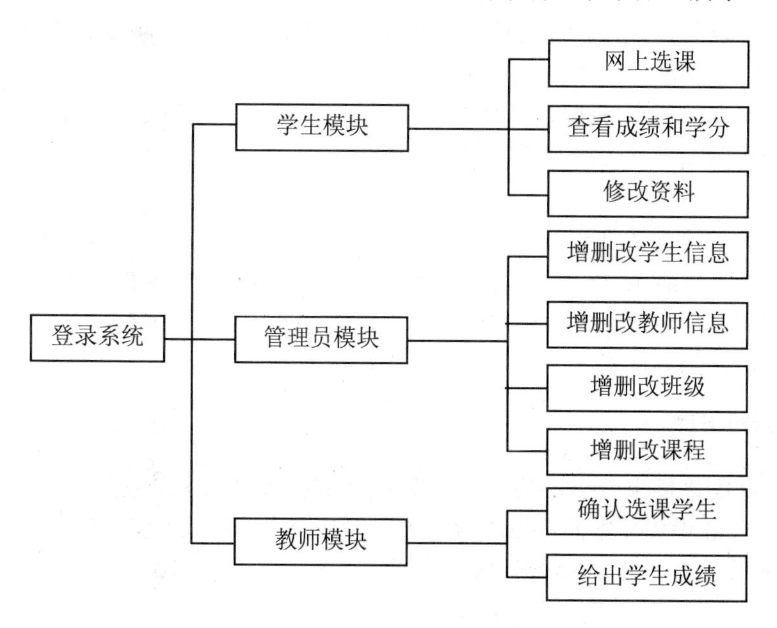

图 9.1　系统总体框架

从图 9.1 中可以看出模块之间的密切联系。管理员模块管理用户账号，与用户的登录信息密切相关。课程和班级的增删改与学生选课和教师上课相互关联。教师模块的许多功能与学生模块中的功能也是密不可分的，例如，教师模块的确认选课学生与学生模块中的选课功能、教师模块中的给出成绩与学生模块中的成绩查询功能等。

9.2 系统数据库设计

对于数据库应用系统来说，设计数据库是非常重要的，也是首要的工作。一般先设计系统的数据库，然后再开始设计应用程序。本节根据上一节对系统的需求分析和功能要求，进行数据库的设计。首先对数据库进行需求分析，确定需要创建哪些数据表和数据对象，然后创建数据库、数据表及数据对象，最后还要进行数据库初始化操作，即设置系统运行时需要的初始数据。

9.2.1 数据库需求分析

根据本系统功能要求，网上教学系统需要以下数据项。

1. 用户信息

这个数据表用来存储用户资料，包括用户名、密码等信息。由于用户有三种，所以必须建立三个数据表，分别命名为 admin、student、teacher。其中由于要提供学生查询学分的功能，student 表中除了基本信息外另增 mark 字段，用来记录学生的已修总学分。

2. 课程信息

每门课程都应该有独立的编号，与其他课程区别。有些课程需要学生修完另外一些课程才能选，所以必须有一个字段来判别各课程是否有预修课。如果有，那么还要记录预修课编号。每个专业的学生所学课程都不一样，这样就必须再增加一个字段来表明该课程的所属专业范畴，当然这门课可以是公共课。我们把存储课程信息的数据表命名为 course。

3. 班级信息

班级信息用来存储每个班级的上课情况。班级应有编号，此外还应包括上课时间、地点，上课的教师和课程的编号。我们把该数据表命名为 classes。

4. 注册信息

该数据表用来记录学生选课信息以及已选课的成绩。当学生选课后，该数据表记录下对应的班级编号，通过班级 id 就可以检索到所选课的全部信息。教师需要确认选课学生，所以必须有一个数据项来确定学生是否已被确认选上。学期期末考试后，还应该有一个数据项来记录学生所修的这门课的考试成绩。我们把数据表命名为 enrol。

9.2.2 数据表设计

根据上面的数据库需求分析，共需要创建 6 个数据表。以下分别列出各数据表的详细字段和字段类型。把 id 设成文本而不设成数字的原因是允许编号以“0”开头。

（1）admin 数据表如表 9.1 所示。

表 9.1 用户表（admin）

字段名称	数据类型	说明
id	文本	管理员编号
password	文本	用户密码

（2）student 数据表如表 9.2 所示。

表 9.2 用户表（student）

字段名称	数据类型	说明
id	文本	学号
password	文本	密码

续表

字段名称	数据类型	说明
name	文本	姓名
sex	文本	性别
department	文本	专业
jiguan	文本	籍贯
tel	文本	联系电话
e-mail	文本	电子邮箱
mark	数字	总学分

（3）teacher 数据表如表 9.3 所示。

表 9.3　用户表（teacher）

字段名称	数据类型	说明
id	文本	教工号
password	文本	密码
name	文本	姓名
title	文本	级别

（4）course 数据表如表 9.4 所示。

表 9.4　课程表（course）

字段名称	数据类型	说明
id	文本	教工号
name	文本	姓名
mark	数字	学分
perpare	文本	预修课
dep	文本	所属专业

（5）classes 数据表如表 9.5 所示。

表 9.5　班级表（classes）

字段名称	数据类型	说明
id	文本	班级号
cour_id	文本	课程编号
room_id	文本	教室编号
cour_time	文本	上课时间——格式（Mon_1）表示周一第一节
tea_id	文本	教工号

（6）enrol 数据表如表 9.6 所示。

表 9.6　注册表（enrol）

字段名称	数据类型	说明
class_id	文本	班级编号
stu_id	文本	学生编号
accept	文本	选课判断项（已选为 1，默认为 0）
score	数字	成绩

9.2.3　创建数据表

建好 9.2.2 节所列数据表，把前 5 个表中的 id 项设为主键。在 admin 表中加入一条记录，便于登录系统后添加学生和教师资料。还要加入一些课程、班级、登录信息，便于学生登录后进行相应的功能测试。最后一步是配置数据源，详细步骤在本书 6.3.2 节作了说明，请读者参照后，将数据源命名为 jcc。

9.3　各功能模块的具体实现

9.3.1　系统公用模块

前面章节介绍了如何利用 JavaBean 封装数据库连接。本系统也采用数据库封装技术，同时增添了一些用于检测的类。作为公用类，所有对数据库的连接都要使用 useBean 动作标记符来调用这个数据库连接类。为了便于管理，本系统封装的所有类都属于包 stu。

sqlBean.java 的代码如下所示：

```
package stu;
import java.io.*;
import java.sql.*;
public class sqlBean{
public Connection conn=null;
public ResultSet rs=null;
private String DatabaseDriver= "com.microsoft.sqlserver.jdbc.SQLServerDriver";
private String DatabaseConnStr= "jdbc:sqlserver://localhost:1433;DatabaseName=jcc;";
//DateSource Name 数据源名称 DSN
//定义方法
/*setXxx 用于设置属性值；getXxx 用于得到属性值*/
public void setDatabaseDriver(String Driver){ this.DatabaseDriver=Driver; }
public String getDatabaseDriver(){ return (this.DatabaseDriver); }
public void setDatabaseConnStr(String ConnStr){ this.DatabaseConnStr=ConnStr; }
public String getDatabaseConnStr(){ return (this.DatabaseConnStr); }
public sqlBean(){//构造函数
try{
Class.forName(DatabaseDriver);
}
catch(java.lang.ClassNotFoundException e){
```

```
System.err.println("加载驱动器有错误:"+e.getMessage());
System.out.print("执行插入有错误:"+e.getMessage());//输出到客户端
}
}
public String getString(String name) throws SQLException{
                if(rs==null) throw new SQLException("ResultSet is null");
                return String.valueOf(rs.getString(name));                    }
public void executeInsert(String sql){
        try{
        conn = DriverManager.getConnection("jdbc:odbc:jcc","","");
        Statement stmt=conn.createStatement();
        stmt.executeUpdate(sql);
        }
        catch(SQLException ex){
        System.err.println("执行插入有错误:"+ex.getMessage() );
        System.out.print("执行插入有错误:"+ex.getMessage());//输出到客户端
        }
}
//显示数据
public ResultSet executeQuery(String sql){ //
        rs=null;
        try{
        conn = DriverManager.getConnection("jdbc:odbc:jcc","","");
        Statement stmt=conn.createStatement();
        rs=stmt.executeQuery(sql);
        }
        catch(SQLException ex){
        System.err.println("执行查询有错误:"+ex.getMessage() );
        System.out.print("执行查询有错误:"+ex.getMessage()); //输出到客户端
        }
        return rs;
}
//删除数据
public void executeDelete(String sql){
        try{
        conn = DriverManager.getConnection("jdbc:odbc:jcc","","");
        Statement stmt=conn.createStatement();
        stmt.executeUpdate(sql);
        }
        catch(SQLException ex){
        System.err.println("执行删除有错误:"+ex.getMessage() );
        System.out.print("执行删除有错误:"+ex.getMessage()); //输出到客户端
        }
}
public void CloseDataBase(){
        try{
        conn.close();
        }
```

```
catch(Exception end){
System.err.println("执行关闭 Connection 对象有错误："+end.getMessage() );
System.out.print("执行关闭 Connection 对象有错误："+end.getMessage());
//输出到客户端
}}}
```

9.3.2　登录模块

登录系统的作用是把不同的用户限制在不同的使用区域，主要包括 login.jsp 和 login_confirm.jsp 两个页面，连接数据库时应调用 sqlBean 类，具体实现过程稍后详述，首先来看登录界面。

系统登录界面如图 9.2 所示。

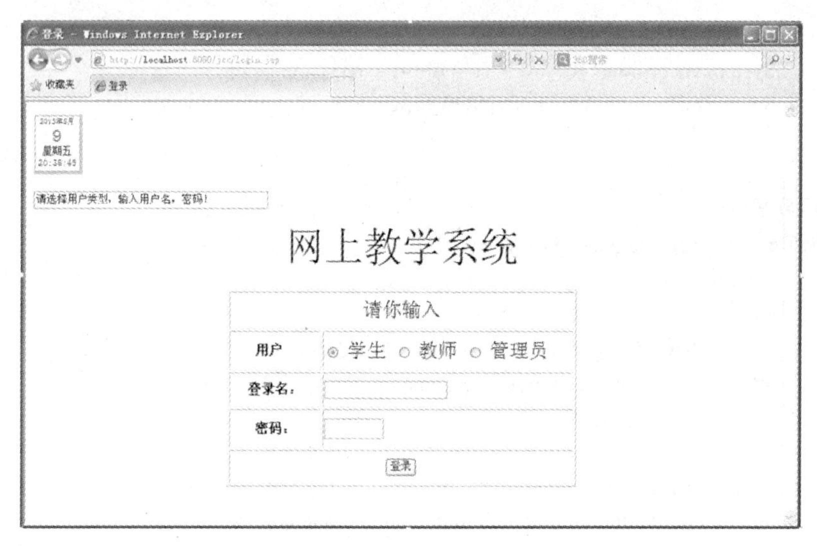

图 9.2　系统登录界面

界面左上角使用 JavaScript 编写的程序来显示日历和信息提示条。此外，表单还使用 JavaScript 来检测填入的用户名和密码是否为空。用户必须选择用户类型，填写完正确的用户名和密码，提交给验证页面 login_confirm.jsp 通过后才能登录到相应的功能界面。

login.jsp 页面的代码如下所示：

```
<%@ page contentType="text/html; charset=gb2312" language="java" import="java.sql.*"
errorPage="errorpage.jsp" %>
<html>
<head>
<style>A.menuitem {
    COLOR: menutext; TEXT-DECORATION: none
}
A.menuitem:hover {
    COLOR: highlighttext; BACKGROUND-COLOR: highlight
}
DIV.contextmenu {
BORDER-RIGHT: 2px outset; BORDER-TOP: 2px outset; Z-INDEX: 999; VISIBILITY: hidden;
BORDER-LEFT: 2px outset; BORDER-BOTTOM: 2px outset; POSITION: absolute; BACKGROUND-
```

```
COLOR: buttonface
}
</style>
<script language=JavaScript>
//日历代码略，参见 3.1.5 节 JavaScript 实例即例 3.8
</script>
<script language="javascript">
<!--
function makearray(size)
{
this.length=size;
for(i=1;i<=size;i++)
{
this[i]=0
}
return this;
}
msg=new makearray(3)
msg[2]="欢迎使用网上教学系统"
msg[1]="请选择用户类型，输入用户名，密码！";
msg[3]="谢谢使用！"
interval = 90;
seq = 0;
i=1;
function Scroll() {
document.tmForm.tmText.value = msg[i].substring(0, seq+1);
seq++;
if ( seq >= msg[i].length ) { seq = 0 ;i++;interval=900};
if(i>3){i=1};
window.setTimeout("Scroll();", interval );interval=90
};
//-->
</script>
    <meta http-equiv="Content-Type" content="text/html; charset=gb2312"; charset=gb2312">
    <title>登录</title>
<script Language = javascript>
<!--
////检测表单代码略，参见 3.1.5 节 JavaScript 实例即例 3.9
-->
</script>
<body   bgcolor="#FFFFFF"   OnLoad="Scroll()">
<form name="tmForm">
<input type="Text" name="tmText" size="40">
</form>
<p>
<%
String getmessage = (String)session.getAttribute("error");
if (getmessage==null) {getmessage="";}
```

```
%>
<p1><font color="red"><%=getmessage%></font></p1></p>
<p align="center"><font color="#33FF00" size="+4" face="华文行楷">网上教学系统</font></p>
<form name="frmLogin" method="post" action="login_confirm.jsp"
onSubmit="return isValid(this);">
<p>
<div align="center">
<table width="47%" height="232" border=1 align="center"   >
<tr >
<td height="44" colspan="2">
<div align="center"><font color="#FFFFFF" size="+2" face="华文行楷">
请你输入</font></div></td>
</tr>
<tr >
<td><div align="center">用户： </div></td>
<td><input name="kind" type="radio" value="student" checked >
<font color="#FFFFFF" size="+2" face="华文行楷">学生</font>
<input type="radio" name="kind" value="teacher">
<font color="#FFFFFF" size="+2" face="华文行楷">教师</font>
<input type="radio" name="kind" value="admin">
<font color="#FFFFFF" size="+2" face="华文行楷">管理员</font></td>
</tr>
<tr >
        <td width="27%">登录名：</font><font color="#FFFFFF">：  </td>
        <td width="73%"><input name="id" type="text" id="id" size="20" maxlength="20"></td>
</tr>
<tr>
        <td>密码： </td>
        <td><input name="password" type="password" id="password" size="8" maxlength="8"></td>
</tr>
<tr >
        <td colspan="2"><div align="center">
        <input type="submit" name="Submit" value="登录">
 </div></td>
</tr>
</table>
</div>
</form>
</body>
</html>
```

填好信息后，单击“登录”按扭，跳转到 login_confirm.jsp 页面。该页面除了调用数据库连接公共类来与数据库连接外，还调用了 login.java 编译后所生成的 login.class 类文件。这个 Bean 的作用是获取用户填写的相关信息。我们获取 kind 的值后，查询 kind 值所对应的数据表，然后连接数据库，将获取的账号 id 和密码 password 与对应的数据表对照，如果正确，则跳转到相应的使用页面，如果出错，则提示出错，要求用户重新输入。

login.java 代码如下：

```
package stu;
public class login{
private String id, password,kind;
private int flag=0;
public login(){
}
//根据获取的 kind 值来给 flag 赋值
public int getFlag(){
if(kind.equals("student")) flag=1;
if(kind.equals("teacher")) flag=2;
if(kind.equals("admin")) flag=3;
return flag;
}
public String getId() {return id;}
public void setId(String id) {this.id = id;}
public String getPassword() {return password;}
public void setPassword(String password) {this.password = password;}
public String getKind() {return kind;}
public void setKind(String kind) {this.kind = kind;}
}
```

其中变量 flag 的作用是将 kind 字符串转化为数字 1、2、3，在验证页面中，使用一个 switch 语句检测 flag 对应的值，根据不同值跳转到相应页面。

login_confirm.jsp 页面代码如下：

```
<%@ page contentType="text/html; charset=gb2312" import="java.sql.*" %>
<%@ page import="stu.*"%>
<html>
<head>
<title>登录检验</title>
</head>
<body>
<jsp:useBean id="ss" scope="page" class="stu.login"/>
<jsp:useBean id="db" scope="page" class="stu.sqlBean"/>
<%
String sql="";
String kind=ss.getKind();
String pw="";
ResultSet rs =null;
String id=ss.getId();
//查询数据表"+kind+"，此处 kind 的值为前页单选按钮对应的值
sql="select password from "+kind+" where id='"+id+"' "        ;
rs=db.executeQuery(sql);
if(rs.next()){
pw=rs.getString("password");}
if(ss.getPassword().equals(pw))
{
session.setAttribute("id",String.valueOf(id));
int flag=ss.getFlag();
```

```
//获取 flag 的值，根据值来判断应该跳转的页面
switch (flag){
case 1: response.sendRedirect("student.jsp");break;
case 2: response.sendRedirect("teacher.jsp");break;
case 3: response.sendRedirect("admin.jsp");break;
}
}
else {
String message= "登录失败，用户名或密码有误！！";
session.setAttribute("error",String.valueOf(message));
response.sendRedirect("login.jsp");}
%>
</body>
</html>
```

9.3.3 管理员模块

管理员的任务是增删改学生以及教师的基本信息，同时为了有效管理开停课以及开停班，管理员还应承担增减课程和开停班的任务。

登录后的首页非常简单，只有 4 个链接，想操作哪部分内容就单击哪部分链接，从而进入具体的操作页面。页面如图 9.3 所示。

图 9.3 管理员首页

该页面 admin.jsp 代码如下：

```
<%@ page contentType="text/html; charset=gb2312" language="java" import="java.sql.*" errorPage=
"errorpage.jsp" %>
<html>
<head>
<meta http-equiv="Content-Type" content="text/html; charset=gb2312">
<title>管理员登录</title>
</head>
<body bgcolor="#FFFFFF" text="#FFFFFF" >
<p>
    <%
String admin_id = (String)session.getAttribute("id");
if(admin_id==null){response.sendRedirect("login.jsp");}
%>
<font color="#000000" size="+2" face="华文行楷">您已经成功通过验证！您可以更改以下内容：
</font></p>
```

```
<p> </p>
<table width="297" align="center" >
            <tr>
              <td width="54"><a href="getStudent.jsp">学生</a> </td>
              <td width="54"><a href="getteacher.jsp">教师 </a></td>
          <td width="54"><a href="getcourse.jsp">课程</a></td>
          <td width="54"><a href="getclass.jsp">班级</a></td>
      </tr>
</table>
</body>
</html>
```

需要注意<%　%>内的两条语句，它的作用是获取登录时填入的 id，如果进入该页面时没有经过登录页面，就检测不到 id，后果会跳转到登录页面，打不开 admin.jsp 页面，这样可以提高安全性，防止非法进入。因此在登录页面以外的其他页面都必须添加这两条代码，来增强系统的安全性。

1. 增删改学生信息

（1）显示学生信息。单击“学生”按钮，页面跳转到 getStudent.jsp 页面。该页面的作用是查询数据库，获取学生信息，并将其显示出来。页面效果如图 9.4 所示。

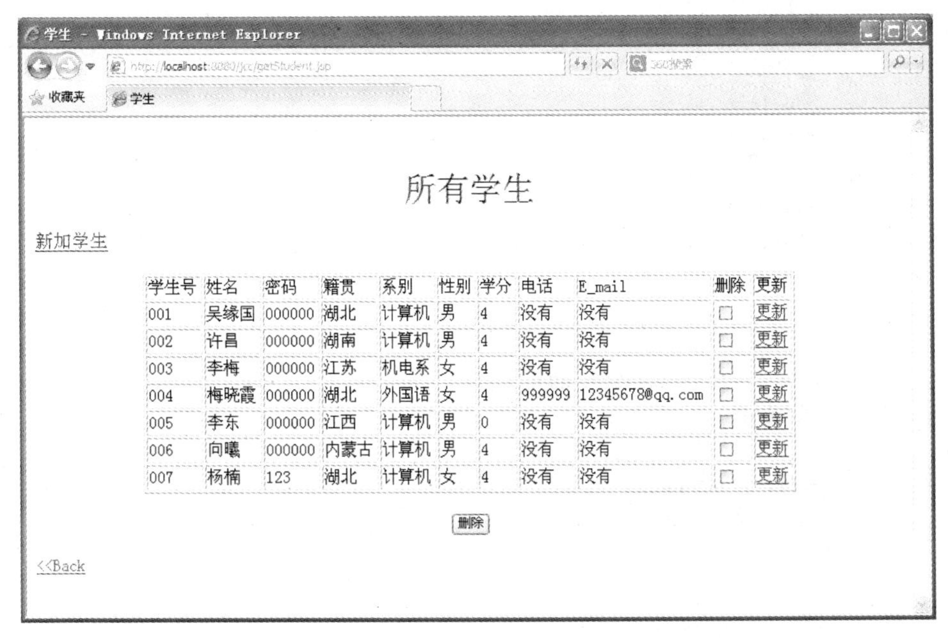

图 9.4　管理员查看学生资料

getStudent.jsp 代码如下：

```
<%@ page contentType="text/html; charset=gb2312" language="java" import="java.sql.*" errorPage
="errorpage.jsp" %>
<html>
<head>
<meta http-equiv="Content-Type" content="text/html; charset=gb2312">
<title>学生</title>
</head>
```

```
<jsp:useBean id="student" scope="page" class="stu.student"/>
<body bgcolor="#FFFFFF"  >
<p>
<%
String admin_id = (String)session.getAttribute("id");
if(admin_id==null){response.sendRedirect("login.jsp");}
String name="",id="",password="",jiguan="",dep="",sex="",tel="",mail="";
int mark=0;
%>
</p>
<p> </p>
<p align="center"><font color="#000000" size="+3" face="华文行楷">所有学生</font></p>
<p><a href="addstudent.jsp"><font size="+1" face="华文行楷">新加学生</font></a></p>
<form method="post" action="getstudent_confirm.jsp">
   <div align="center">
     <table width="75%"  border="1">
       <tr>
         <td>学生号</td>
         <td>姓名</td>
         <td>密码</td>
         <td>籍贯</td>
         <td>系别</td>
         <td>性别</td>
         <td>学分</td>
         <td>电话</td>
         <td>E_mail</td>
         <td>删除</td>
         <td>更新</td>
       </tr>
     <%
     ResultSet rs = student.getStudent();
     while(rs.next())
     {
       id=rs.getString("id");
       tel=rs.getString("tel");
       if(tel==null || tel.equals(""))
       tel="没有";
       mail=rs.getString("e_mail");
       if(mail==null || mail.equals(""))
       mail="没有";
     %>
     <tr>
       <td><%=id%></td>
       <td><%=rs.getString("name")%></td>
       <td><%=rs.getString("password")%></td>
       <td><%=rs.getString("jiguan")%></td>
       <td><%=rs.getString("department")%></td>
       <td><%=rs.getString("sex")%></td>
```

```
            <td><%=rs.getInt("mark")%></td>
            <td><%=tel%></td>
            <td><%=mail%></td>

            <td><input type="checkbox" name="chkbx" value="<%=id%>")></td>
            <td><a href="updatestu.jsp?id=<%=id%> ">更新</a> </td>
          </tr>
          <%
          }
      %>
      </table>
      </div>
      <p align="center">
      <input type="submit" name="Submit" value="删除">
      </p>
      </form>
      <a href="admin.jsp">&lt;&lt;Back </a>
      </body>
      </html>
```

这个页面中使用了一个 JavaBean，删除等功能都要调用 student.class。它的作用有三点，①获取前一页提交的 id 值；②查询数据库，返回结果集；③从数据库中删除数据。

student.java 代码如下：

```
package stu;
import java.sql.*;
public class student {
        private String id,password,dep,name,sex,jiguan;
        public String getId() {
           return id;   }
        public void setId(String id) {
           this.id = id;   }
        public ResultSet   getStudent(){
                 String sql="select * from student      ";
                 sqlBean db= new sqlBean();
                 ResultSet rs = db.executeQuery(sql);
                 return rs;
        }
        public void deleteStudent(){
           String sql="delete   from student where id ='"+id+"' ";
           sqlBean db= new sqlBean();
           db.executeDelete(sql);
        }
}
```

（2）删除学生信息。在显示学生信息的页面中可以看到，每行信息最后都有一个复选框，如果想删除某些学生的信息，只需选定这些复选框，单击“删除”即可。单击“删除”，页面提交到处理页面 getstudent_confirm.jsp。这个页面首先获取前页提交时对应的学生 id 数组（有时需要删除一群学生信息，提交后获取的 id 是一个数组），然后用一条循环语句对数组进行取值，调用 student.class 类中的 deleteStudent()方法，即可将提交过来的 id 存在数据库中对应的记录全部删除。注意掌握对数组取值进行控制的方法。

getstudent_confirm.jsp 代码如下：

```
<%@ page contentType="text/html; charset=gb2312" language="java" import="java.sql.*" errorPage
="errorpage.jsp" %>
<html><head>
<meta http-equiv="Content-Type" content="text/html; charset=gb2312">
<title>无标题文档</title>
</head>
<jsp:useBean id="student" scope="page" class="stu.student"/>
<body bgcolor="#FFFFFF" text="#FFFFFF" link="#00FF00">
<p align="center">
<%
String stu_ids[] = request.getParameterValues("chkbx");
String stu_id;
int len = java.lang.reflect.Array.getLength(stu_ids);
for(int i =0;i<len;i++){
        stu_id=stu_ids[i];
        student.setId(stu_id);
        stu_id=student.getId();
        out.print("成功删除学生：  "+stu_id);
        student.deleteStudent();}%></p>
<p> </p>
<meta http-equiv="refresh" content="2;url=getStudent.jsp">
</body>
</html>
```

（3）更新学生信息。在显示学生信息的页面上，每条学生信息结尾处还有“更新”链接。单击后页面跳转到 updatestu.jsp，这是一个表单页面。我们把要更新的信息填好后，提交给一个用于更新数据到数据库的页面。注意，更新数据库的时候应从前页获取学生 id，只更改该 id 值在数据库中对应的记录。

更新学生信息页面效果如图 9.5 所示。

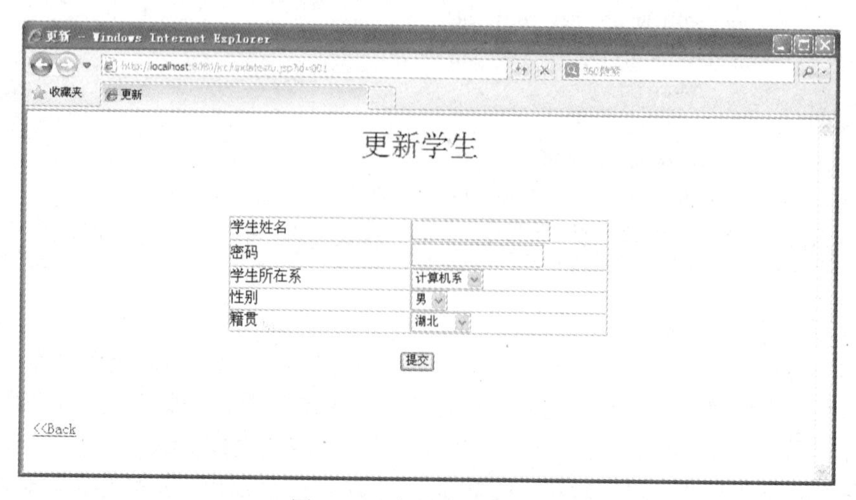

图 9.5　更新学生信息页面

为了简化页面，updatestu.jsp 页面只列出部分籍贯和系别。代码如下：

```
<%@ page contentType="text/html; charset=gb2312" language="java" import="java.sql.*" errorPage=""
%>
<html><head>
<meta http-equiv="Content-Type" content="text/html; charset=gb2312">
<title>更新</title>
</head>
<body bgcolor="#FFFFFF" text="#000000" >
<p> <%
String stu_id=request.getParameter("id");
session.setAttribute("id",String.valueOf(stu_id));%></p>
<p align="center"><font color="#000000" size="+3" face="方正舒体">更新学生</font></p>
<p align="center"> </p>
<form  method="post" action="updatestu_confirm.jsp">
        <table width="49%" height="50"  border="1" align="center" cellpadding="0" cellspacing
="0"> <tr>
            <td width="48%">学生姓名</td>
            <td width="52%"><input name="name" type="text" id="name" ></td>  </tr> <tr>
            <td>密码</td>
            <td><input  name="password" type="password" id="password" maxlength="10"></td>
</tr> <tr>
            <td>学生所在系</td>
            <td><select name="dep" size="1" id="dep">
                <option>计算机系</option>
                <option>通信系</option>
                <option>电子系</option>
                <option>数理系</option>
              </select></td></tr> <tr>
            <td>性别</td>
            <td><select name="sex" size="1" id="select">
                <option>男</option>
                <option>女</option>
              </select></td> </tr>   <tr>
            <td>籍贯</td>
            <td><select name="jiguan" size="1" id="jiguan">
                <option>湖北</option>
                <option>湖南</option>
                <option>上海</option>
                <option>内蒙古</option>
              </select></td> </tr> </table>
  <p align="center">
  <input type="submit" name="Submit" value="提交"></p></form>
  <p> </p>
  <p><a href="getStudent.jsp">&lt;&lt;Back</a></p>
  </body></html>
```

updatestu_confirm.jsp 页面首先获取前页提交的参数，然后将获取的参数中的中文字符转化成 gbk 码，除此之外还要检测提交的参数是否为空。代码如下：

```
<%@ page contentType="text/html; charset=gb2312" language="java" import="java.sql.*"
errorPage="errorpage.jsp" %>
<html><head>
<meta http-equiv="Content-Type" content="text/html; charset=gb2312">
<title>确认更新</title></head>
<jsp:useBean id="sqlB" scope="request" class="stu.sqlBean" />
<body bgcolor="#FFFFFF" text="#0000000" link="#66FF00">
<p align="center">
 <% try{
String id=(String )session.getAttribute("id");
String name=new String(request.getParameter("name").getBytes("iso8859_1"),"gbk");
String dep=new String(request.getParameter("dep").getBytes("iso8859_1"),"gbk");
String sex=new String(request.getParameter("sex").getBytes("iso8859_1"),"gbk");
String jiguan=new String(request.getParameter("jiguan").getBytes("iso8859_1"),"gbk");
String password=new String(request.getParameter("password").getBytes("iso8859_1"),"gbk");
if(name==null || name.equals("")) throw new Exception("错误，学生姓名不能为空！");
if(password==null ||password.equals("")) throw new Exception("错误，学生密码不能为空！");
out.print("Id 为"+id+"的学生<br>");
out.print("更改性别为："+sex+"<br>");
out.print("更改姓名为："+name+"<br>");
out.print("更改籍贯为："+jiguan);
String sql="update student  "+ "set name='"+name+"', sex='"+sex+"', department='"+dep+"'
,password='"+password+"', jiguan='"+jiguan+"'" + " where id='"+id+"'";
sqlB.executeInsert(sql);
} catch(Exception e){out.print(e.toString());}
%>
</p>
<meta http-equiv="refresh" content="2;url=getStudent.jsp">
</body>
</html>
```

（4）新增学生信息。该功能页面与更新学生信息页面有相似之处，但数据库操作是绝然不同的。更新操作是在已有记录上更改，而新增是在数据库中添加新的记录，因此两者使用的数据库操作语句是不同的。新增学生信息页面如图 9.6 所示。

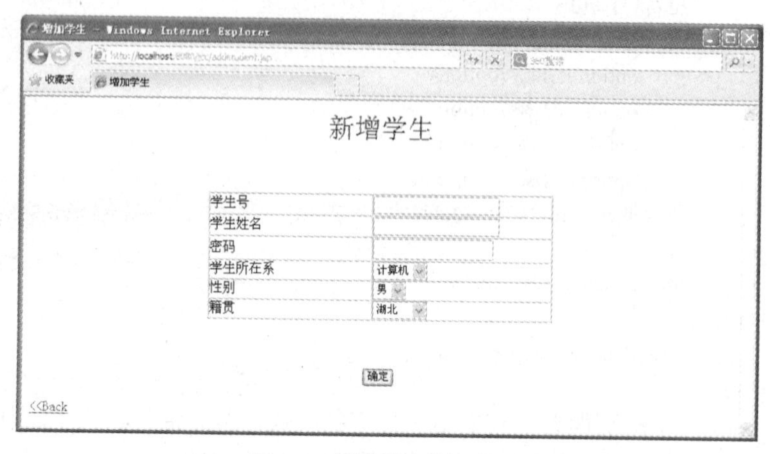

图 9.6　新增学生信息页面

addstudent.jsp 是一个表单页面，与 updatestu.jsp 类似，不同之处是多了一行用来填写要新增的学生 id。

addstudent.jsp 代码如下：

```
<%@ page contentType="text/html; charset=gb2312" language="java" import="java.sql.*"
errorPage="errorpage.jsp" %>
<html>
<head>
<meta http-equiv="Content-Type" content="text/html; charset=gb2312">
<title>增加学生</title>
</head>
<body bgcolor="#FFFFFF" text="#000000">
<p>
<%
String admin_id = (String)session.getAttribute("id");
if(admin_id==null){response.sendRedirect("login.jsp");}
%>
</p>
<p align="center"><font color="#000000" size="+3" face="华文行楷">新增学生</font></p>
<form name="form1" method="post" action="addstudent_confirm.jsp">
<table width="49%" height="50"   border="1" align="center" cellpadding="0" cellspacing="0">
    <tr>
        <td width="48%">学生号</td>
        <td width="52%"><input name="id" type="text" id="id" ></td>
    </tr>
    <tr>
          <td>学生姓名</td>
          <td><input name="name" type="text" id="name" ></td>
    </tr>
    <tr>
          <td>密码</td>
          <td><input name="password" type="password" id="password" maxlength="10"></td>
    </tr>
    <tr>
          <td>学生所在系</td>
          <td><select name="dep" size="1" id="dep">
            <option>计算机</option>
            <option>通信系</option>
            <option>电子系</option>
            <option>数理系</option>
          </select></td>
    </tr>
    <tr>
          <td>性别</td>
          <td><select name="sex" size="1" id="sex">
            <option>男</option>
            <option>女</option>
             </select></td>
```

```
</tr>
<tr>
        <td>籍贯</td>
        <td><select name="jiguan" size="1" id="jiguan">
          <option>湖北</option>
          <option>湖南</option>
          <option>上海</option>
          <option>内蒙古</option>
          <option>北京</option>
          <option>江苏</option>
        </select></td>
 </tr>
</table>
<p> </p>
<p align="center">
  <input type="submit" name="Submit" value="确定">
</p>
</form>
<p><a href="getStudent.jsp">&lt;&lt;Back</a></p>
</body>
</html>
```

页面提交给 addstudent_confirm.jsp，该页面完成数据库的新增。请读者注意该页与更新验证页面的不同之处。

addstudent_confirm.jsp 代码如下：

```
<%@ page contentType="text/html; charset=gb2312" language="java" import="java.sql.*"
errorPage="errorpage.jsp" %>
<html>
<head>
<meta http-equiv="Content-Type" content="text/html; charset=gb2312">
<title>确认新增学生</title>
</head>
<jsp:useBean id="sqlB" scope="request" class="stu.sqlBean" />
<body bgcolor="#FFFFFF" text="#000000" link="#66FF00">
<p align="center">
  <%
String admin_id = (String)session.getAttribute("id");
if(admin_id==null){response.sendRedirect("login.jsp");}
boolean f=true;
try{
String id=request.getParameter("id");
String name=new String(request.getParameter("name").getBytes("iso8859_1"),"gbk");
String dep=new String(request.getParameter("dep").getBytes("iso8859_1"),"gbk");
String sex=new String(request.getParameter("sex").getBytes("iso8859_1"),"gbk");
String jiguan=new String(request.getParameter("jiguan").getBytes("iso8859_1"),"gbk");
String password=request.getParameter("password");
if(id==null || id.equals("")) throw new Exception("错误，学生号不能为空！！");
if(name==null || name.equals("")) throw new Exception("错误，学生姓名不能为空！！");
```

```
if(password==null || password.equals("")) throw new Exception("错误，密码不能为空！！");
out.print("新增学生成功！！"+"<br>");
out.print("学生号：  "+id+"<br>");
out.print("学生姓名：  "+name+"<br>");
out.print("学生所在系：  "+dep+"<br>");
out.print("学生性别：    "+sex+"<br>");
out.print("学生籍贯：    "+jiguan +"<br>");
String sql="insert into student(name,password,id,sex,department,jiguan)   "+
"VALUES('"+name+"','"+password+"','"+id+"','"+sex+"','"+dep+"','"+jiguan+"')";
sqlB.executeInsert(sql);
}catch(Exception e){
out.print(e.toString());
}
%>
</p>
<p> </p>
<meta http-equiv="refresh" content="2;url=addstudent.jsp">
</body>
</html>
```

2. *增删改教师信息*

（1）显示教师信息。在管理员登录后的主页上单击“教师”，页面跳转到 getteacher.jsp 页面。该页面的作用是查询数据库，获取教师信息，并将其显示出来。显示教师信息页面效果如图 9.7 所示。

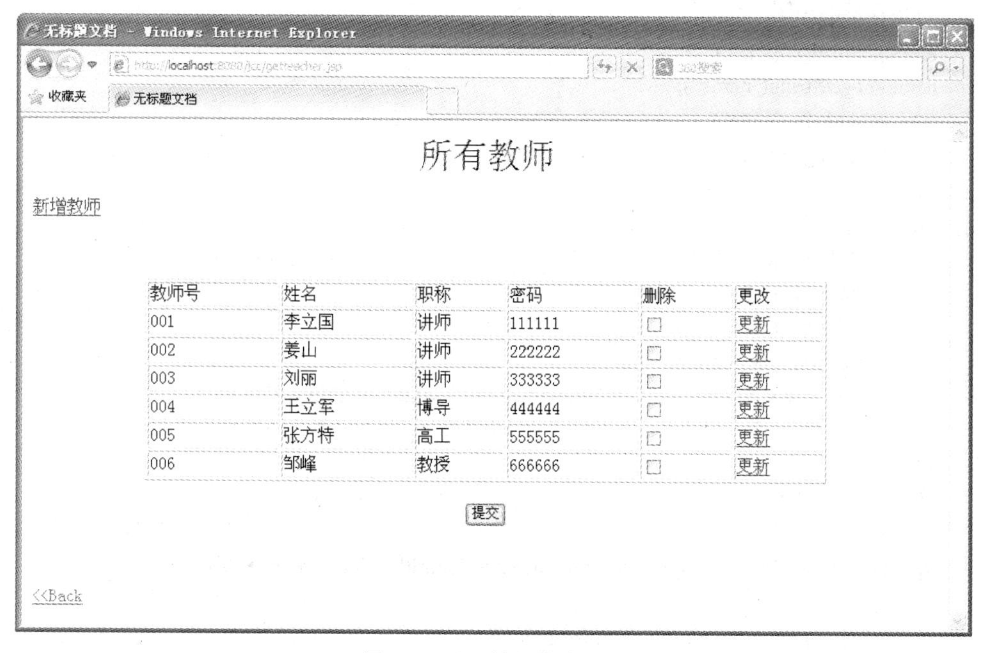

图 9.7　显示教师信息页面

getteacher.jsp 代码如下：

```
<%@ page contentType="text/html; charset=gb2312" language="java" import="java.sql.*" errorPage=""
%>
```

```
<html>
<head>
<meta http-equiv="Content-Type" content="text/html; charset=gb2312">
<title>无标题文档</title>
</head>
<jsp:useBean id="teacher" scope="page" class="stu.teacher"/>
<body bgcolor="#FFFFFF" text="#000000" link="#00FF00">
<%
String id="",name="",title="",password="";
%>
<p align="center"><font color="#00FF00" size="+3" face="华文行楷">所有教师</font></p>
<p><a href="addteacher.jsp">新增教师</a></p>
<form name="form1" method="post" action="getteacher_confirm.jsp">
<table width="75%"   border="1" align="center">
<tr>
        <td>教师号</td>
        <td>姓名</td>
        <td>职称</td>
        <td>密码</td>
        <td>删除</td>
        <td>更改</td>
</tr>
<%
ResultSet rs=teacher.getAll();
while(rs.next()) {
id=rs.getString("id");
name=rs.getString("name");
title=rs.getString("title");
password=rs.getString("password");
%>
<tr>
        <td><%=id%></td>
        <td><%=name%></td>
        <td><%=title%></td>
        <td><%=password%></td>
        <td><input type="checkbox" name="chkbx" value="<%=id%>")></td>
        <td><a href="updatetea.jsp?id=<%=id%>&title=<%=title%> ">更新</a></td>
</tr>
<% }%>
</table>
<p align="center"> <input type="submit" name="Submit" value="提交"> </p>
</form>
<p><a href="admin.jsp">&lt;&lt;Back</a></p>
</body>
</html>
```

这个页面中调用了一个 JavaBean，类名为 teacher。这个类中有很多功能，上面的代码只调用了其中的 teacher.getAll()方法。这个方法的作用是查询 teacher 表，读出所有教师的信息，返回查询到的结果集。delete()方法用于删除所选教师信息，getCourse()方法在其他模块中被调用，用到时再提及。

teacher.java 的完整代码如下：

```
package stu;
import java.sql.*;
public class teacher {
String id;
public String    getId(){return id;}
public void setId(String id){this.id=id;}
public ResultSet getCourse(){//获取某教师所授课程名称
        String sql="select name "+"from classes,course "+
                "where classes.tea_id='"+id+"' "+"and course.id=classes.cour_id";
        sqlBean    sqlbean = new sqlBean();
        ResultSet rs = sqlbean.executeQuery(sql);
        return rs;
        }
public ResultSet getAll(){//获取所有教师信息
        String sql="select * from teacher";
                sqlBean db =new sqlBean();
                ResultSet rs = db.executeQuery(sql);
                return rs;
                }
        public void delete(){//删除教师信息
        String sql="delete    from teacher where id ='"+id+"' ";
        sqlBean db= new sqlBean();
        db.executeDelete(sql);
        }
}
```

（2）删除教师信息。在显示教师信息的页面中，每行信息最后都有一个复选框，如果想删除某些教师的信息，只需选定这些复选框，单击“删除”即可。单击“提交”，页面提交到处理页面 getteacher_confirm.jsp。删除教师信息和删除学生信息的方法类似，只是数据库操作不同，此处调用的删除方法是 teacher.class 类中的 delete()方法。

getteacher_confirm.jsp 代码如下：

```
<%@ page contentType="text/html; charset=gb2312" language="java" import="java.sql.*"
errorPage="errorpage.jsp" %>
<html>
<head>
<meta http-equiv="Content-Type" content="text/html; charset=gb2312">
<title>无标题文档</title>
</head>
<jsp:useBean id="teacher" scope="page" class="stu.teacher"/>
<body bgcolor="#FFFFFF" text="#FFFFFF" link="#33FF00">
<p align="center">
<%
String tea_ids[] = request.getParameterValues("chkbx");
String tea_id;
```

```
int len = java.lang.reflect.Array.getLength(tea_ids);
for(int i =0;i<len;i++){
    tea_id=tea_ids[i];
    teacher.setId(tea_id);
    tea_id=teacher.getId();
    out.print("成功删除教师：  "+tea_id);
    teacher.delete();
}
%>
</p>
<p align="center">  </p>
<p><a href="admin.jsp">&lt;&lt;Back</a></p>
</body>
</html>
```

（3）更新教师信息。教师信息不像学生信息那么复杂，现只记录教师的一小部分信息，如编号、姓名、登录密码、职称等。更新教师信息页面比较简单，如图 9.8 所示。

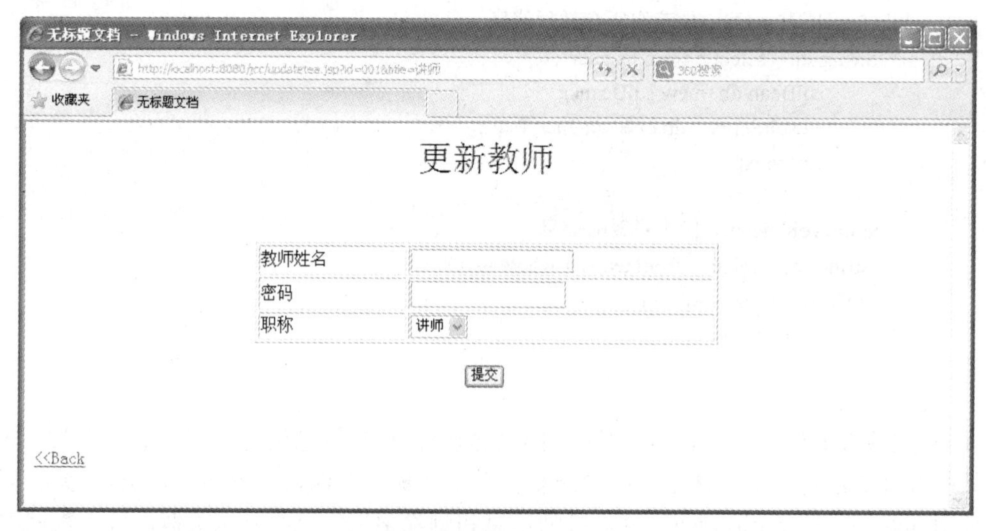

图 9.8　更新教师信息

updatetea.jsp 代码如下：

```
<%@ page contentType="text/html; charset=gb2312" language="java" import="java.sql.*"
errorPage="errorpage.jsp" %>
<html>
<head>
<meta http-equiv="Content-Type" content="text/html; charset=gb2312">
<title>无标题文档</title>
</head>
<body bgcolor="#FFFFFF" text="#000000">
<%
String admin_id=request.getParameter("id");
session.setAttribute("id",String.valueOf(admin_id));
%>
<p align="center"><font color="#000000" size="+3" face="方正舒体">更新教师</font></p>
```

```
<p align="center"> </p>
<form name="form1" method="post" action="updatetea_confirm.jsp">
<table width="51%"   border="1" align="center">
    <tr>
      <td width="33%">教师姓名</td>
      <td width="67%"><input name="name" type="text" id="name"></td>
    </tr>
    <tr>
      <td>密码</td>
      <td><input name="password" type="password" id="password"></td>
    </tr>
    <tr>
      <td>职称</td>
      <td><select name="title" size="1" id="title" >
            <option>讲师</option>
            <option>教授</option>
        </select></td>
    </tr>
  </table>
  <p align="center">
    <input type="submit" name="Submit" value="提交">
  </p>
</form>
<p> </p>
<p><a href="getteacher.jsp">&lt;&lt;Back</a></p>
</body>
</html>
```

填写完要更新教师的基本资料，提交到 updatetea_confirm.jsp 页面。

updatetea_confirm.jsp 代码如下：

```
<%@ page contentType="text/html; charset=gb2312" language="java" import="java.sql.*"
errorPage="errorpage.jsp" %>
<html>
<head>
<meta http-equiv="Content-Type" content="text/html; charset=gb2312">
<title>无标题文档</title>
</head>
<jsp:useBean id="teacher" scope="page" class="stu.teacher"/>
<jsp:useBean id="sqlB" scope="request" class="stu.sqlBean"/>
<body bgcolor="#FFFFFF" text="#000000" link="#66FF00">
<p align="center">
  <%
  try{
String id=(String)session.getAttribute("id");
String name=new String(request.getParameter("name").getBytes("iso8859_1"),"gbk");
String password=request.getParameter("password");
String title=new String(request.getParameter("title").getBytes("iso8859_1"),"gbk");
if(name==null || name.equals(""))
```

```
throw new Exception("错误，教师姓名不能为空！！");
if(password==null || password.equals(""))
  throw new Exception("错误，密码不能为空！！");
out.print("教师号：  "+id+"<br>");
out.print("教师姓名为：  "+name+"<br>");
out.print("职称：  "+title+"<br>");
out.print("密码：  "+password+"<br>");
String sql= "update teacher set name='"+name+"', "+"title='"+title+"',
password='"+password+"' "+ "where id='"+id+"' ";
sqlB.executeInsert(sql);
}
catch (Exception e
)
{
out.print(e.toString());
}
%>
</p>
<p> </p>
<p>
<a href="updatetea.jsp">&lt;&lt;Back</a>
</p>
</body>
</html>
```

该页面首先对前页提交的中文数据进行获取并转码，然后判断获取的姓名和密码是否为空值，即前页是否没有填写姓名和密码。如果一切正常，则执行数据库的更新，更新对应教师的相关信息。

（4）新增教师信息。对于新来的老师，数据库中可能还没有他们的资料。需要在系统中添加他们的信息，因此增加了新增教师模块，如图 9.9 所示。

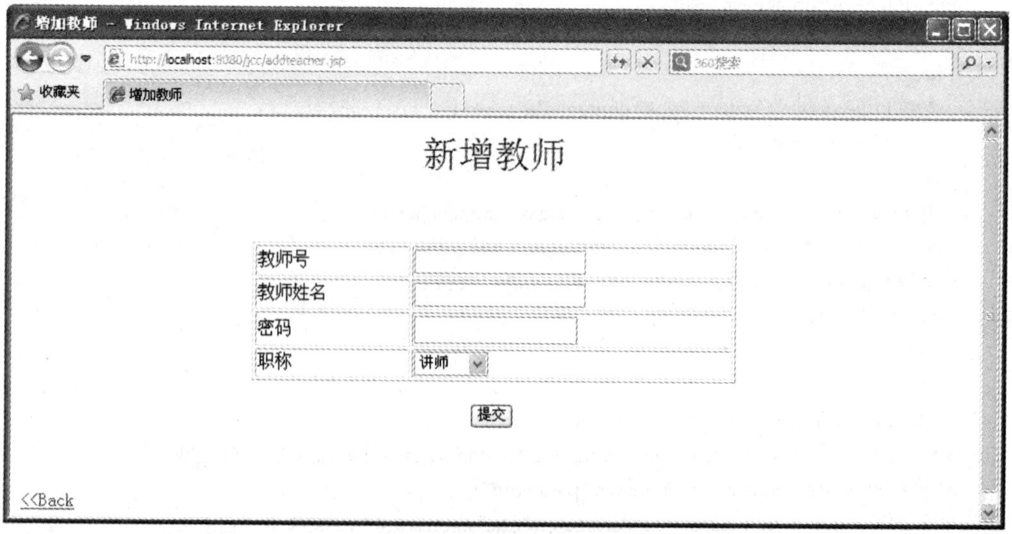

图 9.9　新增教师信息页面

addteacher.jsp 代码如下：

```
<%@ page contentType="text/html; charset=gb2312" language="java" import="java.sql.*"
errorPage="errorpage.jsp" %>
<html>
<head>
<meta http-equiv="Content-Type" content="text/html; charset=gb2312">
<title>增加教师</title>
</head>
<body bgcolor="#FFFFFF" text="#000000">
<p>
  <%
String admin_id = (String)session.getAttribute("id");
if(admin_id==null){response.sendRedirect("login.jsp");}
%>
</p>
<p align="center"><font color="#000000" size="+3" face="华文行楷">新增教师</font></p>
<form name="form1" method="post" action="addteacher_confirm.jsp">
<p> </p>
<div align="center">
<table width="51%"   border="1">
<tr>
          <td>教师号</td>
          <td><input name="id" type="text" id="id"></td>
</tr>
<tr>
          <td width="33%">教师姓名</td>
          <td width="67%"><input name="name" type="text" id="name"></td>
</tr>
<tr>
          <td>密码</td>
          <td><input name="password" type="password" id="password"></td>
</tr>
<tr>
          <td>职称</td>
          <td><select name="title" size="1" id="title">
               <option>讲师</option>
               <option>高工</option>
               <option>副教授</option>
               <option>教授</option>
            </select></td>
</tr>
</table>
<p><input name="确定" type="submit" id="确定" value="提交"></p>
</div>
</form>
<p><a href="getteacher.jsp">&lt;&lt;Back</a></p>
</body>
```

```
</html>
```

该页面比更新教师信息页面多了一个表单，用来记录教师编号。填写完教师信息，将页面提交到 addteacher_confirm.jsp 以完成数据库的插入任务。

addteacher_confirm.jsp 代码如下：

```
<%@ page contentType="text/html; charset=gb2312" language="java" import="java.sql.*"
errorPage="errorpage.jsp" %>
<html>
<head>
<meta http-equiv="Content-Type" content="text/html; charset=gb2312">
</head>
<jsp:useBean id="sqlB" scope="request" class="stu.sqlBean"/>
<body bgcolor="#FFFFFF" text="#000000" link="#00FF00">
<div align="center">
  <%
String admin_id = (String)session.getAttribute("id");
if(admin_id==null){response.sendRedirect("login.jsp");}
try{
String id=request.getParameter("id");
String name=new String (request.getParameter("name").getBytes("iso8859_1"),"gbk");
String password=request.getParameter("password");
String title=new String (request.getParameter("title").getBytes("iso8859_1"),"gbk");
if(name==null || name.equals("")) throw new Exception ("错误，教师姓名不可为空！！");
if(id==null || id.equals("")) throw new Exception ("错误，教师号不可为空！！");
if(password==null || password.equals("")) throw new Exception ("错误，密码不可为空！！");
out.print("新增成功！"+"<br>");
out.print("教师姓名："+name+"<br>");
out.print("教师 ID："+id+"<br>");
out.print("职称："+title+"<br>");
String sql="insert into teacher(id,name,title,password)    "+ "values('"+id+"','"+name+"','"+title+"',
          '"+password+"') ";
sqlB.executeInsert(sql);
}catch(Exception e){
out.print(e.toString());
}
%>
</div>
<p> </p>
<p><a href="addteacher.jsp">&lt;&lt;Back</a></p>
</body>
</html>
```

同样，该页面也要进行检测和转码，然后才能执行数据库的插入。

3. 增删改课程信息

每个学校的课程都会随着社会的需要而发生更改，因此作为教学系统，拥有增删改课程信息这一功能是必要的。

（1）显示课程信息。在管理员首页单击“课程”，将跳转到显示课程信息页面 getcourse.jsp，页面效果如图 9.10 所示。

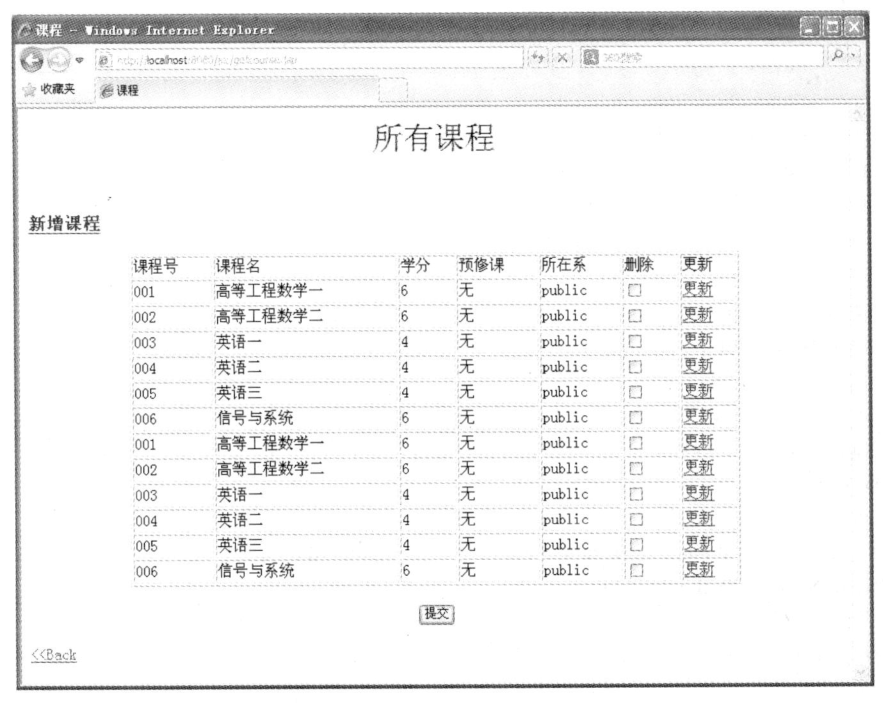

图 9.10　显示课程信息页面

显示课程信息页面 getcourse.jsp 代码如下：

```
<%@ page contentType="text/html; charset=gb2312" language="java" import="java.sql.*"
errorPage="errorpage.jsp" %>
<html>
<head>
<meta http-equiv="Content-Type" content="text/html; charset=gb2312">
<title>课程</title>
</head>
<jsp:useBean id="course" scope="page" class="stu.course"/>
<jsp:useBean id="sqlB" scope="page" class="stu.sqlBean"/>
<body bgcolor="#FFFFFF" text="#000000">
<div align="center">
<p>
<%
String id="",name="",prepare_id="",prepare="",dep="";
int mark=0;
%>
<font color="#00FF00" size="+3" face="方正舒体">所有课程</font> </p>
<p align="left"><a href="addcourse.jsp"><font size="+1" face="方正舒体"><strong>新增课程
</strong></font></a></p>
</div>
<form action="getcourse_confirm.jsp" method="post">
<div align="center">
<table width="75%"   border="1">
<tr>
        <td>课程号</td>
```

```
            <td>课程名</td>
            <td>学分</td>
            <td>预修课</td>
            <td>所在系</td>
            <td>删除</td>
            <td>更新</td>
    </tr>
    <%
    ResultSet rs=course.getCourse();
    while(rs.next()) {
    id=rs.getString("id");
    name=rs.getString("name");
    mark=rs.getInt("mark");
    prepare_id=rs.getString("prepare");
    dep=rs.getString("dep");
    String sql="select name from course where id ='"+prepare_id+"' ";
    ResultSet rs1= sqlB.executeQuery(sql);
    if(rs1.next())
    prepare=rs1.getString("name");
    else
    prepare="无";
    %>
    <tr><td><%=id%></td><td><%=name%></td><td><%=mark%></td><td><%=prepare%></td>
    <td><%=dep%></td><td><input type="checkbox" name="chkbx" value="<%=id%>"></td>
    <td><a href="updatecour.jsp?id=<%=id%> ">更新</a></td>
    </tr>
    <%}%>
    </table>
    <p><input type="submit" name="Submit" value="提交"> </p>
    </div>
    </form>
    <p align="left"><a href="admin.jsp">&lt;&lt;Back</a></p>
    </body>
    </html>
```

在数据库中，每一条课程信息中的预修课是该预修课所对应的课程编号。在显示课程信息时，只要求显示该课程对应的预修课的名称，而不是显示预修课的编号。因此在获取某课程信息的预修课编号后，还需要查询数据库中预修课编号所对应的名称，然后将预修课名称显示在课程信息对应的预选课一栏里。

显示课程信息页面调用了两个 JavaBean，其中 sqlBean.class 作为公共类供查询预修课名称时调用。而 course.class 类中的 getCourse()方法的作用是查询数据库，获取所有的课程信息。在 while 循环语句中，获取每一条课程信息记录集，其中包括课程对应的预修课编号，在循环还没有结束前，查询数据库中该预修课 id 对应的预修课名称，赋值给 prepare_name 显示在页面上。使用一个 if 语句的作用是当某门课程没有预修课的时候，记录集为空，需要将预修课另行赋值为“无”。

course.java 代码如下：

```
package stu;
import java.sql.*;
public class course {
private String id;
public String getId() {return id; }
public void setId(String id) {this.id = id; }
public ResultSet   getCourse(){             //获取所有课程
    String sql="select * from course     ";
    sqlBean db= new sqlBean();
    ResultSet rs = db.executeQuery(sql);
    return rs;
    }
public void deleteCourse(){               //删除课程信息
    String sql="delete   from Course where id ='"+id+"' ";
    sqlBean db= new sqlBean();
    db.executeDelete(sql);
    }
public boolean isLogin(){                  //检查某课程是否存在
    boolean f=true;
    String sql="select id from course where id='"+id+"'    ";
    sqlBean db = new sqlBean();
    try{
    ResultSet rs =db.executeQuery(sql);
    if(rs.next())
    {f=false;}
    }catch(Exception e){ e.getMessage();}
    return f;
    }
}
```

（2）删除课程信息。将要删除的课程信息对应的复选框打勾，单击“提交”，跳转到删除页面进行删除处理。

删除页面 getcourse_confirm.jsp 代码如下：

```
<%@ page contentType="text/html; charset=gb2312" language="java" import="java.sql.*"
 errorPage="" %>
<html>
<head>
<meta http-equiv="Content-Type" content="text/html; charset=gb2312">
<title>无标题文档</title>
</head>
<jsp:useBean id="course" scope="page" class="stu.course"/>
<body bgcolor="#FFFFFF" text="#FFFFFF" link="#00FF00">
<p align="center">
  <%
String cour_ids[] = request.getParameterValues("chkbx");
String cour_id;
int len = java.lang.reflect.Array.getLength(cour_ids);
for(int i =0;i<len;i++){
```

```
cour_id=cour_ids[i];
course.setId(cour_id);
cour_id=course.getId();
out.print("成功删除课程：  "+cour_id);
course.deleteCourse();
}
%>
</p>
<p> </p>
<p><a href="getcourse.jsp">&lt;&lt;Back</a></p>
</body>
</html>
```

此页面获取提交的id数组，用循环语句for获取每个id在数据库中对应的记录，调用course类中的deleteCourse()方法将该记录从数据库中删除。

（3）更新课程信息。课程的更新涉及一个和显示课程信息类似的问题，更新页面中，从下拉表单中选择预修课时，应该显示预修课的名称，因此需要查询数据库，列出数据库中已有的课程名称以供选择。页面效果如图 9.11 所示。

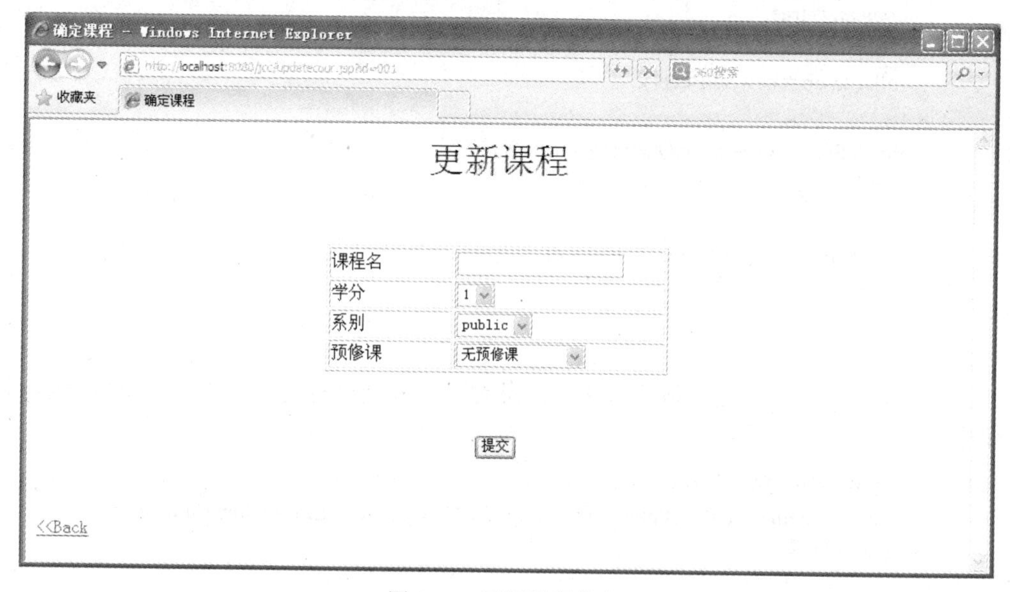

图 9.11　更新课程信息

updatecour.jsp 代码如下：

```
<%@ page contentType="text/html; charset=gb2312" language="java" import="java.sql.*"
errorPage="errorpage.jsp" %>
<html>
<head>
<meta http-equiv="Content-Type" content="text/html; charset=gb2312">
<title>确定课程</title>
</head>
<jsp:useBean id="course" scope="page" class="stu.course"/>
<body bgcolor="#FFFFFF" text="#000000">
<p>
```

```
<%
String id="",name="";
id=request.getParameter("id");
session.setAttribute("id",String.valueOf(id));
%>
<form action="updatecour_confirm.jsp" method="post">
</p>
<p align="center"><font color="#00FF00" size="+3" face="方正舒体">更新课程</font></p>
<table width="37%"   border="1" align="center">
<tr>
      <td width="37%">课程名</td>
      <td width="63%"><input name="name" type="text" id="name"></td>
</tr>
<tr>
      <td>学分</td>
      <td><select name="mark" size="1" id="mark">
           <option value="1">1</option>
           <option value="2">2</option>
           <option value="3">3</option>
           <option value="4">4</option>
           <option value="5">5</option>
        </select></td>
</tr>
<tr>
      <td>系别</td>
      <td><select name="dep" size="1" id="dep">
           <option>public</option>
           <option>计算机</option>
           <option>机械</option>
           <option>艺术</option>
           <option>数理</option>
        </select></td>
</tr>
<tr>
      <td>预修课</td>
      <td><select name="prepare" size="1" id="prepare">
           <option value="0">无预修课</option>
<%
ResultSet rs=course.getCourse();
while(rs.next()) {
name=rs.getString("name");
id=rs.getString("id");
%>
      <option value="<%=id%>"><%=name%></option>
<%}%>
          </select> </td>
</tr>
</table>
```

```
<p align="center">   <input type="submit" name="Submit" value="提交"></p>
</form>
<p><a href="getcourse.jsp">&lt;&lt;Back</a> </p>
</body>
</html>
```

填写好课程信息，提交给 updatecour_confirm.jsp 页面，进行相应的数据库操作。updatecour_confirm.jsp 代码如下：

```
<%@ page contentType="text/html; charset=gb2312" language="java" import="java.sql.*"
errorPage="errorpage.jsp" %>
<html>
<head>
<meta http-equiv="Content-Type" content="text/html; charset=gb2312">
<jsp:useBean id="course" scope="request" class="stu.course"/>
<jsp:useBean id="sqlB" scope="request" class="stu.sqlBean"/>
</head>
<body bgcolor="#FFFFFF" text="#FFFFFF" link="#66FF00">
<div align="center">
<p>
<%
String admin_id = (String)session.getAttribute("id");
if(admin_id==null){response.sendRedirect("login.jsp");}
String id=(String )session.getAttribute("id");
String prepareDep="null";
int mark=0;
try{
String name=new String(request.getParameter("name").getBytes("iso8859_1"),"gbk");
String prepare=request.getParameter("prepare");
String dep=new String(request.getParameter("dep").getBytes("iso8859_1"),"gbk");//该课程所在系
mark = Integer.parseInt(request.getParameter("mark"));
if(name==null || name.equals("")) throw new Exception("错误，课程名不可为空！！");
String sql1="select dep from course where id='"+prepare+"' ";
ResultSet rs =sqlB.executeQuery(sql1);
while(rs.next())
{
prepareDep=rs.getString("dep");}
out.println("预修课系别："+prepareDep+"<br>");
out.print("课程所在系："+dep+"<br>");
if(dep.equals(prepareDep) || dep.equals("public")||prepareDep.equals("null"))
out.print("课程所在系与预修课所在系满足要求!!!"+"<br>");
else
throw new Exception("课程所在系与预修课所在系不满足要求，更新失败！！！");
out.print("学分   ："+mark+"<br>");
String sql2="update course "+
                    "set name='"+name+"',prepare='"+prepare+"',"+
                    "dep='"+dep+"',mark='"+mark+"'   "+
                    "where id='"+id+"' ";
sqlB.executeInsert(sql2);
```

```
}catch(Exception e){
out.print(e.toString());
}
%>
</p>
<p>  </p>
</div>
<p><a href="getcourse.jsp">&lt;&lt;Back </a></p>
</body>
</html>
```

这一页面有几个问题需要注意：①由于数据库中 mark 为数值型，需要将获取到的 mark 值转换为 int 型；②需要检测课程名是否为空；③需要检测预修课所在系与本课程的系别是否一致，当然公共课例外，因此需要查询 course 数据表获取预修课所在系，之后就可以将课程所在系与预修课所在系进行比较了。

（4）新增课程信息。新增课程时依然是先进入一个表单页面，页面效果如图 9.12 所示。

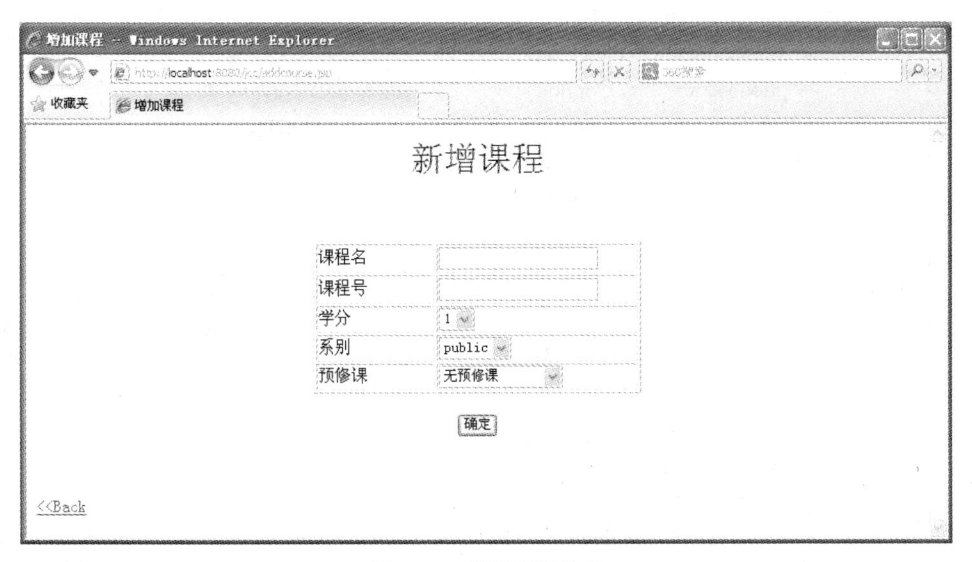

图 9.12　新增课程信息

该页面为 addcourse.jsp，代码如下：

```
<%@ page contentType="text/html; charset=gb2312" language="java" import="java.sql.*"
errorPage="errorpage.jsp" %>
<html>
<head>
<meta http-equiv="Content-Type" content="text/html; charset=gb2312">
<title>增加课程</title>
</head>
<jsp:useBean id="course" scope="session" class="stu.course"/>
<body bgcolor="#FFFFFF" text="#000000">
<p>
  <%
String admin_id = (String)session.getAttribute("id");
if(admin_id==null){response.sendRedirect("login.jsp");}
```

```
String prepare_name="",prepare_id="";
%>
</p>
<p align="center"><font color="#00FF00" size="+3" face="华文行楷">新增课程</font></p>
<form name="form1" method="post" action="addcourse_confirm.jsp">
<table width="37%"   border="1" align="center">
<tr>
      <td width="37%">课程名</td>
      <td width="63%"><input name="name" type="text" id="name"></td>
</tr>
<tr>
      <td>课程号</td>
      <td><input name="id" type="text" id="id"></td>
</tr>
<tr>
      <td>学分</td>
      <td><select name="mark" size="1" id="mark">
          <option value="1">1</option>
          <option value="2">2</option>
          <option value="3">3</option>
          <option value="4">4</option>
          <option value="5">5</option>
        </select></td>
</tr>
<tr>
      <td>系别</td>
      <td><select name="dep" size="1" id="dep">
          <option>public</option>
          <option>计算机</option>
          <option>通信系</option>
          <option>电子系</option>
          <option>数理系</option>
        </select></td>
</tr>
<tr>
      <td>预修课</td>
      <td><select name="prepare" size="1" >
<%
        ResultSet rs=course.getCourse();
          while(rs.next()) {
          prepare_name=rs.getString("name");
          prepare_id=rs.getString("id");
%>
          <option value="<%=prepare_id%>"><%=prepare_name%></option>
<%}%><option value="0" selected>无预修课</option>
        </select>
      </td>
</tr>
```

```
</table>
<p align="center"> <input type="submit" name="Submit2" value="确定"> </p>
</form>
<p><a href="getcourse.jsp">&lt;&lt;Back </a></p>
</body>
</html>
```

该页面和更新页面很相似，注意预修课对应的下拉表单，提交的值是 prepare_id，而不是 prepare_name，提取 prepare_name 只是用来显示下拉表单的值，提交后的页面获取的是 prepare_id，插入数据库的也是 prepare_id。

提交到 addcourse_confirm.jsp 页面，代码如下：

```
<%@ page contentType="text/html; charset=gb2312" language="java" import="java.sql.*"
errorPage="errorpage.jsp" %>
<html>
<head>
<meta http-equiv="Content-Type" content="text/html; charset=gb2312">
<jsp:useBean id="course" scope="request" class="stu.course"/>
<jsp:useBean id="sqlB" scope="request" class="stu.sqlBean"/>
</head>
<body bgcolor="#FFFFFF" text="#000000" link="#66FF00">
<div align="center">
<p>
<%
String admin_id = (String)session.getAttribute("id");
if(admin_id==null){response.sendRedirect("login.jsp");}
boolean flag=true;
String prepareDep="null";
int mark=0;
try{
String name=new String(request.getParameter("name").getBytes("iso8859_1"),"gbk");
String id=request.getParameter("id");
String prepare=request.getParameter("prepare");
String dep=new String(request.getParameter("dep").getBytes("iso8859_1"),"gbk");//该课程所在系
mark = Integer.parseInt(request.getParameter("mark"));
if(name==null || name.equals("")) throw new Exception("错误，课程名不可为空！！");
if(id==null || id.equals("")) throw new Exception("错误，课程号不可为空！！");
flag=course.isLogin();
if(flag==false)
throw new Exception ("课程号有重复，新增失败!!!!!!");
String sql1="select dep from course where id='"+prepare+"' ";
ResultSet rs =sqlB.executeQuery(sql1);
while(rs.next())
{
prepareDep=rs.getString("dep");}
out.println("预修课系别："+prepareDep+"<br>");
out.print("课程所在系："+dep+"<br>");
if(dep.equals(prepareDep) || dep.equals("public")||prepareDep.equals("null"))
out.print("课程所在系与预修课所在系满足要求!!!"+"<br>");
```

```
else
throw new Exception("课程所在系与预修课所在系不满足要求，新增失败！！！");
out.print("学分："+mark+"<br>");
String prepare1=prepare;
String sql2="insert into course(id,name,mark,prepare,dep) "+
"VALUES('"+id+"','"+name+"','"+mark+"','"+prepare1+"','"+dep+"') ";
sqlB.executeInsert(sql2);
}catch(Exception e){
out.print(e.toString());
}%></p>
</div>
<meta http-equiv="refresh" content="2;url=addcourse.jsp">
</body>
</html>
```

该页面与更新提交到的页面类似，不再赘述。

4. 增删改班级信息

（1）显示班级信息。这里的班级不是指学生分班的那个班级，而是指对课程开班形成的班级，课程信息加入到数据库后，如果管理员不进行相应的开班，学生是无法选择该门课的。

为了便于管理，系统应能显示所有开班信息。显示班级信息页面如图 9.13 所示。

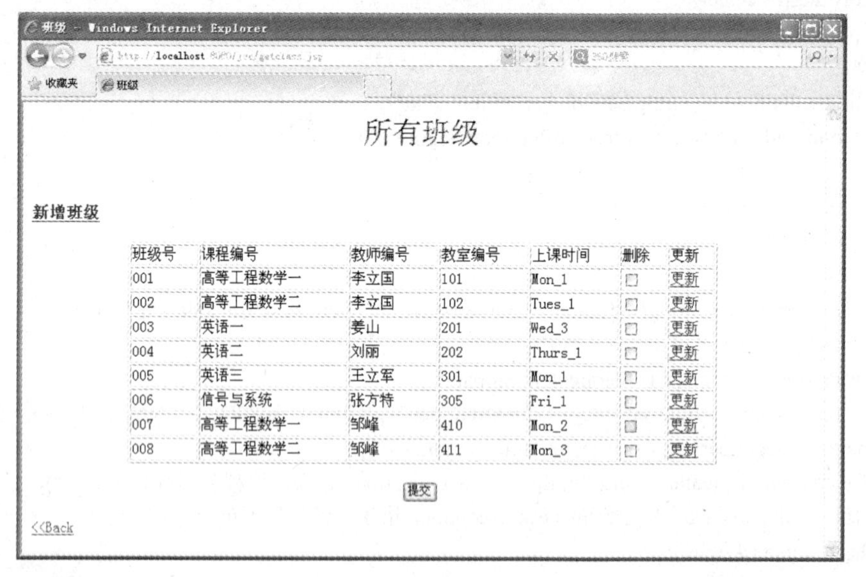

班级号	课程编号	教师编号	教室编号	上课时间	删除	更新
001	高等工程数学一	李立国	101	Mon_1	□	更新
002	高等工程数学二	李立国	102	Tues_1	□	更新
003	英语一	姜山	201	Wed_3	□	更新
004	英语二	刘丽	202	Thurs_1	□	更新
005	英语三	王立军	301	Mon_1	□	更新
006	信号与系统	张方特	305	Fri_1	□	更新
007	高等工程数学一	邹峰	410	Mon_2	□	更新
008	高等工程数学二	邹峰	411	Mon_3	□	更新

图 9.13 显示班级信息页面

getclass.jsp 页面代码如下所示：

```
<%@ page contentType="text/html; charset=gb2312" language="java" import="java.sql.*"
errorPage="errorpage.jsp" %>
<html>
<head>
<meta http-equiv="Content-Type" content="text/html; charset=gb2312">
<title>班级</title>
</head>
<jsp:useBean id="classp" scope="page" class="stu.classp"/>
```

```
<jsp:useBean id="sqlB" scope="page" class="stu.sqlBean"/>
<body bgcolor="#FFFFFF" text="#000000" link="#00FF00">
<div align="center">
<p>
<%
String id="",cour_id="",cour_name="",tea_id="",tea_name="",room_id="",cour_time="";
int mark=0;
%>
<font color="#00FF00" size="+3" face="方正舒体">所有班级</font> </p>
<p align="left"><a href="AddClass.jsp"><font size="+1" face="方正舒体"><strong>新增班级
</strong></font></a></p>
</div>
<form action="getclass_confirm.jsp" method="post">
<div align="center">
<table width="75%"   border="1">
<tr>
        <td>班级号</td>
        <td>课程编号</td>
        <td>教师编号</td>
        <td>教室编号</td>
        <td>上课时间</td>
        <td>删除</td>
        <td>更新</td>
</tr>
<%
ResultSet rs=classp.getClassp();
while(rs.next()) {
id=rs.getString("id");
cour_id=rs.getString("cour_id");
tea_id=rs.getString("tea_id");
room_id=rs.getString("room_id");
cour_time=rs.getString("cour_time");
String sql1="select name from course   where id ='"+cour_id+"' ";
ResultSet rs1= sqlB.executeQuery(sql1);
while(rs1.next())
      { cour_name=rs1.getString("name");}
String sql2="select name from teacher   where id ='"+tea_id+"' ";
ResultSet rs2= sqlB.executeQuery(sql2);
while(rs2.next())
      { tea_name=rs2.getString("name");}
%>
<tr><td><%=id%></td><td><%=cour_name%></td><td><%=tea_name%></td>
<td><%=room_id%></td><td><%=cour_time%></td>
<td><input type="checkbox" name="chkbx" value="<%=id%>"></td>
<td><a href="updateclass.jsp?id=<%=id%> ">更新</a></td></tr>
<%}%>
</table>
<p> <input type="submit" name="Submit" value="提交"></p>
```

```
</div>
</form>
<p align="left"><a href="admin.jsp">&lt;&lt;Back</a></p>
</body>
</html>
```

从代码中可以看到该页面调用了两个 JavaBean，classp.class 类不命名为 class.class 的原因是 Java 语言把 class 定义为关键字，类名不得与关键字相同。

classp.getClassp()方法的作用是查询数据库中开班信息，返回结果集，之后又使用了两条数据库查询语句，作用分别是从 teacher 表中获取与班级信息中教师编号相同的教师名和从 course 表中获取与班级信息中课程编号相同的课程名。

classp.java 代码如下：

```
package stu;
import java.sql.*;
public class classp  {
private String id, cour_id, tea_id, room_id, cour_time;
public String getId() {return id; }
public void setId(String id) {this.id = id; }
public String getCour_id() { return cour_id;  }
public void setCour_id(String cour_id) { this.cour_id = cour_id; }
public String getTea_id() {return tea_id; }
public void setTea_id(String tea_id) { this.tea_id = tea_id; }
public String getRoom_id() {return room_id; }
public void setRoom_id(String room_id) {  this.room_id = room_id; }
public String getCour_time() {return cour_time; }
public void setCour_time(String time) {this.cour_time = time; }
public ResultSet getClassp(){           //获取所有课程供开班时选择班级
    String sql="select * from classes    ";
    sqlBean db= new sqlBean();
    ResultSet rs = db.executeQuery(sql);
    return rs;
    }
public ResultSet getTeachers(){//获取所有教师供开班时选择教师
    String sql="select id,name from teacher   ";
    sqlBean db = new sqlBean();
    ResultSet rs = db.executeQuery(sql);
    return rs;
    }
public ResultSet getCourses(){//查询班级表中的班级信息
    String sql="select id,name from course   ";
    sqlBean db = new sqlBean();
    ResultSet rs = db.executeQuery(sql);
    return rs;
    }
public boolean hasLogin(){   //检测班级编号是否已经存在
    boolean f=true;
    String sql="select id from classes where id ='"+id+"'";
```

```
        sqlBean db =new sqlBean();
        try{
        ResultSet rs=db.executeQuery(sql);
        if(rs.next()){ f=false;}
        else{ f=true;}
        }catch(Exception e){ e.getMessage();}
        return f;
        }
    public boolean hasMoretea(){      //检查教师是否同一时间上两门课程
        boolean f=true;
        String sql="select id from classes    "+
        "where tea_id='"+tea_id+"' and cour_time='"+cour_time+"'       ";
        sqlBean db =new sqlBean();
        try{
        ResultSet rs=db.executeQuery(sql);
        if(rs.next()){ f=false;}
        else{ f=true;}
        }catch(Exception e){ e.getMessage();}
        return f;
        }
    public boolean hasMoreroom(){         //检查同一教室是否同一时间上两门课程
        boolean f=true;
        String sql="select id from classes    "+
        "where room_id='"+room_id+"' and cour_time='"+cour_time+"'       ";
        sqlBean db =new sqlBean();
        try{
        ResultSet rs=db.executeQuery(sql);
        if(rs.next()){ f=false;}
        else{ f=true;}
        }catch(Exception e){ e.getMessage();}
        return f;
        }
    public void addClass(){              //插入新的开班信息到数据库
        String sql="insert into classes(id,tea_id,cour_id,room_id,cour_time)    "+
         "values('"+id+"','"+tea_id+"','"+cour_id+"','"+room_id+"','"+cour_time+"') ";
        sqlBean db =new sqlBean();
        db.executeInsert(sql);
        }
    public void deleteClass(){            //从数据库中删除班级
        String sql="delete   from classes where id ='"+id+"' ";
        sqlBean db= new sqlBean();
        db.executeDelete(sql);
        }
    }
```

classp.java 包含很多方法，其中删除、更新、新增等功能模块要调用的相应方法都封装在这个类里。

（2）删除开班信息。显示班级信息中每条班级信息后有复选框，选择好要删除的信息，提交后跳转到 getclass_confirm.jsp 进行删除处理，该页面调用了 classp 类中的 deleteClass()方法。

getclass_confirm.jsp 代码如下：

```
<%@ page contentType="text/html; charset=gb2312" language="java" import="java.sql.*"
errorPage="" %>
<html>
<head>
<meta http-equiv="Content-Type" content="text/html; charset=gb2312">
<title>删除班级</title>
</head>
<jsp:useBean id="classp" scope="page" class="stu.classp"/>
<body bgcolor="#FFFFFF" text="#FFFFFF" link="#00FF00">
<p align="center">
  <%
String class_ids[] = request.getParameterValues("chkbx");
String class_id;
int len = java.lang.reflect.Array.getLength(class_ids);
for(int i =0;i<len;i++){
class_id=class_ids[i];
classp.setId(class_id);
class_id=classp.getId();
out.print("成功删除课程：  "+class_id);
classp.deleteClass();
}
%>
</p>
<p> </p>
<p><a href="getclass.jsp">&lt;&lt;Back</a></p>
</body>
</html>
```

（3）更新班级信息。有了前面几个模块的基础，可以看出更新模块除了一些细节上的差别，其他都大致类似。更新班级信息界面如图 9.14 所示。

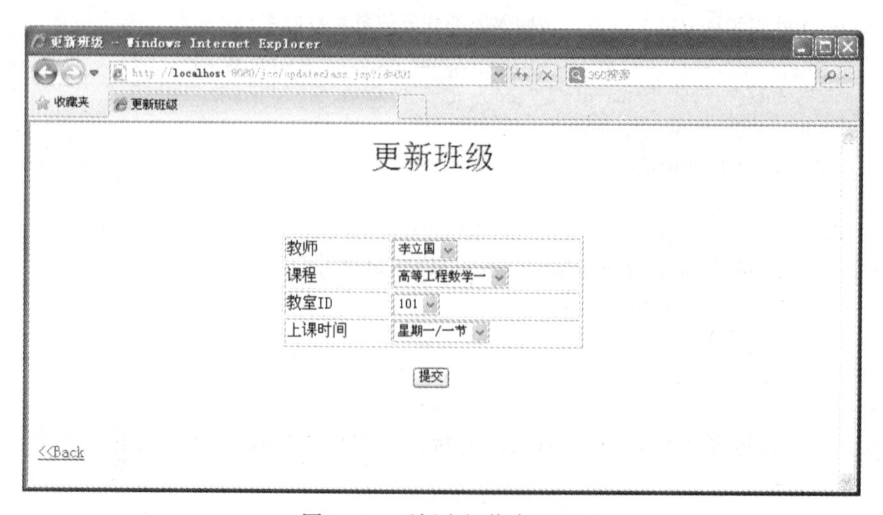

图 9.14　更新班级信息页面

更新班级信息的页面为 updateclass.jsp，代码如下：

```
<%@ page contentType="text/html; charset=gb2312" language="java" import="java.sql.*"
errorPage="errorpage.jsp" %>
<html>
<head>
<meta http-equiv="Content-Type" content="text/html; charset=gb2312">
<title>更新班级</title>
</head>
<jsp:useBean id="classp" scope="page" class="stu.classp"/>
<body bgcolor="#FFFFFF" text="#000000">
<p>
  <%
String id="",name="";
id=request.getParameter("id");
session.setAttribute("id",String.valueOf(id));
String admin_id = (String)session.getAttribute("id");
if(admin_id==null){response.sendRedirect("login.jsp");}
%>
</p>
<p align="center"><font color="#00FF00" size="+3" face="华文行楷">更新班级 </font></p>
<form name="form1" method="post" action="updateclass_confirm.jsp">
<table width="38%"   border="1" align="center">
<tr>
        <td>教师</td>
        <td><select name="tea_id" size="1" id="tea_id">
<%
ResultSet rs = classp.getTeachers();
while(rs.next()) {
id=rs.getString("id");
name=rs.getString("name");
%>
<option value="<%=id%>"><%=name%></option>
<%}%>
          </select></td>
</tr>
<tr>
        <td>课程</td>
        <td><select name="cour_id" id="cour_id">
<%
rs= classp.getCourses();
while(rs.next()){
id=rs.getString("id");
name=rs.getString("name");
%>
<option value="<%=id%>"><%=name%></option>
<%}%>
</select></td>
```

```
</tr>
<tr>
        <td>教室 ID</td>
        <td><select name="room_id" size="1" id="room_id">
             <option>101</option>
             …//省略其他教室编号
          </select></td>
</tr>
<tr>
        <td>上课时间</td>
        <td><select name="cour_time" size="1" id="cour_time">
             <option value="Mon_1">星期一/一节</option>
           …//省略其他日期编号
          </select></td>
</tr>
</table>
<p align="center"> <input type="submit" name="Submit" value="提交"> </p>
</form>
<a href="getclass.jsp">&lt;&lt;Back </a>
</body>
</html>
```

该页面中，选择教师对应的下拉表单调用了 classp 类中的 getTeachers()方法获取可供选择的教师姓名和编号，下拉表单中显示的是教师姓名，而提交的 value 值是教师编号。选择课程对应的下拉表单调用 classp 类中的 getCourses()方法获取可供选择的课程名称和课程编号，表单中显示的是课程名称，而提交的 value 值是课程编号。

填写好开班信息后，提交到 updateclass_confirm.jsp 页面进行相应的数据库操作，updateclass_confirm.jsp 代码如下：

```
<%@ page contentType="text/html; charset=gb2312" language="java" import="java.sql.*"
errorPage="" %>
<html>
<head>
<meta http-equiv="Content-Type" content="text/html; charset=gb2312">
<title>更新班级</title>
</head>
<jsp:useBean id="classp" scope="request" class="stu.classp"/>
<jsp:useBean id="sqlB" scope="request" class="stu.sqlBean"/>
<body bgcolor="#FFFFFF" text="#000000" link="#00FF00">
<p align="center">
  <%
String admin_id = (String)session.getAttribute("id");
if(admin_id==null){response.sendRedirect("login.jsp");}
String id=(String )session.getAttribute("id");
try{
boolean f=true;
f=classp.hasMoretea();
if(f==false)
```

```
throw new Exception("错误，教师不能在同一时间上两门课程!!!");
f=classp.hasMoreroom();
if(f==false)
throw new Exception("错误，同一教室不能在同一时间上两门课程!!!");
else out.print("祝贺你!更新成功!<br>");
String cour_id=request.getParameter("cour_id");
out.print("课程 ID："+cour_id+"<br>");
String tea_id=request.getParameter("tea_id");
out.print("教师 ID："+tea_id+"<br>");
String room_id=request.getParameter("room_id");
out.print("上课地点："+room_id+"<br>");
String cour_time=request.getParameter("cour_time");
out.print("上课时间："+cour_time+"<br>");
String sql="update classes "+" set tea_id='"+tea_id+"',cour_id='"+cour_id+"',"+
        "room_id='"+room_id+"',cour_time='"+cour_time+"'   "+ " where id='"+id+"' ";
sqlB.executeInsert(sql);
}catch(Exception e){
out.print(e.toString());
}
%>
</p>
<p><a href="updateclass.jsp">&lt;&lt;back</a></p>
</body>
</html>
```

更新班级时要注意满足两个条件：①同一教师不能在同一时间上两门课程，②同一教室不能在同一时间上两门课，所以填写开班信息提交后，要在验证页检测是否有这样的情况，如果没有才能执行数据库更新操作。因此调用了 classp 类中的两个方法，分别为 hasMoretea()和 hasMoreroom()。

（4）新增班级信息。这一模块与前面的更新班级信息的不同之处是需要获取填入表单中的班级号，调用 classp 类中的 hasLogin()方法检测是否该班级号在数据库表中已存在，此外还要满足更新班级中的两个条件才能执行数据库插入操作，具体代码略，请读者到中国水利水电出版社网站上下载。

新增班级信息页面如图 9.15 所示。

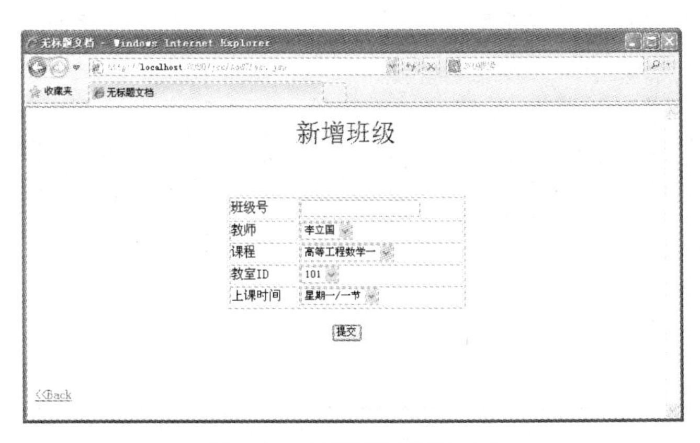

图 9.15　新增班级信息页面

9.3.4 学生模块

该模块主要用于学生管理信息，完成的功能有网上选课、查看成绩和学分、更改登录密码以及联系方式等。

学生登录后进入 student.jsp 页面。该页面给学生提供三个链接：选修课程、查看学分、更改信息。本节详细介绍选修和学分查看功能，更改信息与上一节所讲述的更改功能类似，不予介绍，请读者查阅中国水利水电出版社网站上的代码。

学生登录后的页面如图 9.16 所示。

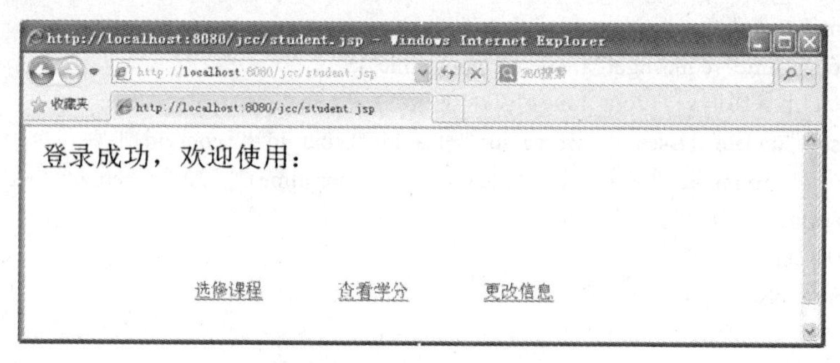

图 9.16 学生登录后的页面

1. 网上选课

网上选课功能是目前许多教学系统中比较重要的模块。进入选课模块，首先给学生展示的是可选课程，根据实际情况选择好要选的课程，提交后，系统将在 enrol 数据表中对该学生该课程进行注册，教师确认后选课才能成功。

学生选课页面如图 9.17 所示。

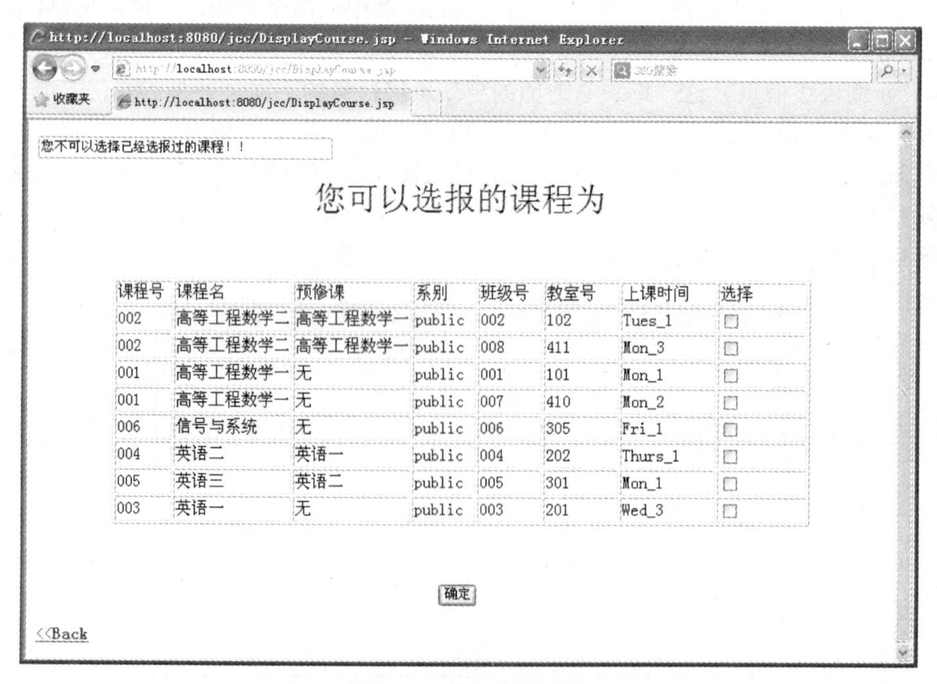

课程号	课程名	预修课	系别	班级号	教室号	上课时间	选择
002	高等工程数学二	高等工程数学一	public	002	102	Tues_1	□
002	高等工程数学二	高等工程数学一	public	008	411	Mon_3	□
001	高等工程数学一	无	public	001	101	Mon_1	□
001	高等工程数学一	无	public	007	410	Mon_2	□
006	信号与系统	无	public	006	305	Fri_1	□
004	英语二	英语一	public	004	202	Thurs_1	□
005	英语三	英语二	public	005	301	Mon_1	□
003	英语一	无	public	003	201	Wed_3	□

图 9.17 学生选课页面

该页面对应的 JSP 文件为 DisplayCourse.jsp，详细代码如下所示：

```
<%@ page contentType="text/html; charset=gb2312" language="java" import="java.sql.*"
errorPage="errorpage.jsp" %>
<html>
<head>
<script language="javascript">
<!--
function makearray(size)
{
this.length=size;
for(i=1;i<=size;i++)
{
this[i]=0
}
return this;
}
msg=new makearray(3)
msg[2]="请您注意以下说明，"
msg[1]="所显示课程根据您所在的系而定，";
msg[3]="您不可以选择已经选报过的课程！！"
msg[4]="您必须完成课程要求的预修课！！！"
msg[5]="否则本系统将给予提示！！！！"
interval = 100;
seq = 0;
i=1;
function Scroll() {
document.tmForm.tmText.value = msg[i].substring(0, seq+1);
seq++;
if ( seq >= msg[i].length ) { seq = 0 ;i++;interval=900};
if(i>3){i=1};
window.setTimeout("Scroll();", interval );interval=100
} ;
//-->
</script>
<meta http-equiv="Content-Type" content="text/html; charset=gb2312"></head>
<jsp:useBean id="display" scope="page" class="stu.display"/>
<jsp:useBean id="sqlB" scope="page" class="stu.sqlBean"/>
<body bgcolor="#FFFFFF" text="#000000" OnLoad="Scroll()">
<form name="tmForm">
<input type="Text" name="tmText" size="40">
</form>
<div align="center">
<p>
<%
String id = (String)session.getAttribute("id");
if(id==null){response.sendRedirect("login.jsp");}
%>
```

```
<font color="#00FF00" size="+3" face="方正舒体">您可以选报的课程为 </font></p>
</div>
<form action="checkGrourp.jsp" method="post">
<table border="1" align="center">
<tr><td width="54">课程号</td><td width="54">课程名</td><td width="57">预修课</td>
<td width="58">系别</td><td width="59">班级号</td><td width="69">教室号</td>
<td width="88">上课时间</td><td width="83">选择</td></tr>
<%
display.setStu_id(id);
String cour_id,name,dep,prepare,prepare_id,class_id,room_id,cour_time;
ResultSet rs = display.getCourse();
while(rs.next()){
cour_id=rs.getString("id");
name=rs.getString("name");
prepare_id=rs.getString("prepare");
dep=rs.getString("dep");
class_id=rs.getString("class_id");
room_id=rs.getString("room_id");
cour_time=rs.getString("cour_time");
String sql="select name from course    where id ='"+prepare_id+"' ";
ResultSet rs1= sqlB.executeQuery(sql);
if(rs1.next())
prepare=rs1.getString("name");
else
prepare="无";
%>
<tr><td><%=cour_id%></td><td><%=name%></td><td><%=prepare%></td><td><%=dep%>
</td><td><%=class_id%></td><td><%=room_id%></td><td><%=cour_time%></td>
<td> <input type="checkbox" name="chkbx" value="<%=cour_id%>")></td></tr>
<%}%>
</table>
<p align="center"> <input name="确定" type="submit" id="确定" value="确定"> </p>
</form>
<p><a href="student.jsp">&lt;&lt;<strong>Back</strong></a></p>
</body>
</html>
```

页面中使用了 JavaScript 做成的信息提示条，提示学生只能选择还没有选择的课程。同时还调用了一个 JavaBean——display.java 的作用是从数据库中查询符合条件的信息，供前台提取数据并显示。

display.java 代码如下：

```
package stu;
import java.sql.*;
public class display{
String stu_id;
public void setStu_id(String id){stu_id=id;}
public String getStu_id(){return stu_id;}
public ResultSet getCourse(){
```

```
    String sql="select distinct course.id,course.name,course.prepare,course.dep , "+
        "classes.id as class_id,classes.room_id,classes.cour_time "+
        "from course,classes "+"where classes.cour_id=course.id and "+
        "classes.id in "+"( select classes.id from classes,student,course    "+
        "where classes.id not in( select class_id from enrol
        where stu_id='"+stu_id+"') "+
        "and ( student.department=course.dep or course.dep ='public')    "+
        "and course.id=classes.cour_id and student.id='"+stu_id+"') ";
    sqlBean db = new sqlBean();
    ResultSet rs = db.executeQuery(sql);
    return rs;
    }
}
```

这个类中的查询语句十分复杂，主要是条件过多造成的，请读者仔细分析，对数据库不熟悉的读者应查阅相应书籍。distinct 与 select 一起用，目的是找出不同值的记录，忽略完全一致的重复记录。

选择好应修课程，提交到 checkGroup.jsp 页面对数据库进行相应操作。由于提交的课程应该是一个数组，所以可用一个循环语句进行逐一读取。

checkGroup.jsp 页面代码如下所示：

```
<%@ page contentType="text/html; charset=gb2312" language="java" import="java.sql.*"
errorPage="errorpage.jsp" %>
<html>
<head>
<meta http-equiv="Content-Type" content="text/html; charset=gb2312">
<title>无标题文档</title>
</head>
<jsp:useBean id="check" scope="session" class="stu.checkGroup"/>
<body bgcolor="#FFFFFF" text="#000000">
<p align="center">
  <%
String b="",c="",a="";
boolean f=true;
ResultSet rs=null;
String id = (String)session.getAttribute("id");
if(id==null){response.sendRedirect("login.jsp");}
check.setStu_id(id);
String cour_ids[] = request.getParameterValues("chkbx");
String cour_id;
int len = java.lang.reflect.Array.getLength(cour_ids);
for(int i =0;i<len;i++){
cour_id=cour_ids[i];
check.setCour_id(cour_id);
try{
f=check.hasLogin();
if(f==false)
throw new Exception("错误！！！课程"+cour_id+"您已经注册过了！<br><br>");
```

```
check.enrol();
a=check.getTime();
b=check.getClassid();
c=check.getClassRoom();
if(b.equals("error")||c.equals("error")||a.equals("error"))
throw new Exception ("请先完成预修课!!!!!!!!!!!!!!!!!");
out.print("恭喜！！您已经注册课程 "+cour_id+" 成功，您的班级号为"+b+"<br>");
out.print("教室   "+c+"<br>");
out.print("上课时间 "+a+"<br>");
}catch(Exception e){
out.print(e.toString());
}
}
%>
</p>
<p><a href="student.jsp">&lt;&lt;Back</a></p>
</body>
</html>
```

该页面也调用了 JavaBean 来执行数据库操作。前面已经提到过，作为一个良好的习惯，读者应该尽量把比较繁重的 Java 片段封装成 Bean 来调用，这样可以使 JSP 页面变得清晰而有层次。可能封装和调用 JavaBean 会使初学者学起来感觉稍微吃力，但是用多了就能熟练识别和掌握了。

checkGroup.java 代码如下：

```
package stu;
import java.sql.*;
public class checkGroup{
    String cour_id,stu_id;
    public void setCour_id(String id){cour_id=id;}
    public String getCour_id(){return cour_id;}
    public void setStu_id(String id){stu_id=id;}
    public String getStu_id(){return stu_id;}
    public boolean isPre(){               //检测该门课是否有预修课
    String a="";
    boolean ispre =false;
    String sql="select course.prepare from course where id='"+cour_id+"' ";
    sqlBean db = new sqlBean();
    try{
    ResultSet rs =db.executeQuery(sql);
    if(rs.next())
    {a=rs.getString("prepare");}
    }catch(SQLException ex){
    System.err.println("课程号查询有错误："+ex.getMessage() );
    System.out.print("课程号查询有错误："+ex.getMessage());//输出到客户端
    }
    if(a.equals("0") )
    {ispre=false;}
    else ispre=true;
```

```
        return ispre;
        }
    public boolean checkpre(){//检查学生是否已经选修完预修课
        boolean f=true;
        if(isPre()){
        String sql="select enrol.class_id "+"from enrol ,classes,course "+
        "where enrol.stu_id='"+stu_id+"' "+"and course.id='"+cour_id+"' "+
        "and course.prepare=classes.cour_id "+"and enrol.class_id=classes.id    ";
        sqlBean db = new sqlBean();
        try{
        ResultSet rs = db.executeQuery(sql);
        if(rs.next()) {f=true;}
        else f=false;}
        catch(SQLException ex){
        System.err.println("课程号查询有错误："+ex.getMessage() );
        System.out.print("课程号查询有错误："+ex.getMessage());//输出到客户端
        }
        }
        return f;
        }
    public boolean hasLogin(){    //检查该学生是否已经注册
        boolean f=true;
        String sql="select stu_id,class_id "+"from enrol,classes "+
            "where stu_id='"+stu_id+"' "+"and classes.id=enrol.class_id "+
            "and cour_id='"+cour_id+"' ";
        sqlBean db =new sqlBean();
        try{
        ResultSet rs=db.executeQuery(sql);
        if(rs.next()){ f=false;}
        else{ f=true;}
        }catch(Exception e){ e.getMessage();}
        return f;
        }
    public String getClassid(){       //获取课程的开班信息
        String class_id=null;
        if(checkpre()){
        String sql="select classes.id from classes where cour_id='"+cour_id+"' ";
        sqlBean db = new sqlBean();
        ResultSet rs = db.executeQuery(sql);
        try{
        if(rs.next()){class_id=rs.getString("id"); }
        }catch(SQLException ex){
        System.err.println("课程号查询有错误："+ex.getMessage() );
        System.out.print("课程号查询有错误："+ex.getMessage());//输出到客户端
        }
        } else {class_id="error";}
        return class_id;
        }
```

```
public String getTime(){          //获取开班时间
    String class_id=getClassid();
    String time="";
    if(checkpre()){
    String sql="select cour_time from classes where cour_id='"+cour_id+"'";
    sqlBean db = new sqlBean();
    ResultSet rs = db.executeQuery(sql);
    try{
    if(rs.next()) { time=rs.getString("cour_time");}
    }catch(SQLException ex){
    System.err.println("查询有错误："+ex.getMessage() );
    System.out.print("查询有错误："+ex.getMessage());//输出到客户端
    }
    } else{time="error";}
    return time;
    }
public String getClassRoom(){          //获取开班教室
    String class_id=getClassid();
    String room="";
    if(checkpre()){
    String sql="select room_id from classes where cour_id='"+cour_id+"'";
    sqlBean db = new sqlBean();
    ResultSet rs = db.executeQuery(sql);
    try{
    if(rs.next()) { room=rs.getString("room_id");}
    }catch(SQLException ex){
    System.err.println("课程号查询有错误："+ex.getMessage() );
    System.out.print("课程号查询有错误："+ex.getMessage());//输出到客户端
    }
    } else {room="error";}
    return room;
    }
public void enrol(){//将选课信息写入 enrol 表
    String class_id=null;
    if(checkpre()){
    try{
        String sql="select classes.id from classes where cour_id='"+cour_id+"' ";
        sqlBean db = new sqlBean();
        ResultSet rs = db.executeQuery(sql);
        if(rs.next()){class_id=rs.getString("id"); }
    }
    catch(SQLException ex){
    System.err.println("课程号查询有错误："+ex.getMessage() );
    System.out.print("课程号查询有错误："+ex.getMessage());//输出到客户端
    }
    String sql="insert into enrol(stu_id,class_id,accept) "+
    " VALUES('"+stu_id+"','"+class_id+"','0')      ";
    sqlBean db = new sqlBean();
```

```
            db.executeInsert(sql);
            }
            }
    }
```

checkGroup 类的方法比上面介绍的那些类的方法多，主要是选课中间要判断的条件过多。选课过程不仅与 course 表有关，还要查询预修课、开班信息、学生已修情况，符合条件后，还要把数据写入 enrol 表，代码中各方法已做了简要注释，请读者认真分析。

2. 查看成绩

该模块将学生选课的成绩以及已修学分显示出来。相对前面的模块，checkmark.jsp 页面相对比较简单。如果学生成绩小于 60，其他模块写入学分时会控制学分不增加。

查看学生成绩和学分页面如图 9.18 所示。

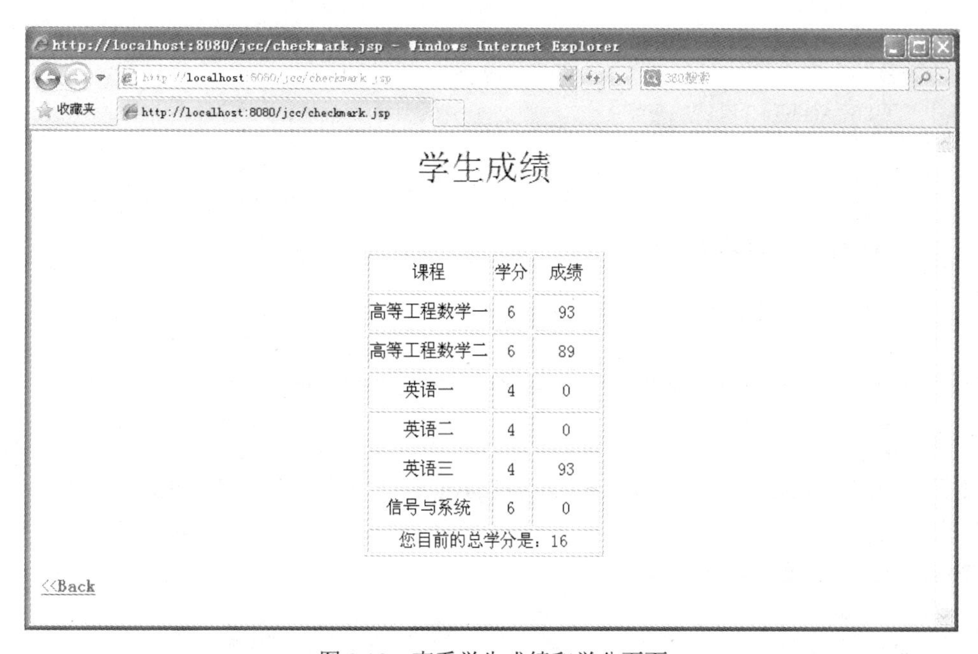

图 9.18　查看学生成绩和学分页面

checkmark.jsp 页面代码如下所示：

```
<%@ page contentType="text/html; charset=gb2312" language="java" import="java.sql.*"
 errorPage="errorpage" %>
<html>
<body bgcolor="#FFFFFF" text="#000000">
<p align="center"><font color="#00FF00" size="+3" face="华文行楷">学生成绩</font></p>
<table   align="center" border="1">
<tr align="center">
     <td   height="34">课程</td>
     <td >学分</td><td width="60">成绩</td></tr>
<jsp:useBean id="checkmark" scope="page" class="stu.checkmark"/>
<%
String stu_id2 = (String)session.getAttribute("id");
if(stu_id2==null){response.sendRedirect("login.jsp");}
String score,name;
```

```
int mark=0;
int mark1=0;
String stu_id = (String)session.getAttribute("id");
checkmark.setStu_id(stu_id) ;
ResultSet rs = checkmark.getScore();
while(rs.next()) {
score=rs.getString("score");
name=rs.getString("name");
mark=rs.getInt("mark");
if(score==null || score=="")
score="您的成绩没有给出";
%>
<tr align="center">
    <td height="34"><%=name%></td><td><%=mark%></td><td><%=score%></td></tr>
<%}%>
<tr align="center"><td colspan="3">
<%
rs = checkmark.getTotal();
if(rs.next())
mark1=rs.getInt("mark");
%>
您目前的总学分是：<%=mark1%></td></tr>
</table>
<p><a href="student.jsp">&lt;&lt;<strong>Back</strong></a></p>
</body>
</html>
```

该页面调用的 JavaBean 文件为 checkmark.java 编译后的文件，其主要功能是完成相应的数据库查询。

checkmark.java 代码如下：

```
package stu;
import java.sql.*;
public class checkmark {
String stu_id;
public void setStu_id(String id){stu_id=id;}
public String getStu_id(){return stu_id;}
public ResultSet getScore(){//查询符合条件的课程名称、学分、分数
    String sql="select enrol.score, course.name,course.mark "+
    "from enrol ,course ,classes "+ "where stu_id='"+stu_id+"' "+
    "and enrol.class_id=classes.id "+ "and classes.cour_id=course.id ";
    sqlBean db = new sqlBean();
    ResultSet rs= db.executeQuery(sql);
    return rs;
    }
public ResultSet getTotal(){//查询 student 表中与 stu_id 值相同的 id 所对应的 mark 值
    String sql="select mark from student where id='"+stu_id+"'";
    sqlBean db = new sqlBean();
    ResultSet rs = db.executeQuery(sql);
```

```
        return rs;
          }
    }
```

3. 修改个人信息

该模块与管理员模块中更新学生信息类似，请读者到中国水利水电出版社网站上下载。修改个人信息页面如图 9.19 所示。

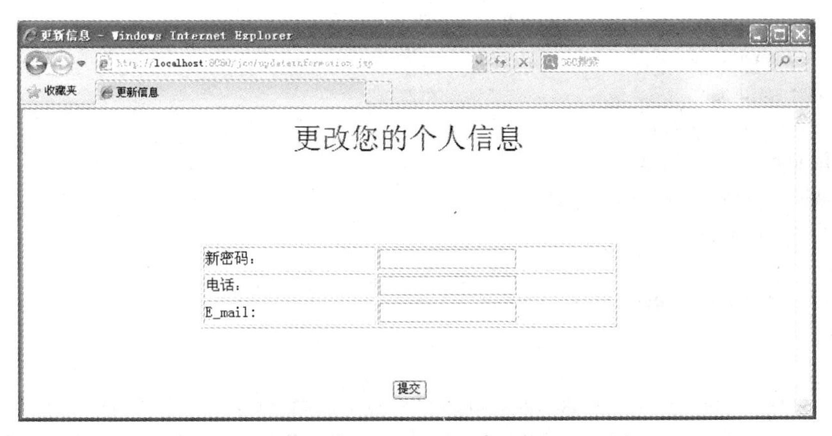

图 9.19　修改个人信息页面

9.3.5　教师模块

该模块的主要作用是确认学生的选课信息和对已修完课的学生给出成绩。登录后的页面给出这两种选择，两种选择下面列出该教师讲授的所有课程，以便教师选择要确认或打分的课程。例如，一位英语教师讲授的课为英语一至三，登录后的页面如图 9.20 所示。

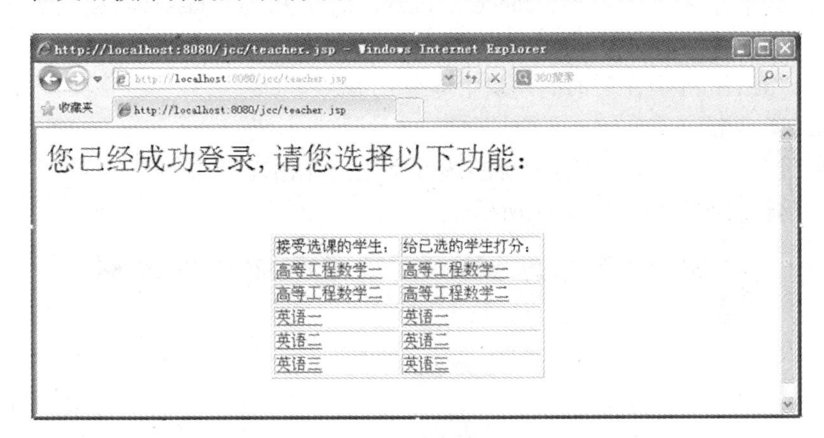

图 9.20　教师登录页面

显示该页面的文件为 teacher.jsp，页面代码如下所示：

```
<%@ page contentType="text/html; charset=gb2312" language="java" import="java.sql.*"
errorPage="errorpage" %>
<html>
<body bgcolor="#FFFFFF" text="#000000" >
<p><font color="#00FF00" size="+3" face="方正舒体">您已经成功登录，请您选择以下功能：
</font></p>
```

```
<table border=1 align="center"   >
<tr>
     <td>接受选课的学生：</td> <td>给已选的学生打分：</td>
<jsp:useBean id="teacher" scope="page" class="stu.teacher"/>
<jsp:useBean id="determin" scope="session" class="stu.determin"/>
<%
String id = (String)session.getAttribute("id");
if(id==null){response.sendRedirect("login.jsp");}
String coursename="";
teacher.setId(id);
determin.setTea_id(id);
//String a = determin.getTea_id();
ResultSet rs=teacher.getCourse();
while(rs.next())
{
     coursename=rs.getString("name");
%>
<tr >
     <td> <a href="determine.jsp?coursename=<%=coursename%>"><%=coursename%></a></td>
     <td><a href="marking.jsp?coursename=<%=coursename%>"><%=coursename%></a></td>
</tr>
<%}%>
</table>
</body>
</html>
```

该页面看似简单，仔细分析后会发现其调用了两个 JavaBean。页面首先将教师登录的 id 赋值到两个 Bean 中存储，之后调用 teacher.getCourse()方法，从 classes 数据表中查询出该教师所讲授的课程，把课程名提取并显示出来。teacher 类在管理员模块中已经提到，请读者查看，此处不再列出。determin 类在后面的模块中详细介绍。

1. 确认选课学生

如果教师要确认“英语一”这门课的选课学生，单击左列中的“英语一”，页面链接到 determin.jsp。跳转后的页面如图 9.21 所示。

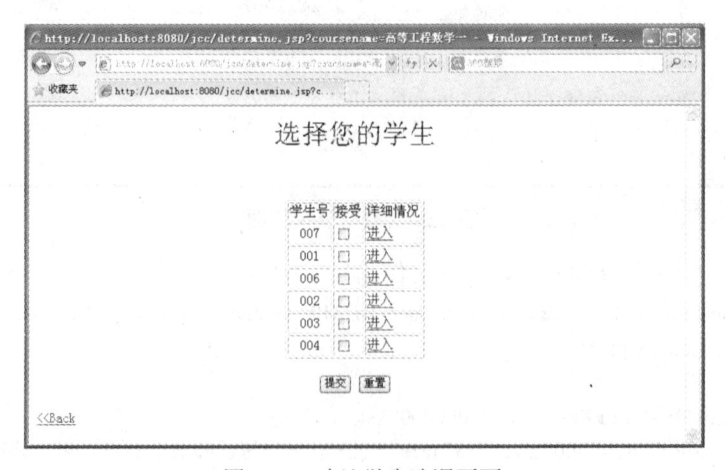

图 9.21　确认学生选课页面

determin.jsp 代码如下所示：

```
<%@ page contentType="text/html; charset=gb2312" language="java" import="java.sql.*"
errorPage="errorpage" %>
<html>
<head>
<meta http-equiv="Content-Type" content="text/html; charset=gb2312"></head>
<body bgcolor="#FFFFFF" text="#000000">
<jsp:useBean   id="determin" scope="session" class="stu.determin"/>
<p>
<%
String id = (String)session.getAttribute("id");
if(id==null){response.sendRedirect("login.jsp");}
%>
</p>
<p align="center"><font color="#00FF00" size="+3" face="方正舒体">选择您的学生</font></p>
<form method="post" action="determine_confirm.jsp"   name="form1">
<table border=1 align="center" >
<tr>
        <td>学生号</td>
        <td>接受</td>
        <td>详细情况</td>
</tr>
<%
String coursename=new String(request.getParameter("coursename").getBytes("iso8859_1"),"gbk");
String stu_name="";
String stu_id="";
determin.setCoursename(coursename);
ResultSet rs=determin.getStu_id();
while(rs.next())
{
stu_id=rs.getString("stu_id");
%>
<tr>
    <td><div align="center"><%=stu_id%></div></td>
    <td><input type="checkbox" name="stu_box" value="<%=stu_id%>"></td>
    <td><a href="detail.jsp?stu_id=<%=stu_id%>&coursename=<%=coursename%>">
    进入</a></td>
</tr>
<%}%>
</table>
<p align="center">
     <input type="submit" name="Submit" value="提交">
     <input type="reset" name="Submit2" value="重置">
</p>
</form>
<p><a href="teacher.jsp?coursename=<%=coursename%>">&lt;&lt;Back </a></p>
</body>
</html>
```

页面中使用了JavaBean，类文件为 determin.class，在 teacher.jsp 页面中已给该类的 tea_id 变量赋值。

determin.java 代码如下：

```
package stu;
import java.sql.*;
public class determin{
        String sql="";
        String stu_id="";
        String tea_id="";
        String coursename="";
public String accept(){//将 enrol 中对应班级记录中的 accept 值改为 1
        sql="update enrol set accept='1'"+ "where stu_id='"+stu_id+"' "+
        "and class_id IN ( "+ "select classes.id    "+ "from classes,course "+
        "where course.name='"+coursename+"' "+
        "and classes.tea_id='"+tea_id+"' and course.id=classes.cour_id) ";
        sqlBean sqlbean= new sqlBean() ;
        sqlbean.executeInsert(sql);
        return stu_id;
        }
public    void setTea_id(String id){ this.tea_id=id; }
public String getTea_id(){return tea_id;}
public void setStu_id(String ss) { this.stu_id=ss; }
public String getStu_ids(){return stu_id;}
public void setCoursename(String ss){ this.coursename = ss;}
public String getCoursename(){eturn coursename;}
public ResultSet getStudent(String id){ //在 student 表中查询学生信息，以供教师查看
        sql="select * from student where id='"+id+"'";
        sqlBean sqlbean = new sqlBean();
        ResultSet rs = sqlbean.executeQuery(sql);
        return rs;
        }
public ResultSet getStu_id(){//在 enrol 表中查询符合条件的学生
        sql="select enrol.stu_id    "+" from enrol ,classes,course "+
        "where classes.cour_id=course.id "+ "and enrol.class_id=classes.id "+
        "and( enrol.accept='0' )"+ " and course.name='"+coursename+"' ";
        sqlBean sqlbean = new sqlBean();
        ResultSet rs = sqlbean.executeQuery(sql);
        return rs;
        }
}
```

在复选框中勾选要确认的学生名单，提交到 determine_confirm.jsp 页面。该页面调用 determin 类中的 determin.accept()方法对数据库进行相应的修改。

determine_confirm.jsp 代码如下：

```
<%@ page contentType="text/html; charset=gb2312" language="java" import="java.sql.*"
errorPage="errorpage.jsp" %>
<html>
```

```
<head>
<meta http-equiv="Content-Type" content="text/html; charset=gb2312">
<title>接受选课</title>
</head>
<body bgcolor="#FFFFFF" text="#FFFFFF" link="#00FF00">
<jsp:useBean id="determin" scope="session" class="stu.determin"/>
<p align="center">
<%
String tea_id = (String)session.getAttribute("id");
if(tea_id==null){response.sendRedirect("login.jsp");}
String stubox[] = request.getParameterValues("stu_box");
int len = java.lang.reflect.Array.getLength(stubox);
String id="";
for(int i = 0; i < len ; i++){
id=stubox[i];
determin.setStu_id(id);
determin.accept();
out.println("ID 为"+id+"的学生已被接受<br>");
}
%>
</p>
<p><a href="teacher.jsp">&lt;&lt;Back </a></p>
</body>
</html>
```

如果教师根据 id 值不方便判断学生是否应被接纳，可以单击右列中的“进入”来查看某学生的详细情况。单击“进入”后跳转到 detail.jsp 页面。该页面调用 determin 类中的 determin.getCoursename()和 determin.getStudent(stu_id)等方法来获取相应的学生和课程信息。

detail.jsp 页面代码如下：

```
<%@ page contentType="text/html; charset=gb2312" language="java" import="java.sql.*"   %>
<html>
<head>
<meta http-equiv="Content-Type" content="text/html; charset=gb2312">
</head>
<body bgcolor="#FFFFFF" text="#000000">
<jsp:useBean id="determin" scope="session" class="stu.determin"/>
<%
String stu_id=request.getParameter("stu_id");
if(stu_id==null){response.sendRedirect("login.jsp");}
determin.setStu_id(stu_id);
String tea_id= determin.getTea_id();
String coursename = determin.getCoursename();
String stu_name="";
String jiguan="";
String dep="";
String sex="";
```

```
int mark=0;
ResultSet rs = determin.getStudent(stu_id);
while(rs.next()){
stu_name=rs.getString("name");
 jiguan = rs.getString("jiguan");
 dep = rs.getString ("department");
 sex = rs.getString("sex");
 mark = rs.getInt("mark");
}
%>
<table align="center">
  <tr><td>学生姓名</td><td><%=stu_name%></td></tr>
  <tr><td>学生号</td><td><%=stu_id%></td></tr>
  <tr><td>性别</td><td><%=sex%></td></tr>
  <tr><td>籍贯</td><td><%=jiguan%></td></tr>
  <tr><td>学生所在系</td><td><%=dep%></td></tr>
  <tr><td>目前所得学分</td><td><%=mark%></td></tr>
</table>
<p> </p>
<p><a href="determine.jsp?coursename=<%=coursename%>">&lt;&lt;Back</a></p>
</body>
</html>
```

页面效果如图 9.22 所示。

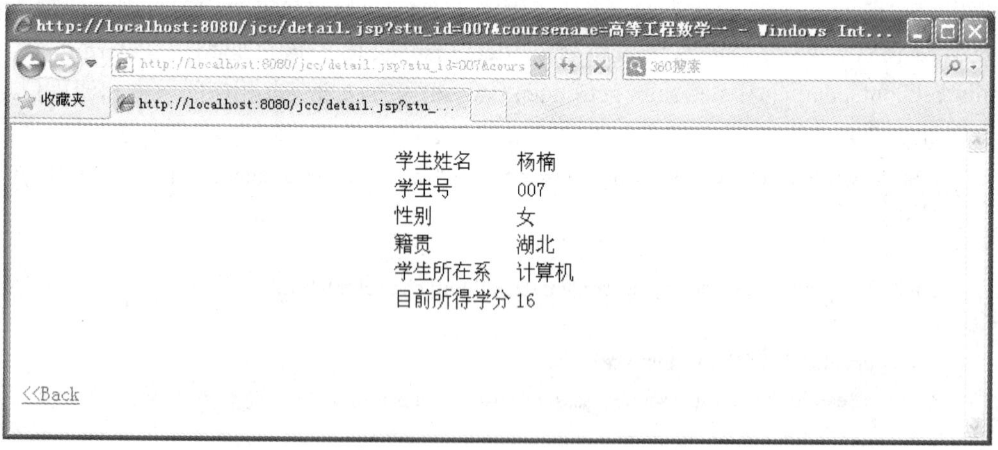

图 9.22 查看某学生详细信息页面

2. 给学生打分

教师的另一个重要功能是给学生打分。在前面的章节中我们已经讲过，教师登录后，界面出现两种选择和所教课程的列表。单击右列中的课程名，便链接到给学生打分的具体页面。在此页面教师可对学生成绩进行打分操作。

教师评分页面如图 9.23 所示。

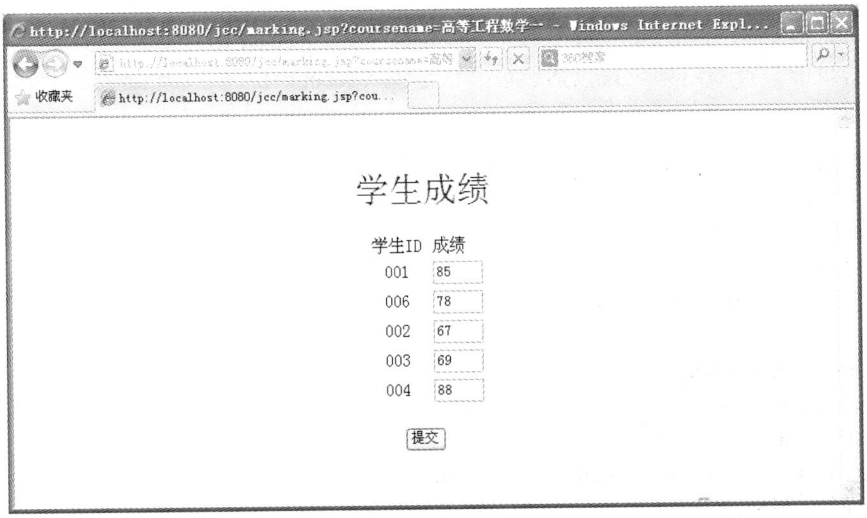

图 9.23　教师评分页面

该页面文件为 marking.jsp，代码如下：

```
<%@ page contentType="text/html; charset=gb2312" language="java" import="java.sql.*"
errorPage="errorpage.jsp" %>
<html>
<jsp:useBean id="marking" scope="session" class="stu.marking"/>
<body bgcolor="#FFFFFF">
 <p> </p>
<p align="center"><font color="#00FF00" size="+3" face="方正舒体">学生成绩</font></p>
<form method="post" action="marking_confirm.jsp">
 <table align="center">
<tr><td width="60" align="center">学生 ID</td><td>成绩</td></tr>
<%
String id = (String)session.getAttribute("id");
if(id==null){response.sendRedirect("login.jsp");}
String stu_id;
String coursename=new String(request.getParameter("coursename").getBytes("iso8859_1"),"gbk");
marking.setCoursename(coursename);
marking.setTea_id(id);
ResultSet rs = marking.getStudents();
while(rs.next()) {
stu_id=rs.getString("stu_id");
%>
<tr><td width="60" align="center"><%=stu_id%></td>
<td><input    type="text" name="score" size="5"> </td></tr>
<input type="hidden" name="stu_id" value="<%=stu_id%>">
<%}%>
</table>
<div align="center"> <input type="submit" name="Submit" value="提交"></div>
</form>
</body>
</html>
```

marking.jsp 调用了 marking 类中的 getStudents()方法，该方法将数据库中符合条件的查询结果返回给页面。查询结果应只包括已被确认选课（accept=1）且成绩还没给出（score=0）的学生名单。

marking.java 代码内已加了注释，清单如下：

```
package stu;
import java.sql.*;
import java.io.*;
public class marking   {
String tea_id;
String coursename;
String score;
String stu_id;
public void setStu_id(String id){this.stu_id=id;}
public String getStu_id(){return stu_id;}
public void setScore(String sc){this.score=sc;}
public String getScore(){return score;}
public void setTea_id(String id){this.tea_id=id;}
public String getTea_id(){return tea_id;}
public void setCoursename(String c){this.coursename=c;}
public String getCoursename(){return coursename;}
public ResultSet getStudents(){   //获取符合条件的学生 id
    String sql=" select stu_id "+"from enrol "+"where accept='1'"+"and score=0"+
    "and class_id IN( "+"select classes.id "+"from classes ,course "+
    "where course.id=classes.cour_id "+"and course.name='"+coursename+"' "+
    "and classes.tea_id='"+tea_id+"') ";
    sqlBean db = new sqlBean();
    ResultSet rs=db.executeQuery(sql);
    return rs;
    }
public void addmark(){//取出学生之前已有学分和该门课程所占的学分，相加后得出现有学分
    int mark=0;
    int mark1=0;
    String sql="select mark from student   where id='"+stu_id+"' ";
    sqlBean db = new sqlBean();
    try{
    ResultSet rs = db.executeQuery(sql);
    if(rs.next()) {   mark = rs.getInt("mark");}
    }
    catch(SQLException ex){
    System.err.println("学生成绩查询有错误："+ex.getMessage() );
    System.out.print("学生成绩查询有错误："+ex.getMessage());//输出到客户端
    }
    sql="select mark from course where name='"+coursename+"'   ";
    try{
    ResultSet rs=db.executeQuery(sql);
    if(rs.next())
    {   mark1=rs.getInt("mark");    }
```

```
        }
        catch(SQLException ex){
        System.err.println("成绩查询有错误："+ex.getMessage() );
        System.out.print("成绩查询有错误："+ex.getMessage());//输出到客户端
        }
        mark = mark+mark1;
        sql="update student set mark='"+mark+"' where id='"+stu_id+"'    ";
        db.executeInsert(sql);
        }
    public void updatemark(){//根据所得分数执行上面的方法，若成绩低于 60，总学分不增加
        int temp=0;
         try{
            temp = Integer.parseInt(score)    ;
            }
        catch(NumberFormatException e){
            System.err.println("成绩输入有错误："+e.getMessage() );
            System.out.print("成绩输入有错误："+e.getMessage());//输出到客户端
        }
        if(temp>=60)
          {addmark();}
        String sql="update enrol set score='"+temp+"'    "+"where stu_id='"+stu_id+"' "+
            "and class_id IN( "+"select classes.id "+"from classes,teacher,course "+
            "where classes.tea_id='"+tea_id+"' "+"and course.id=classes.cour_id "+
            "and course.name='"+coursename+"' )    ";
        sqlBean db = new sqlBean();
        db.executeInsert(sql);
        }
    }
```

教师填写完学生的应得分数后，提交给 marking_confirm.jsp 页面，该页面调用 marking 类中的 marking.setScore()和 marking.updatemark()方法将学生得分和总学分更新。

marking_confirm.jsp 代码如下：

```
<%@ page contentType="text/html; charset=gb2312" language="java" import="java.sql.*"
errorPage="errorpage.jsp" %>
<html>
<body bgcolor="#FFFFFF" text="#FFFFFF" link="#FFFFFF">
<jsp:useBean id="marking" scope="session" class="stu.marking"/>
<p align="center">
<%
String id = (String)session.getAttribute("id");
if(id==null){response.sendRedirect("login.jsp");}
String sc,name;
String[] stu_ids = request.getParameterValues("stu_id");
String[] score = request.getParameterValues("score");
int len = java.lang.reflect.Array.getLength(score);
for(int i = 0; i < len ; i++){
try{
   name=stu_ids[i];
```

```
        sc=score[i];
        if(sc==null || sc.equals(""))
        throw new Exception ("成绩不能为空！");
        out.print("Stu_id: "+name+"<br>");
        out.print("score: "+sc+"<br>");
        marking.setStu_id(name);
        marking.setScore(sc);
        marking.updatemark();
        }
        catch (Exception e){out.print(e.toString());}
         }
%>
</p>
<p><a href="teacher.jsp">&lt;&lt;Back</a></p>
</body>
</html>
```

9.3.6 部署和发布系统

完成网上教学系统程序的编写后，在 MyEclipse 中加载 Tomcat 服务器后，将该工程部署到服务器上，启动 Tomcat 服务器。打开浏览器，输入：http://localhost:8080/jcc/login.jsp（本章代码单独组成一个项目 jcc），就打开了系统的登录界面。输入数据库中相应的用户登录信息，即可运行整个系统。

注：MyEclipse 中加载 Tomcat 服务器相关操作请上网查询。

本章向读者详细介绍了网上教学系统开发的全过程，其中频繁使用 JavaBean 把一些繁杂的 Java 代码封装成类，通过调用其中的方法，达到设计要求。目前很多系统都是使用 JSP+JavaBean 进行开发的。通过本章的学习，读者应熟练掌握 JavaBean 的封装和调用。由于篇幅有限，对极少数类似模块没有详细介绍，请读者到中国水利水电出版社网站上下载或自己完成整个系统的开发。

整个系统的开发过程中，应注意以下几点：

- 将数据库驱动程序进行封装，便于频繁调用。
- 查询数据库中单条信息时利用 ID 进行检索，因为只有 ID 是唯一标志。
- 页面间传递数据时，要注意中文字符的转码。
- 特别要理清几个数据表之间的关系，有时需要同时查询或修改几个数据表中的数据项，理不清各个数据表和数据项之间的关系就会出错或达不到实际要求。

第 10 章　销售业绩统计系统

本系统采用 Oracle 作为数据库服务器，需要建立一个可以访问数据库的用户，并设置密码，这些参数在连接数据库时要用到。要运行本系统，还需要一个 JSP 容器或者 Java 应用服务器，本系统所用的应用服务器为 Tomcat，另外还要配置 JDK 1.6 的运行环境。通过适当的配置，本系统的 JSP 文件就可以在此应用服务器上运行。

- 系统总体设计
- 系统数据库设计
- 功能模块实现

通过本章的学习，读者应能用 JSP+JavaBean 结构开发出系统没有详细阐述的部分，也可以参照中国水利水电出版社网站上的代码，以便更加熟练地掌握 JavaBean 技术。

10.1　系统总体设计

随着互联网络的迅速发展和贸易全球化进程的不断加快，销售管理行为发生了巨大的变化，利用网络进行销售业绩统计越来越成为一种新的重要的管理手段。由于互联网的广泛性和互动性，为企业解决消费者个性化需求与企业大规模生产之间的矛盾提供了可能。与传统销售业绩统计形式相比，利用网络平台进行业绩统计具有明显的优势。

连锁企业的地域分布十分广泛，有遍布几个地区的连锁店群，也有遍布全国的连锁店网。连锁企业利用销售业绩统计平台进行管理，可以更好地综合各地的销售情况，方便地组织相应的生产管理。基于 Internet 的销售业绩统计系统正是基于这样的需求而产生的。

10.1.1　系统功能模块

对系统进行简要的需求分析，可知本系统需要完成的主要功能模块。具体的实现需要运用软件工程的思想方法进行总体设计、详细设计、编码实现和系统测试。

主要功能模块如下：

（1）销售系统基本信息。该模块可以查询所有的销售人员信息、销售部门信息、产品信息和销售信息。

（2）按地区统计销售业绩。该模块通过对地区进行分类，把各个国家、城市等各个产品的销售情况以及已销售总量和利润进行汇总。比如：在该模块中输入“美国”关键词，就很快地知道该公司在美国各个产品的销售情况，从而知道哪些产品滞销，哪些产品畅销；在该模块中输入“长沙”，就可以知道长沙的销售情况等。

（3）按销售人员统计销售业绩。该模块根据各个销售人员来统计他们的销售业绩。提供不同销售人员的编号或者姓名等主键，管理员就很容易知道他们的销售情况，根据这些数据，管理员便知道该销售员的产品需求量以及他们的业绩。

（4）按销售部门汇总统计销售业绩。该模块实现不同产品部门的销售业绩统计。输入电视机，就可知道某年某月电视机的销售情况；输入手机，就可知道某年某月的手机销售情况。这样使整个公司系统地对各个部门的生产情况作合理的分配以达到最大利润。

（5）按月汇总销售业绩生成报表。该模块主要是实现对每个月的销售情况进行汇总并通过生成报表显示出来的功能。

（6）按季度汇总销售业绩生成报表。该模块功能实现同 5，不同的是它按季汇总。

（7）按年汇总销售业绩生成报表。该模块功能实现同 5，不同的是它按年汇总。

以上的功能模块都是通过访问数据库来实现的，按照不同的分类和要求显示销售业绩，这些都是通过具体的数据来呈现给用户的。

10.1.2 系统总体框架

由系统的功能模块分析，画出整个系统的基本框架，如图 10.1 所示。

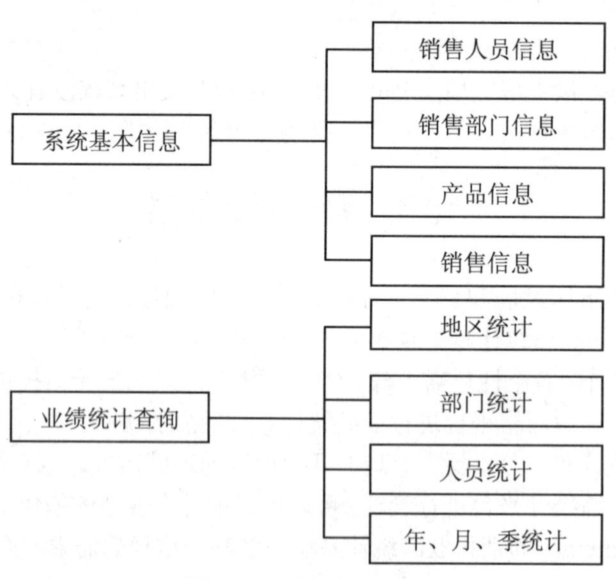

图 10.1 系统总体框架

10.1.3 系统的编程思想实现

本系统采用 JSP 技术与 JavaBean 技术相结合来实现。用户界面（Result JSP）和事务逻辑（JavaBean）的开发分别选用 JSP、JavaBean 技术，同时使用 JavaBean 技术封装交换数据，并将其存储在不同会话中，以满足个性化 Web 应用。

系统初步编程模型如图 10.2 所示。

IE 与虚线框部分之间的通信采用 HTTP（Hyper Text Transfer Protocol，超文本传输协议）

进行信息传输。JavaBean 负责业务流程的控制，Beans 负责业务数据的逻辑处理，JSP 专注于页面表示。对于频繁出现的调用，用 JavaBean 对其进行封装。因为 Bean 可以重复使用，大大提高了效率，使程序变得简洁。JavaBean 充当控制者的角色，负责管理对请求的处理，接收来自前端的请求，处理从前端得到的数据，调用相应的 JavaBean，执行对数据库的插入、更新等操作，同时选择调用适当的 JSP 页面。

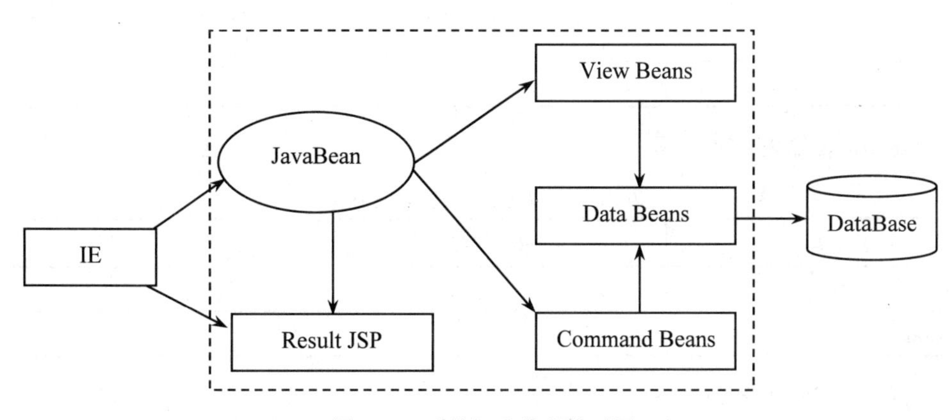

图 10.2　系统初步编程模型图

10.2　系统数据库设计

由于实际系统中，数据量往往非常庞大，所以本系统使用 Oracle 数据库。根据功能模块设计的结果，下面对数据库进行需求分析。

10.2.1　数据库需求分析

根据本系统功能要求，销售业绩统计系统需要以下数据项：

（1）销售人员信息。这个表用来记录销售人员的基本资料，其中编号不能重复，在数据库中作为工作人员的代号。

（2）销售部门信息。每个公司会有很多部门，生产出来的产品都不一样。例如，海尔手机部门生产手机，电视机部门生产电视机。因而需利用部门信息表示每一类产品所属的部门，这样就可以按部门来统计销售业绩。

（3）产品信息。很显然，产品基本信息包括产品编号、名称、价格。有了这些信息，只需把卖出产品的编号映射到这个表，读出其中的价格，就可以汇总销售额了。

（4）销售信息。这个表用来统计已售产品。各地经销商根据自己的销售情况如实填写已售产品信息，信息记录在数据库中，管理人员即可在系统统计模块中按照各种方式来查询和汇总销售信息了。

10.2.2　数据表设计

根据上面的数据库需求分析，共需要创建 4 个数据表。以下分别列出各数据表的详细字段和字段类型。

（1）personal 表如表 10.1 所示。

表 10.1 销售人员信息表（personal）

字段名称	数据类型	说明
personalCode	varchar2	编号
name	varchar2	姓名
sex	varchar2	性别
address	varchar2	地址
telephone	varchar2	电话

（2）sector 表如表 10.2 所示。

表 10.2 销售部门表（sector）

字段名称	数据类型	说明
name	varchar2	部门名称
productCode	varchar2	所生产产品的编号

（3）product 表如表 10.3 所示。

表 10.3 产品信息表（product）

字段名称	数据类型	说明
productCode	varchar2	产品编号
name	varchar2	产品名称
price	float	产品价格

（4）sale 表如表 10.4 所示。

表 10.4 销售信息表（sale）

字段名称	数据类型	说明
productCode	varchar2	产品编号
quantity	int	销售数量
saleDate	Date	销售日期
personalCode	varchar2	销售人员编号
saleCity	varchar2	销售城市

使用 Oracle 的方法建好以上数据表，详细步骤请参照数据库参考书。本系统依然采用桥连接，所以需要配置数据源，步骤与本书 6.3.2 节类似，请读者参照，数据源名为 seld。

10.3 各功能模块的具体实现

10.3.1 系统公用模块

1. 首页结构

首页 index.jsp 采用网页框架结构，index.htm 代码如下：

```
<html>
<head>
<meta http-equiv="Content-Type" content="text/html; charset=gb2312">
<title>无标题文档</title>
</head>
<frameset rows="108,*" cols="*" frameborder="NO" border="0" framespacing="0">
<frame src="title.htm" name="topFrame" scrolling="NO" noresize>
<frameset rows="*" cols="218,*" framespacing="0" frameborder="NO" border="0">
<frame src="menu.htm" name="leftFrame" scrolling="NO" noresize>
<frame src="main.jsp" name="mainFrame">
</frameset>
</frameset>
<noframes>
<body>
</body>
</noframes>
</html>
```

运行界面如图 10.3 所示。

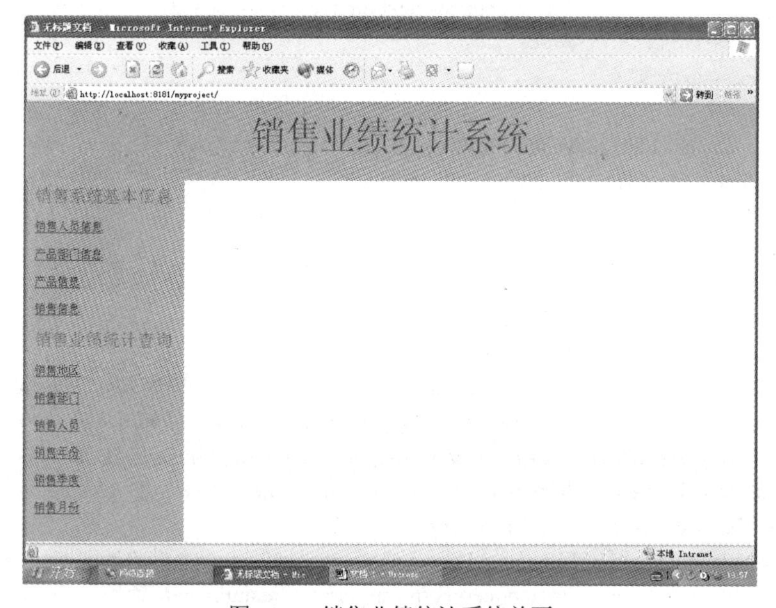

图 10.3　销售业绩统计系统首页

<frame>框架包含了三个子页面：title.htm、menu.htm 和 main.jsp。其中 title.htm 显示系统标题，menu.htm 显示左菜单功能列表，main.jsp 显示中间空白页面。

title.htm 代码如下：

```
<html>
<head>
<meta http-equiv="Content-Type" content="text/html; charset=gb2312">
<title>无标题文档</title>
<style type="text/css">
<!--
.style1 {
```

```
        font-family: "宋体";
        font-size: 36pt;
    }
    body {
        background-color: #CC0000;
    }
    -->
    </style>
    </head>
    <body>
    <div align="center"><span class="style1">销售业绩统计系统
    </span>
    </div>
    </body>
    </html>
```

menu.htm 代码如下：

```
<html>
<head>
<meta http-equiv="Content-Type" content="text/html; charset=gb2312">
<title>销售业绩统计系统</title>
<style type="text/css">
<!--
.style4 {font-size: 18pt; color: #6633FF; }
.style6 {font-size: 16px}
-->
</style>
</head>
<body background-color: #33CCFF>
<p class="style4">销售系统基本信息</p>
<p class="style6"><a href="viewPersonal.jsp" target="mainFrame">销售人员信息</a></p>
<p class="style6"><a href="viewSector.jsp" target="mainFrame">产品部门信息</a></p>
<p class="style6"><a href="viewProduct.jsp" target="mainFrame">产品信息</a></p>
<p class="style6"><a href="viewSale.jsp" target="mainFrame">销售信息</a></p>
<p class="style4">销售业绩统计查询</p>
<p class="style6"><a href="cityQueryForm.jsp" target="mainFrame">销售地区</a></p>
<p class="style6"><a href="sectorQueryForm.jsp" target="mainFrame">销售部门</a></p>
<p class="style6"><a href="personalQueryForm.jsp" target="mainFrame">销售人员</a></p>
<p class="style6"><a href="yearQueryForm.jsp" target="mainFrame">销售年份</a></p>
<p class="style6"><a href="quarterQueryForm.jsp" target="mainFrame">销售季度</a></p>
<p class="style6"><a href="monthQueryForm.jsp" target="mainFrame">销售月份 </a></p>
</body>
</html>
```

main.jsp 代码如下：

```
<%@ page contentType="text/html; charset=gb2312" language="java" import="java.sql.*" errorPage="" %>
<html>
<head>
<meta http-equiv="Content-Type" content="text/html; charset=gb2312">
```

```
<title>无标题文档</title>
</head>
<body>
</body>
</html>
```

此外本系统还包含一个出错提示页面，如果其他 JSP 文件运行出错，将跳转到该页面。

error.jsp 代码如下：

```
<%@ page contentType="text/html; charset=gb2312" language="java" isErrorPage="true" %>
<html>
<head>
<title>出错了！ </title>
<meta http-equiv="Content-Type" content="text/html; charset=gb2312">
</head>
<body>
出错了！ <br>
发生了以下的错误：
<font color=red>
<%=exception.getMessage()%>
</font></body>
</html>
```

2. 中文转码页面

本系统中大量数据都是中文字符，在页面之间传递参数和显示页面时，需要频繁地进行字符转换，这样会造成代码冗长、容易出错、维护困难等问题。基于上面的考虑，该系统设计了一个公共页面来完成中文字符转码任务，其他需要转码的页面只需使用 include 指令调用这个页面即可。

trans.jsp 代码如下：

```
<%@ page contentType="text/html; charset=gb2312"%>
<%@ page import="java.io.*"%>
<%! String trans(String chi)
{
String result = "";
byte temp [];
try
{
temp=chi.getBytes("gb2312");
result = new String(temp);
}
catch(UnsupportedEncodingException e)
{
System.out.println (e.toString());
}
return result;
}
%>
```

3. 封装数据库

此外，系统还需要对数据库进行封装，设计 DataBaseConnection.java 来连接数据库。注意，

Oracle 数据库的驱动程序与 SQL Server 的不同，同时为了系统安全，对数据库设置了访问密码。该类详细代码如下：

```
package com.saleSystem.util;
import java.sql.*;
import java.io.*;
import java.util.*;
//连接数据库的工具类
public class DataBaseConnection
{
     /**
      *一个静态方法，返回一个数据库的连接
      *这样达到了对数据库连接统一控制的目的
      */
     public static Connection getConnection()
     {
     Connection con=null;
     String CLASSFORNAME="oracle.jdbc.driver.OracleDriver";
     String SERVANDDB="jdbc:oracle:thin:@localhost:1521:forest";
     String USER="chh_213";
     String PWD="forest";
     try
     {
      Class.forName(CLASSFORNAME);
     con = DriverManager.getConnection(SERVANDDB,USER,PWD);
     }
     catch(Exception e)
     {e.printStackTrace();}
       return con;
     }
}
```

4. 配置直接访问首页的 XML 文件

为了使每次访问系统时，能直接进入首页，而不是列出系统页面清单，需要在系统的 WEB-INF 文件夹下建立一个 XML 文件。把下面的代码写入文本文件，完成后将文件名改为 web.xml 即可。

web.xml 代码如下：

```
<?xml version="1.0" encoding="ISO-88510-1"?>
<web-app xmlns="http://java.sun.com/xml/ns/j2ee">
<welcome-file-list>
<welcome-file>index.htm</welcome-file>
</welcome-file-list>
</web-app>
```

10.3.2 销售系统基本信息

1. 销售人员信息查看和添加

该模块可以查看和添加所有的销售人员信息。主要页面包括 viewPersonal.jsp、addPersonal.jsp、 messagePersonal.jsp。第一个 JSP 页面的作用是从数据库中读取销售人员信息并显示出来。addPersonal.jsp 是一个表单页面，填写需要添加的人员信息，提交到 messagePersonal.jsp 页面对数据库进行插入。其中调用了两个 JavaBean，分别为 PersonalInformationBean.java 和 addPersonalBean.java，界面如图 10.4 所示。

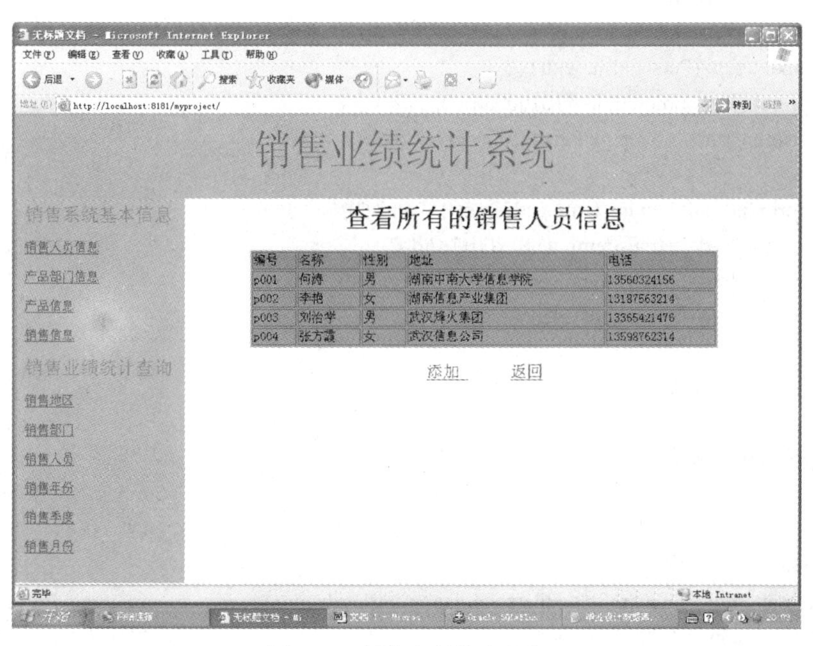

图 10.4　销售人员信息查询

单击页面左侧菜单项中的“销售人员信息”，main.jsp 页面替换为 viewPersonal.jsp 页面。viewPersonal.jsp 页面代码如下：

```
<%@ page contentType="text/html; charset=gb2312"
import="com.saleSystem.*,java.util.*,java.io.*" errorPage="error.jsp" %>
<%@ include file="trans.jsp"%>
<html>
<head>
<title>销售人员信息</title>
<meta http-equiv="Content-Type" content="text/html; charset=gb2312">
<style type="text/css">
<!--
.style1 {font-size: 16pt}
-->
</style>
</head>
<jsp:useBean id="personal" class="com.saleSystem.PersonalInformationBean" scope="request"/>
<body>
<center>
<h1>查看所有的销售人员信息</h1>
<table width=80% border="1" bgcolor="#001010CC">
<tr bgcolor="#00101066" bordercolor="#10100066">
<td>编号</td><td>名称</td><td>性别</td><td>地址</td><td>电话</td>
```

```
</tr>
<%
Collection personals=personal.getAllPersonal();
Iterator it=personals.iterator();
while(it.hasNext())
{request.setCharacterEncoding("gb2312");
Personal temp=(Personal)it.next();
out.println("<tr bordercolor=#10100066>");
out.println("<td>"+temp.getPersonalCode()+"</td>");
try
{out.println("<td>"+trans(temp.getName())+"</td>");
out.println("<td>"+trans(temp.getSex())+"</td>");
out.println("<td>"+trans(temp.getAddress())+"</td>");
out.println("<td>"+temp.getTelephone()+"</td>");
}
catch(Exception e)
{    }
out.println("</tr>");
}
%>
</table>
<p class="style1"><a href="addPersonal.jsp">添加 </a>
<a href="main.jsp">返回</a></p>
</center>
</body>
</html>
```

该页面包含 PersonalInformationBean，作用是自动访问数据库，列出销售人员清单。详细代码如下：

```
package com.saleSystem;
import java.util.*;
import java.io.*;
import java.sql.*;
import com.saleSystem.util.*;
/** PersonalInformationBean 包含和 Personal 表相关的操作*/
public class PersonalInformationBean
{
private Connection con;
      //构造方法，获得数据库的连接
public PersonalInformationBean()
      {
      this.con=DataBaseConnection.getConnection();
      }
      /**搜索所有的销售员信息
       *返回由 Personal 值对象组成的 Collection
       */
public Collection getAllPersonal()throws Exception
```

```
        {
        Statement stmt=con.createStatement();
        ResultSet rst=stmt.executeQuery("select * from Personal");
        Collection ret=new ArrayList();
        while(rst.next())
        {
        Personal temp=new Personal();
        temp.setPersonalCode(rst.getString("personalCode"));
        temp.setName(rst.getString("name"));
        temp.setSex(rst.getString("sex"));
        temp.setAddress(rst.getString("address"));
                temp.setTelephone(rst.getString("telephone"));
        ret.add(temp);
        }
        con.close();
        return ret;
        }
    }
```

单击“添加”，页面链接到 addPersonal.jsp。这是一个表单页面，addPersonal.jsp 页面代码如下：

```
<%@ page contentType="text/html; charset=gb2312"
import="com.saleSystem.*,java.util.*,java.io.*" errorPage="error.jsp" %>
<%@ include file="trans.jsp"%>
<html>
<head>
<meta http-equiv="Content-Type" content="text/html; charset=gb2312">
<title>无标题文档</title>
<style type="text/css">
<!--
.style1 {font-size: 24pt}
.style2 {font-size: 16pt}
-->
</style>
</head>
<body>
<form action="messagePersonal.jsp" method=post>
<p align="center" class="style1">填写销售员个人基本信息</p>
<p align="left" class="style2">编号:
<input name="personalCode" type="text" class="style2">  (例如:&quot;p001&quot;;)</p>
<p align="left" class="style2">姓名:
<input name="name" type="text" class="style2">
</p>
<p align="left" class="style2">性别:
<input name="sex" type="text" class="style2">
</p>
<p align="left" class="style2">地址:
<input name="address" type="text" class="style2">
```

```
</p>
<p align="left" class="style2">电话:
<input name="telephone" type="text" class="style2">
</p>
<p align="left" class="style2">
<input name="Submit" type="submit" class="style2" value="提交">
<input name="Submit2" type="reset" class="style2" value="重置">
</p>
</form>
</body>
</html>
```

填写完毕，提交后转到 messagePersonal.jsp 页面，该页面首先获取前页提交的数据，然后调用 addPersonalBean 类中的 AddPersonal()方法将销售人员资料写入数据库。

messagePersonal.jsp 代码如下：

```
<%@ page contentType="text/html; charset=gb2312" import="java.sql.*" errorPage="" %>
<html>
<head>
<meta http-equiv="Content-Type" content="text/html; charset=gb2312">
<title>无标题文档</title>
</head>
<jsp:useBean id="addPersonal" class="com.saleSystem.AddPersonalBean" scope="page"/>
<body>
<% request.setCharacterEncoding("gb2312");
    String personalCode=request.getParameter("personalCode");
    String name=request.getParameter("name");
    String sex=request.getParameter("sex");
    String address=request.getParameter("address");
    String telephone=request.getParameter("telephone");
    String message=null;
    if(personalCode!=null&&name!=null&&sex!=null&&address!=null&&telephone!=null)
    {message=addPersonal.AddPersonal( personalCode,name,sex,address,telephone);
    out.println("<td>"+message+"</td>");}
    %>
</body>
</html>
```

addPersonalBean.java 首先获取数据库的连接，检测数据是否为空，符合条件后执行插入操作。代码如下：

```
package com.saleSystem;
import java.util.*;
import java.io.*;
import java.sql.*;
import com.saleSystem.util.*;
/**AddPersonalBean 包含和 Personal 表相关的操作 */
public class AddPersonalBean
{
private Connection con;
//构造方法，获得数据库的连接
```

```
public AddPersonalBean()
{this.con=DataBaseConnection.getConnection();}
/**添加销售员信息*/
public String AddPersonal(String personalCode,String name,
    String sex,String address,String telephone)throws Exception
    {
      String message=null;
      if(personalCode.equals("")){ message="插入不成功，请输入销售人员编号！！！！！！";}
      else if(name.equals("")){ message="插入不成功，请输入销售人员姓名！！！！！！";}
      else if(sex.equals("")){ message="插入不成功，请输入销售人员姓别！！！！！！";}
      else if(address.equals("")){ message="插入不成功，请输入销售人员地址！！！！！！";}
      else if(telephone.equals("")){ message="插入不成功，请输入销售人员电话！！！！！！";}
      else{
        message="销售人员添加成功！！！！！！！！！！";
        String sql="insert into personal values(?,?,?,?,?) ";//插入 SQL 语句
        PreparedStatement pstmt=con.prepareStatement(sql);
        pstmt.setString(1,personalCode);
        pstmt.setString(2,name);
        pstmt.setString(3,sex);
        pstmt.setString(4,address);
        pstmt.setString(5,telephone);
        pstmt.executeUpdate();
        con.close();
      }
    return message;
    }
}
```

2. 其他信息查询与添加

与前面介绍的模块类似，可完成余下的三个基本信息模块，包括产品部门信息、产品信息、销售信息。由于篇幅有限，本书不再详述，请读者按照上面介绍的方法独立设计完成，可以参照中国水利水电出版社网站上的代码。

查看产品部门信息页面如图 10.5 所示，该模块可以查看和添加所有产品的部门信息。

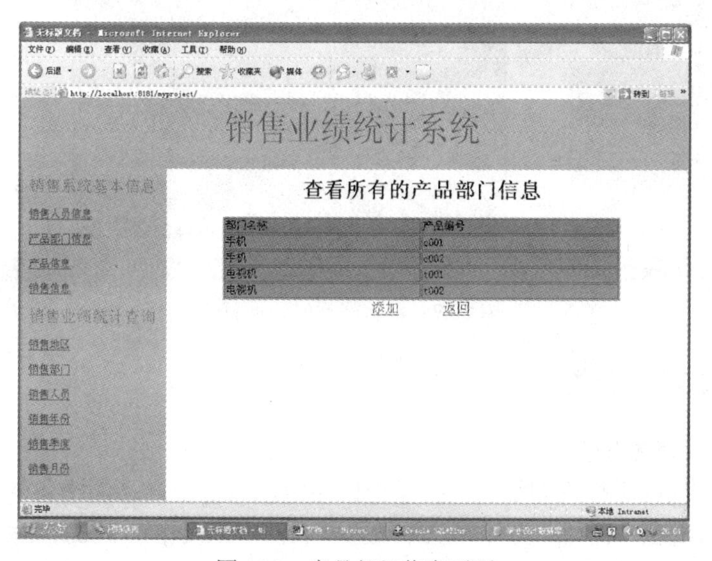

图 10.5　产品部门信息页面

查看产品信息页面如图 10.6 所示，该模块可以查看和添加所有的产品信息。

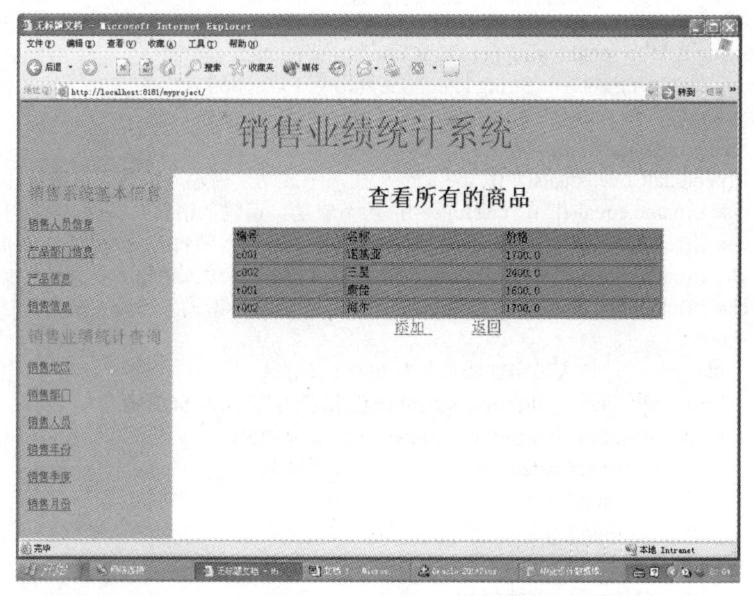

编号	名称	价格
c001	诺基亚	1700.0
c002	三星	2400.0
t001	康佳	1600.0
t002	海尔	1700.0

图 10.6　产品信息页面

查看已销售产品信息页面如图 10.7 所示，该模块可以查看和添加所有的销售情况。

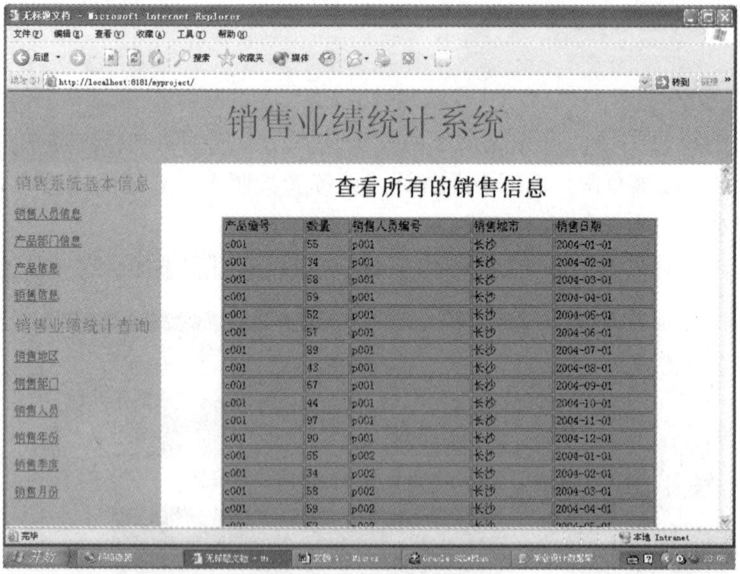

销售业绩统计系统

销售系统基本信息
销售人员信息
产品部门信息
产品信息
销售信息
销售业绩统计查询
销售地区
销售部门
销售人员
销售年份
销售季度
销售月份

查看所有的销售信息

产品编号	数量	销售人员编号	销售城市	销售日期
c001	55	p001	长沙	2004-01-01
c001	34	p001	长沙	2004-02-01
c001	58	p001	长沙	2004-03-01
c001	59	p001	长沙	2004-04-01
c001	52	p001	长沙	2004-05-01
c001	57	p001	长沙	2004-06-01
c001	89	p001	长沙	2004-07-01
c001	43	p001	长沙	2004-08-01
c001	67	p001	长沙	2004-09-01
c001	44	p001	长沙	2004-10-01
c001	97	p001	长沙	2004-11-01
c001	90	p001	长沙	2004-12-01
c001	65	p002	长沙	2004-01-01
c001	34	p002	长沙	2004-02-01
c001	58	p002	长沙	2004-03-01
c001	59	p002	长沙	2004-04-01

图 10.7　销售产品信息页面

10.3.3　销售业绩统计查询

1．按地区统计销售业绩

该模块是通过地区进行查询统计，把某地区某时段内各个产品的销售情况（包括销售数量和销售额）进行汇总。例如：在该模块中输入“长沙”以及年份 2003 等关键词，就能很快地知道该公司各个产品的销售情况，从而知道哪些产品滞销，哪些产品畅销。主要页面包括

cityQueryForm.jsp、cityQuery.jsp。使用的 JavaBean 有 SaleStatisticBean.java 和 StatisticTable-ByArea.java，运行结果如图 10.8 所示。

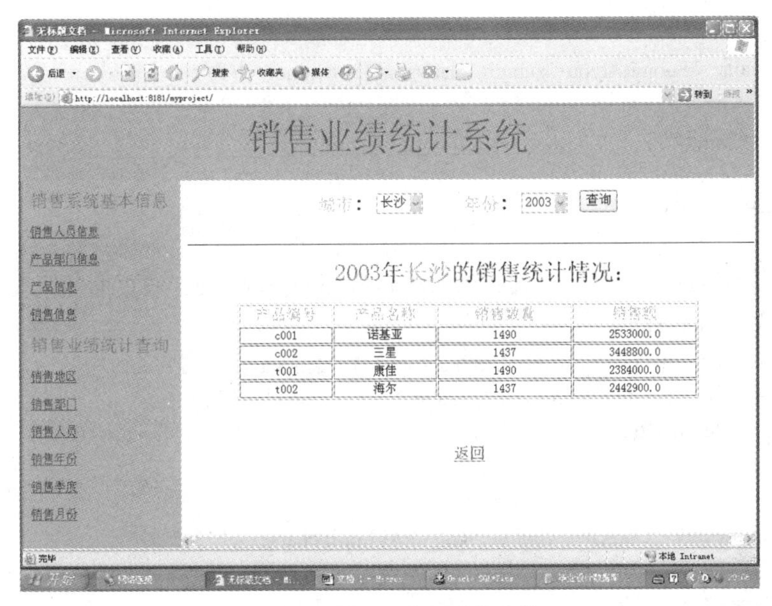

图 10.8 按地区统计销售业绩

单击页面左侧菜单项中的“销售地区”，main.jsp 页面替换为 cityQueryForm.jsp 页面。cityQueryForm.jsp 页面代码如下：

```
<%@ page contentType="text/html; charset=gb2312" language="java"
import="java.sql.*" errorPage="" %>
<html>
<head>
<meta http-equiv="Content-Type" content="text/html; charset=gb2312">
<title>无标题文档</title>
<style type="text/css">
<!--
.style1 { font-family: "宋体";
        font-size: 18px;
}
.style5 {color: #33FFFF}
.style6 {color: #000000}
-->
</style>
</head>
<body>
<form action="cityQuery.jsp" method=post>
<p align="center"><span class="style5">城市</span>:
        <select name="city" class="style1">
            <option>长沙</option>
            <option>武汉</option>
        </select>
<span span class="style5">年份</span>:
```

```
            <select name="year" class="style1">
            <option>2005</option>
      <option>2006</option>
      </select>
    <input name="Submit" type="submit" class="style1" value="查询">
    </span> </p>
    <p align="center">______________________________________________</p>
    </form>
    </body>
    </html>
```

选择要查询的地区和年份，提交后页面跳转到 cityQuery.jsp，该页面的主要作用是显示查询结果，详细代码如下所示：

```
<%@ page contentType="text/html; charset=gb2312" language="java"
import="com.saleSystem.*,java.util.*,java.io.*" errorPage="error.jsp" %>
<%@ include file="trans.jsp"%>
<html>
<head>
<meta http-equiv="Content-Type" content="text/html; charset=gb2312">
<title>无标题文档</title>
<style type="text/css">
<!--
.style1 {
        font-family: "宋体";
        font-size: 18px;
}
.style8 {
        color: #1010CC66;
        font-size: 16pt;
}
-->
</style></head>
<jsp:useBean id="cityQuery" class="com.saleSystem.SaleStatisticBean" scope="page"/>
<body>
<form action="cityQuery.jsp" method=post>
<p align="center"><span class="style1 style3"><span class="style23">城市</span>:
          <select name="city" class="style1">
             <option>长沙</option>
             <option>武汉</option>
          </select>
</span>     <span class="style1>年份</span>
   <select name="year" class="style1">
      <option>2003</option>
      <option>2004</option></select>
<input name="Submit" type="submit" class="style1" value="查询">
</span></span></span> </p>
<p align="center">__________________________________________________</p>
<% request.setCharacterEncoding("gb2312"); %>
```

```
<p align="center" class="style1><%=request.getParameter("year")%></span></span>年
<span class="style1"><%=request.getParameter("city")%></span>的销售统计情况：</p>
<div align="center">
<table width="636" border="1"><tr>
    <td width="124" class="style8"><div align="center">产品编号</div></td>
    <td width="136" class="style8"><div align="center">产品名称</div></td>
    <td width="180" class="style8"><div align="center">销售数量</div></td>
    <td width="168" class="style8"><div align="center">销售额</div></td> </tr>
 <%
Collection cityQuerys=cityQuery.getCityQuery(request.getParameter("year"),
request.getParameter("city"));
Iterator it=cityQuerys.iterator();
while(it.hasNext())
{request.setCharacterEncoding("gb2312");
StatisticTableByArea temp=(StatisticTableByArea)it.next();
out.println("<tr bordercolor=#10100066>");
out.println("<td>"+temp.getProductCode()+"</td>");
try
{
out.println("<td>"+trans(temp.getName())+"</td>");
out.println("<td>"+temp.getSumquantity()+"</td>");
out.println("<td>"+temp.getSummoney() +"</td>");
}
catch(Exception e)
{}
out.println("</tr>");
}
%>
</table>
</div>
<div align="center"><span class="style18"><a href="main.jsp">返回</a>
</center></span>
</div></form></body></html>
```

这个页面调用了 JavaBean——SaleStatisticBean.java，其作用是按照查询要求来统计数据。其他几个查询模块，例如按部门、人员、年、月、季来查询业绩，都需要调用这个 Bean，它又包含了一个类 StatisticTableByArea，这里先介绍 SaleStatisticBean.java，代码如下：

```
package com.saleSystem;
import java.sql.*;
import java.util.*;
import java.io.*;
import com.saleSystem.util.*;
/**SaleStatisticBean 包含和 StatisticTableByArea 表相关的操作 */
public class SaleStatisticBean
{
        private Connection con;
        //构造方法，获得数据库的连接
        public SaleStatisticBean()
```

```
{
this.con=DataBaseConnection.getConnection();
}
/**按不同的分类统计所有的销售信息
 *返回由 StatisticTableByArea 值对象组成的 Collection */
public Collection getCityQuery(String Inyear,String Incity)throws Exception
{String sql="select sale.productCode as productCode,name,sum(quantity) as sumquantity, sum(price*quantity) as summoney from product,sale where to_char(saleDate,'yyyy')=? and product. productCode= sale.productCode and sale.saleCity=? group by saleCity,sale.productCode,name";
//查询语句
PreparedStatement pstmt=con.prepareStatement(sql);
pstmt.setString(1,Inyear);
pstmt.setString(2,Incity);
ResultSet rst=pstmt.executeQuery();
Collection ret=new ArrayList();
while(rst.next())
{
StatisticTableByArea temp=new StatisticTableByArea();
temp.setProductCode(rst.getString("productCode"));
temp.setName(rst.getString("name"));
temp.setSumquantity(rst.getInt("sumquantity"));
temp.setSummoney(rst.getFloat("summoney"));
ret.add(temp);
}
con.close();
return ret;
}
public Collection getSectorQuery(String Inyear,String Insectorname)throws Exception
{   String sql="select sale.productCode as productCode,product.name as name,sum(quantity)
    as sumquantity,sum(price*quantity) as summoney from product,sale,sector where
    to_char(saleDate,'yyyy')=? and product.productCode=sale.productCode and
    sale.productCode=sector.productCode and sector.name=? group by
    sector.name,sale.productCode,product.name";
PreparedStatement pstmt=con.prepareStatement(sql);
pstmt.setString(1,Inyear);
pstmt.setString(2,Insectorname);
ResultSet rst=pstmt.executeQuery();
Collection ret=new ArrayList();
while(rst.next())
{
StatisticTableByArea temp=new StatisticTableByArea();
temp.setProductCode(rst.getString("productCode"));
temp.setName(rst.getString("name"));
temp.setSumquantity(rst.getInt("sumquantity"));
temp.setSummoney(rst.getFloat("summoney"));
ret.add(temp);
}
```

```
con.close();
return ret;
}
public Collection getPersonalQuery(String Inyear,String InpersonalCode)throws Exception
{String sql="select sale.productCode as productCode ,name,sum(quantity) as
   sumquantity,sum(price*quantity) as summoney from product,sale where
   to_char(saleDate,'yyyy')=? and product.productCode=sale.productCode and personalCode=?
   group by personalCode,sale.productCode,name";
PreparedStatement pstmt=con.prepareStatement(sql);
pstmt.setString(1,Inyear);
pstmt.setString(2,InpersonalCode);
ResultSet rst=pstmt.executeQuery();
Collection ret=new ArrayList();
while(rst.next())
{
StatisticTableByArea temp=new StatisticTableByArea();
temp.setProductCode(rst.getString("productCode"));
temp.setName(rst.getString("name"));
temp.setSumquantity(rst.getInt("sumquantity"));
temp.setSummoney(rst.getFloat("summoney"));
ret.add(temp);
}
con.close();
return ret;
}
public Collection getYearQuery(String Inyear)throws Exception
{
   String sql="select sale.productCode as productCode,name,sum(quantity) as
   sumquantity,sum(price*quantity) as summoney from product,sale where
   to_char(saleDate,'yyyy')=? and product.productCode=sale.productCode   group by
   to_char(saleDate,'yyyy'),sale.productCode,name";
PreparedStatement pstmt=con.prepareStatement(sql);
pstmt.setString(1,Inyear);
ResultSet rst=pstmt.executeQuery();
Collection ret=new ArrayList();
while(rst.next())
{
StatisticTableByArea temp=new StatisticTableByArea();
temp.setProductCode(rst.getString("productCode"));
temp.setName(rst.getString("name"));
temp.setSumquantity(rst.getInt("sumquantity"));
temp.setSummoney(rst.getFloat("summoney"));
ret.add(temp);
}
con.close();
return ret;
}
```

```
public Collection getQuarterQuery(String Inyear,String Inquarter)throws Exception
{String sql=null;
  String sql1="select sale.productCode as productCode,name,sum(quantity)
    as sumquantity,sum(price*quantity) as summoney
    from product,sale   where product.productCode=sale.productCode
    and to_char(saleDate,'mm')>='01' and to_char(saleDate,'mm')<='03'
    and to_char(saleDate,'yyyy')=? group by to_char(saleDate,'yyyy'),sale.productCode,name ";
  String sql2="select sale.productCode as productCode,name,sum(quantity)
    as sumquantity,sum(price*quantity) as summoney from product,sale
    where product.productCode=sale.productCode   and to_char(saleDate,'mm')>='04'
    and to_char(saleDate,'mm')<='06' and to_char(saleDate,'yyyy')=?
    group by to_char(saleDate,'yyyy'),sale.productCode,name";
 String sql3="select sale.productCode as productCode,name,sum(quantity)
    as sumquantity,sum(price*quantity) as summoney from product,sale
    where product.productCode=sale.productCode   and to_char(saleDate,'mm')>='07'
    and to_char(saleDate,'mm')<='010' and to_char(saleDate,'yyyy')=?
    group by to_char(saleDate,'yyyy'),sale.productCode,name";
 String sql4="select sale.productCode as productCode,name,sum(quantity)
 as sumquantity,sum(price*quantity) as summoney from product,sale
    where product.productCode=sale.productCode   and to_char(saleDate,'mm')>='10'
    and to_char(saleDate,'mm')<='12' and to_char(saleDate,'yyyy')=?
    group by to_char(saleDate,'yyyy'),sale.productCode,name";
if (Inquarter.equals("1")){sql=sql1;}
if (Inquarter.equals("2")){sql=sql2;}
if (Inquarter.equals("3")){sql=sql3;}
if (Inquarter.equals("4")){sql=sql4;}
PreparedStatement pstmt=con.prepareStatement(sql);
pstmt.setString(1,Inyear);
ResultSet rst=pstmt.executeQuery();
Collection ret=new ArrayList();
while(rst.next())
{
StatisticTableByArea temp=new StatisticTableByArea();
temp.setProductCode(rst.getString("productCode"));
temp.setName(rst.getString("name"));
temp.setSumquantity(rst.getInt("sumquantity"));
temp.setSummoney(rst.getFloat("summoney"));
ret.add(temp);
}
con.close();
return ret;
}
public Collection getMonthQuery(String Inyear,String Inmonth)throws Exception
{String sql="select sale.productCode as productCode,name,sum(quantity)
as sumquantity,sum(price*quantity) as summoney from product,sale
where to_char(saleDate,'yyyy')=? and to_char(saleDate,'mm')=?
and product.productCode=sale.productCode
```

```
        group by to_char(saleDate,'mm'),sale.productCode,name";
        PreparedStatement pstmt=con.prepareStatement(sql);
        pstmt.setString(1,Inyear);
        pstmt.setString(2,Inmonth);
        ResultSet rst=pstmt.executeQuery();
        Collection ret=new ArrayList();
        while(rst.next())
        {
        StatisticTableByArea temp=new StatisticTableByArea();
        temp.setProductCode(rst.getString("productCode"));
        temp.setName(rst.getString("name"));
        temp.setSumquantity(rst.getInt("sumquantity"));
        temp.setSummoney(rst.getFloat("summoney"));
        ret.add(temp);
        }
        con.close();
        return ret;}}
```

StatisticTableByArea 类的作用是获取参数值和给一些重要参数赋值，代码如下：

```
package com.saleSystem;
import java.io.*;
public class StatisticTableByArea implements Serializable {
  /* 私有字段 */
  private String productCode;
  private String name;
  private int sumquantity;
  private float summoney;
  /* JavaBean 属性访问方法 */
  public String getProductCode()
  { return this.productCode; }
  public void setProductCode(String productCode)
  { this.productCode = productCode; }
  public String getName()
  { return this.name; }
  public void setName(String name)
  { this.name = name; }
  public void setSumquantity(int sumquantity)
  {this.sumquantity=sumquantity;}
  public int getSumquantity()
  {return this.sumquantity;}
  public float getSummoney()
  { return this.summoney; }
  public void setSummoney(float summoney)
  { this.summoney = summoney; }
}
```

2. 按人员统计销售业绩

该模块根据各个销售人员来统计他们的销售业绩。提供不同销售人员的编号，管理员就很容易知道他们的销售情况，根据这些数据，管理员即可知道该销售员某产品销售量及销售额。

此模块和后面的一些模块以及地区统计销售业绩模块类似，都只需要调用 SaleStatisticBean 即可，请读者自行设计。页面设计效果如图 10.9 所示。

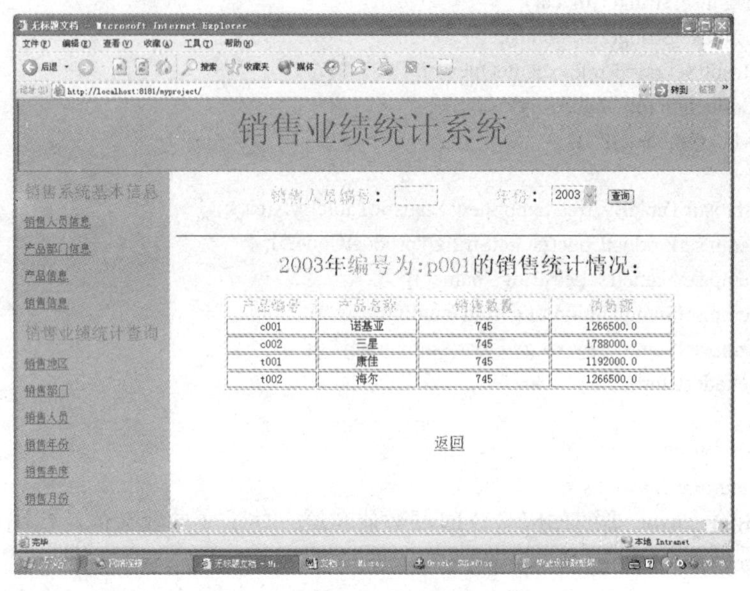

图 10.9　按人员统计销售业绩

3. 按部门统计销售业绩

该模块实现统计不同产品部门的销售业绩的功能。输入部门和年份，就可知道该年该部门的销售情况。这样使整个公司系统能对各个部门的生产情况作合理的分配以达到最大利润。页面设计效果如图 10.10 所示。

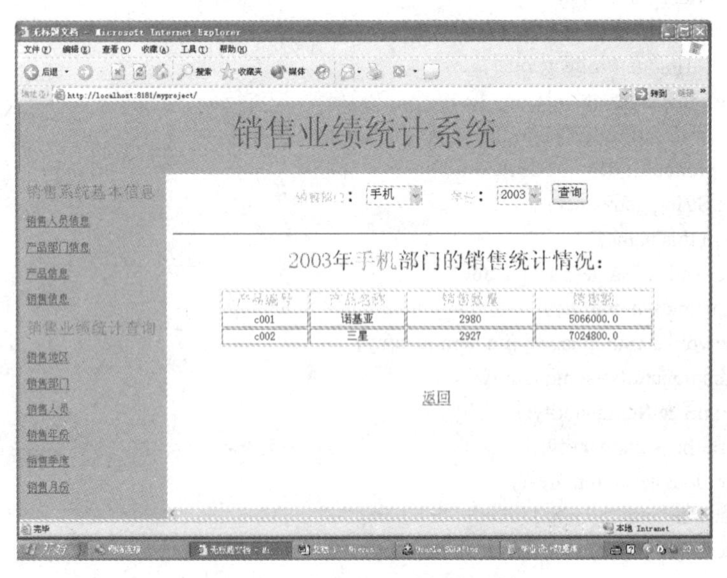

图 10.10　按部门统计销售业绩

4. 按月份汇总销售业绩

该模块主要是实现对每个月的销售情况进行汇总的功能，例如输入月份为 12，年份为 2003，就可以统计 2003 年 12 月份的各产品的销售情况。设计效果如图 10.11 所示。

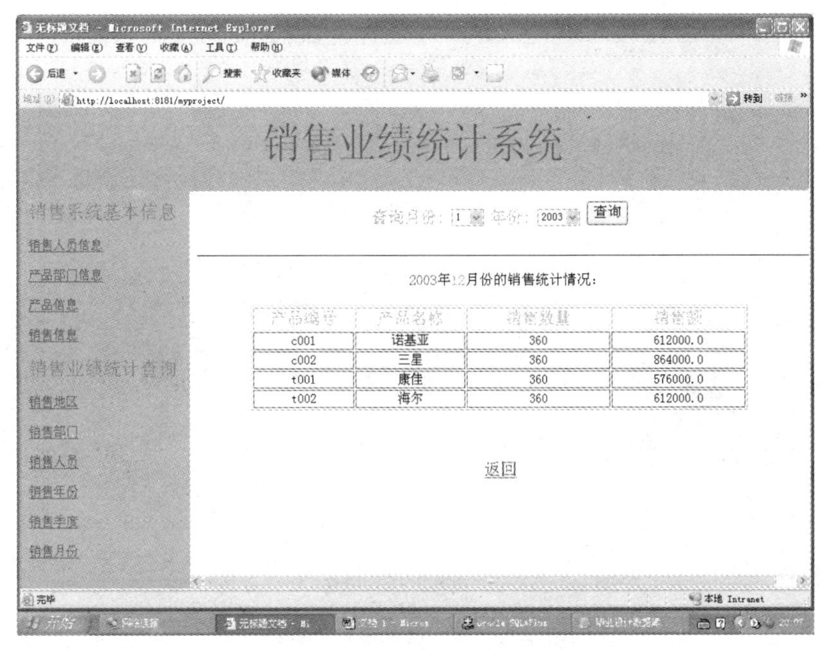

图 10.11　按年份和月份统计销售业绩

5. 按季度汇总销售业绩

该模块主要是实现对每个季度的销售情况进行汇总的功能，输入季度为 3，年份为 2003，就可以统计 2003 年第 3 季度各产品的销售情况。设计效果如图 10.12 所示。

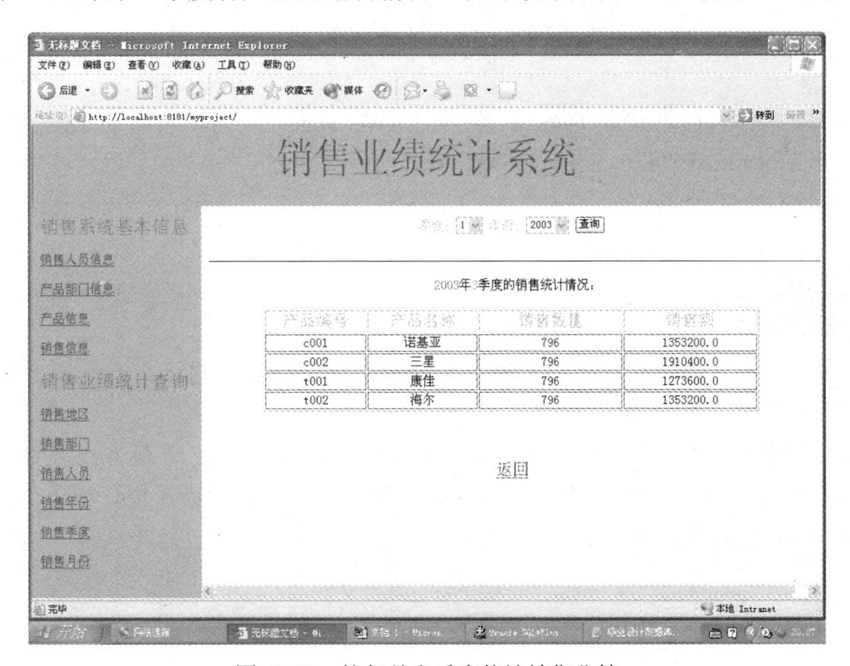

图 10.12　按年份和季度统计销售业绩

6. 按年度汇总销售业绩

该模块功能实现同 5，不同的是它按年汇总。设计效果如图 10.13 所示。

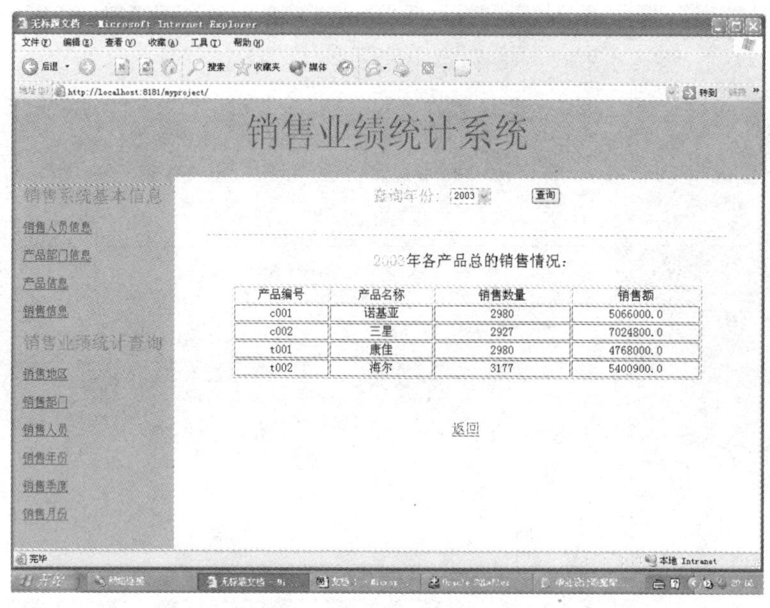

图 10.13　按年度汇总销售业绩

10.3.4　部署和发布系统

完成销售业绩统计系统的编写后，新建文件夹 seld，将各 JSP 文件放置于其中，然后在 seld 内建立新的文件夹，命名为 WEB-INF，在 WEB-INF 文件夹下再新建文件夹 com，在 com 内新建文件夹 saleSystem，然后将所有的 Java 文件编译成 class 文件放置在 saleSystem 文件夹内。

将整个 seld 文件夹拷贝到带 Tomcat 服务器的 Webapps 目录下，再启动 Tomcat。打开浏览器，输入：http://localhost:8080/seld/login.jsp，就打开了系统的首页界面。单击菜单项中的相应功能，即可运行整个系统。

本章学习了销售业绩统计系统，采用与前一章同样的编程思想进行开发，目的是让读者对 JSP+JavaBean 结构更加熟悉。

本系统公用模块中有一个专门用来完成中文转码的 JSP 文件，其他页面只需要把该页面包含进来后调用，就能完成转码工作。按年月日统计时，要注意数据库中日期的格式，还要注意查询时单独取出年、月、日的方法。

第 11 章　JSP 展望

通过对 JSP 的学习，读者已经掌握了 JSP 开发的基本技能。本章主要从 JSP 的技术难点出发，向读者介绍 Servlet 技术和 MVC 模式，同时还简要介绍 Java 对象持久化技术中比较流行的 Struts、Spring 和 Hibernate 架构，即 SSH 框架。有兴趣的读者请参照这些方面的资料来学习，从而提高自己的开发能力。

- JSP 技术难点
- Servlet 技术
- MVC 模型
- Java 对象持久化技术

11.1　JSP 技术难点

通过前面几章的学习，读者已经对 JSP 的基本知识有了系统的了解。JSP 是基于 Java 以及整个 Java 体系的 Web 开发技术，利用这一技术，用户可以建立先进、安全、快速和跨平台的动态网站。

在传统网页的 HTML 文件中加入 Java 程序片段和 JSP 标记，构成 JSP 网页。Web 服务器接收到访问 JSP 网页的请求时，首先执行其中的程序片段，然后将执行结果以 HTML 格式返回给客户。程序片段可以操作数据库、重新定向网页以及发送 E-mail 等，这都是建立动态网站所需要的功能。

所有程序操作都在服务器端执行，网络上传送给客户端的仅是得到的结果，对客户浏览器的要求很低。在用户连接 JSP 网站时，用户请求网页，JSP 页面独自响应请求，将用户对网页的请求转化为对数据的请求，通过 JavaBean 处理请求并将返回的数据封装成 HTML 页面返回给用户。

在讲述 JSP 技术难点前，先总结一下 JSP 技术中读者已有深刻体会的优势。

（1）程序一次编写，到处运行。JSP 在设计时，充分考虑到应用平台的无关性。依赖于 Java 的可移植性，JSP 得到目前许多流行操作平台的支持，可在 Apache、Netscape、IIS 等服务器上执行。

（2）执行速度快。JSP 页面只需编译一次转化为 Java 字节代码，其后一直驻留于服务器内存中，加快了对 JSP 页面的响应速度。若不考虑 JSP 页面第一次编译所花的时间，则 JSP 的响应速度要比 ASP 快得多。

（3）Java 的优势。JSP 技术是用 Java 语言作为脚本语言的。跨平台、成熟、健壮、易扩充的 Java 技术使得开发人员的工作在其他方面也变得容易和简单。在 Windows 系统被怀疑可能会崩溃时，Java 能有效地防止系统崩溃。Java 语言通过提供防止内存泄漏的方法，在内存管理方面大显身手。此外 JSP 为应用程序提供了更为健壮的异常事件处理机制，充分发挥了 Java 的优势。

JSP 的技术难点主要有三个：

1. 连接数据库

由于 Java 对数据库支持的限制，需要使用 JDBC 来连接数据库，加上对 SQL 语言的要求，就给初学者造成了一些困难，需要读者熟练掌握了 JDBC 的用法。

数据库连接对动态网站来说是最为重要的部分，在与后端数据库连接时可以采用 ODBC 或 JDBC 技术。虽然 ODBC 作为传统的连接数据库的手段是一种选择，但是 ODBC 有些致命缺陷，从而使它无法胜任 JSP 的请求。

为了使程序在具有安全性、完整性、健壮性的同时，可以方便地移植，采用 JDBC 连接数据库更合适一些。JDBC 是一种可用于执行 SQL 语句的 Java API，它由一些 Java 语言写的类、界面组成，使开发人员可以用纯 Java 语言编写完整的数据库应用程序。通过使用 JDBC，可以很方便地将 SQL 语句传送到几乎任何一种数据库。也就是说，可以不必写一个程序访问 Sybase，写另一个程序访问 Oracle，再写一个程序访问 Microsoft 的 SQL Server。用 JDBC 写的程序能够自动地将 SQL 语句传送给相应的数据库管理系统。

在本地数据库使用 Microsoft 的 Access 等数据库时，可以使用 Sun 公司开发的 JDBC-ODBC 桥，借用此技术，JSP 程序就可以访问带有 ODBC 驱动程序的数据库。这样既保留了 JDBC 的优点，又可以使用 Microsoft 提供的 ODBC 数据源与 Access 连接。不管对方是何种数据库，只要有 ODBC 接口就可以直接使用 JDBC-ODBC 桥与数据库连接，而无须因为后端数据库的改变而改动相应的程序代码，实现了应用层与数据库层的完美分离。如果需要变后端数据库为 MySQL，只需在 ODBC 数据源中安装 MySQL 的驱动程序，即可直接使用 MySQL 数据库了。

2. 内置对象

JSP 难点之二是内置对象的使用。在实现网站的时候，由于客观需要，为了方便区分本地局域网用户与远端连接用户，并提供相应的权限，可以采用内建的组件 Request 来捕获每一个连到服务器上的用户的 IP 地址，通过比较之后给出相应的权限。这样做使得本地局域网内用户可以使用网站内所有公开的和不对外公开的资源。还可以将现有的方法加以改进，将各种 IP 地址输入到数据库中并且赋予不同的 IP 地址不同的权限，以完整地控制用户使用网站资源。

会话状态维持是 Web 应用开发者必须面对的问题。为了了解用户是否还在线，使用内建的 Session 组件给每个登录用户一个 Session 变量，可以在用户非正常离开网站之后，关闭该用户使用的资源，达到节省内存、提高服务器性能的目的。

在 JSP 中还提供了 Cookie 类，其构造器有两个参数，分别代表 Cookie 的名称和值。Cookie 类中提供了各种方法设置 Cookie 的属性，如通过 setMaxAge 方法可以设置 Cookie 的生存时间。若生存时间为负值，代表浏览器关闭 Cookie 即消失；生存时间为 0，代表删除 Cookie；生存时间为正数，代表 Cookie 存在多少秒。可以用 Cookie 临时保存用户的账号和口令，JSP 可随时读取、验证用户的合法性。可以将用户的浏览状态保存在 Cookie 中，下次用户再访问网页时，由 JSP 向浏览器显示个性化页面。

3．转换 Unicode 编码

在许多 JSP 页面的调试过程中都碰到过由于汉字编码与 Unicode 编码转换引起的问题，如在浏览器中看到的 JSP 页面中的汉字都是乱码、JSP 页面无法正常显示汉字、JSP 不能接收表单提交的汉字、JSP 数据库读写无法获得正确的内容等，都是因为现在大部分具有国际化特征的软件核心字符处理都是以 Unicode 为基础的。在软件运行时根据当时 Locale/Lang/Codepage 设置确定相应的本地字符编码设置，并依此处理本地字符，所以应该在处理过程中实现 Unicode 和本地字符集的相互转换，甚至以 Unicode 为中介的两个不同本地字符集的相互转换。这种方式在网络环境下被进一步延伸，任何网络两端的字符信息也需要根据字符集的设置转换成可接受的内容。

由于 IE 默认字符集为 GB2312，Windows 默认为 GBK，Java 则默认为 Unicode，所以如果不通过一定转换，直接在 GB2312 字符集上显示从 GBK 或 Unicode 得到的页面将是一片乱码。Java 语言采用 Unicode 处理字符，但从另一个角度来说，在 Java 程序中也可以采用非 Unicode，重要的是保证程序入口和出口的汉字信息不失真。如完全采用 ISO-8859-1 来处理汉字也能达到正确的结果，经过转换之后并将网页字符集强制设为 GB2312 字符集显示，就能够正常显示汉字了。

11.2　Servlet 技术

Servlet 是一种独立于平台和协议的服务器端的 Java 应用程序，可以生成动态的 Web 页面。Servlet 扩充了 Web Server 的功能，并且它不受安全性的限制，具有 Java 程序的全部功能，能够访问并读写文件、改变系统特性等。Java Servlet 具有面向对象的优点，因此通过创建可重复使用的组件将加快应用开发的速度。另一个优点是它占用很少的密集资源。

Java Servlet 与 JSP 关系密切，首先 JSP 页面在执行时要编译成 Servlet，然后它能够像传统的 CGI 脚本一样扩展 Web 服务器功能。JSP 与 Servlet 结合的技术充分利用了二者的优点：JSP 技术主要用来表现页面，而 Servlet 技术主要用来完成大量的逻辑处理，也就是说，JSP 主要用来发送前端的用户请求，Servlet 主要响应用户的请求，完成请求的逻辑处理。

Java Servlet 有着十分广泛的应用。不仅能简单地处理客户端的请求，借助 Java 的强大功能，使用 Servlet 还可以实现大量的服务器端的管理维护功能，以及各种特殊的任务，比如，并发处理多个请求、转送请求、代理等。

1．Servlet 的运行环境

典型的 Servlet 运行环境有 JSWDK、Tomcat、Resin 等，这几个都是免费的软件，适合用来学习 Servlet 和 JSP。它们都自带一个简单的 HTTP Server，只需简单地配置即可投入使用，也可以把它们绑定到常用的 Web 服务器上，如 Apache、IIS 等，提供小规模的 Web 服务。还有一些商业的大中型的支持 Servlet 和 JSP 的 Web 服务器，如 JRun、WebSphere、WebLogic 等，其配置比较复杂，并不适合初学者，但是功能较为强大，有条件的读者可以一试。

2．Servlet 的编译

Servlet 的编译和一般的 Java 程序是完全一样的，在使用 javac 编译的时候不需要任何特殊的参数。只要 Servlet 的编写是正确的，编译完后生成的 Class 文件就可以作为 Servlet 来运行了。

11.2.1 Servlet 的生命周期

Servlet 遵循严格的生命周期。Servlet 的生命周期定义了一个 Servlet 如何被加载、初始化，以及它怎样接收请求、响应请求、提供服务。Servlet 的生命周期如图 11.1 所示。

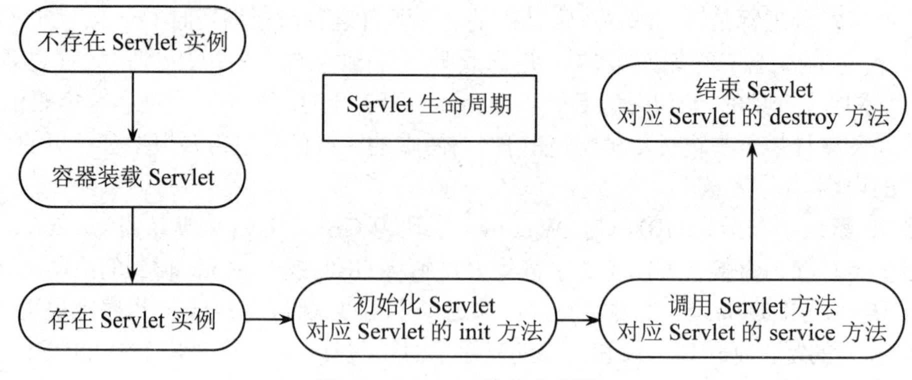

图 11.1　Servlet 的生命周期

在每个 Servlet 实例的生命周期中有三种类型的事件，这三种事件分别对应于由 Servlet 引擎所唤醒的三个方法：

（1）init()：当 Servlet 第一次被装载时，Servlet 引擎调用这个 Servlet 的 init 方法，只调用一次。如果某个 Servlet 有特殊的初始化需要，那么 Servlet 编写人员可以重写该方法来执行初始化任务。如果某个 Servlet 不需要初始化，那么默认情况下将调用父类的 init 方法。系统保证，在 init 方法成功完成以前，不会调用 Servlet 去处理任何请求。

（2）service()：这是 Servlet 最重要的方法，是真正处理请求的地方。对于每个请求，Servlet 引擎将调用 Servlet 的 service 方法，并把 Servlet 请求对象和 Servlet 响应对象作为参数传递给它。

（3）destroy()：这是相对于 init 的可选方法，当 Servlet 即将被卸载时由 Servlet 引擎来调用，用来清除并释放在 init 方法中所分配的资源。

Servlet 的生命周期可以被归纳为以下几步：

1）装载 Servlet，这一操作一般是动态执行的。然而，Servlet 通常会提供一个管理的选项，用于在 Servlet 启动时强制装载和初始化特定的 Servlet。

2）Server 创建一个 Servlet 实例。

3）Server 调用 Servlet 的 init 方法。

4）客户端请求到达 Server。

5）Server 创建一个请求对象。

6）Server 创建一个响应对象。

7）Server 激活 Servlet 的 service 方法，传递请求和响应对象作为参数。

8）service 方法获得关于请求对象的信息，处理请求，访问其他资源，获得需要的信息。

9）service 方法使用响应对象的方法，将响应传回 Server，最终到达客户端。service 方法可能激活其他方法以处理请求，如 doGet、doPost 或其他程序员自己开发的方法。

10）对于更多的客户端请求，Server 创建新的请求和响应对象，仍然激活此 Servlet 的 service 方法，将这两个对象作为参数传递给它，如此重复以上的循环，但无须再次调用 init 方法，Servlet

一般只初始化一次。

11）当 Server 不再需要 Servlet 时，比如当 Server 要关闭时，Server 调用 Servlet 的 destroy 方法。

11.2.2 Servlet 与表单的交互

表单是 HTML 中使用最广泛的传递信息的手段。搞清楚 Servlet 与表单的交互，就在客户端与服务器之间架起了一座桥梁。Servlet 使用 HttpServlet 类中的方法与表单进行交互。在 HttpServlet 类中有几个未完全实现的方法，用户可以自己定义方法的内容，但是必须正确使用方法名称以使 HTTP Server 把客户请求正确地映射到相应的函数上。

（1）doHeader 用于处理 Header 请求。

（2）doGet 用于处理 get 请求，也可以自动支持 Header 请求。

（3）doPost 用于处理 post 请求。

（4）doPut 用于处理 put 请求。

（5）doDelete 用于处理 detele 请求。

（6）HttpServlet 的 Service 方法，当接收到一个 Options 请求时自动调用 doOptions 方法，当接收到一个 Trace 请求时调用 doTrace。doOptions 的默认执行方式是自动决定什么样的 HTTP 被选择并返回哪个信息。

在使用这些方法时必须带两个参数。第一个包含来自客户端的数据 HttpServletRequest。第二个参数包含客户端的相应 HttpServletResponse。

HttpServletRequest 对象提供请求 HTTP 头部数据，也允许获取客户端的数据。怎样获取这些数据取决于 HTTP 请求方法。

不管何种 HTTP 方式，都可以用 getParameterValues 方法返回特定名称的参数值。

HttpServletRequest 和 HttpServletResponse 接口分别继承自 ServletRequest 和 Servlet-Response 接口，getParameterValues 和 getWriter 方法都是其父类接口中的方法。

对于 HTTP 请求中的 get 方式，getQueryString 方法将会返回一个可以用来解析的参数值。对于 HTTP 请求中的 post 方式以及 put 和 detele 请求方式，HttpServletRequest 有两种方法可以选择：如果是文本数据，可以通过 getReader 方法得到 BufferedReader 获取数据；如果是二进制数据，可以通过 getInputStream 方法得到 ServletInputStream 获取数据。

相应于客户端，HttpServletResponse 对象提供返回数据给用户的两个方法：一种方法是用 getWriter 方法得到 PrintWriter，返回文本数据；另一种方法是用 getOutputStream 方法得到 ServletOutputStream，返回二进制数据。在使用 Writer 或 OutputStream 之前应先设置头部（HttpServletResponse 中有相应的方法），然后用 Writer 或 OutputStream 将相应的主体部分发给用户。完成后要关闭 Writer 或 OutputStream 以便让服务器知道响应已经结束。

例如：

```
printWriter out = response.getWriter();
out.println("Request URI: " + request.getRequestURI()+"<br>");
```

11.2.3 Servlet 控制会话

会话状态的维持是开发 Web 应用所必须面对的问题，有多种方法可以解决这个问题，如使用 Cookies、hidden 类型的表单域，或直接把状态信息加到 URL 中等。Servlet 本身也提供了 HttpSession 接口来支持会话状态的维持。在这里主要介绍基于这个接口的会话状态的管理。

Java Servlet 定义了一个 HttpSession 接口，实现 Session 的功能，在 Servlet 中使用 Session 的过程如下：

（1）使用 HttpServletRequest 的 getSession 方法得到当前存在的 session，如果当前没有定义 session，则创建一个新的 session，也可以使用方法 getSession(true)。

（2）写 session 变量。可以使用方法 HttpSession.setAttribute(name,value)来向 session 中存储一个信息。也可以使用 HttpSession.putValue(name,value)，但这个方法已经过时了。

（3）读 session 变量。可以使用方法 HttpSession.getAttribute(name)来读取 session 中的一个变量值，如果 name 是一个没有定义的变量，那么返回的是 null。需要注意的是，从 getAttribute 读出的变量类型是 Object，必须使用强制类型转换。

例如：String uid = (String) session.getAttribute("uid");

（4）关闭 session，当使用完 session 后，可以使用 session.invalidate()方法关闭 session。但这并不是严格要求的。因为 Servlet 引擎在一段时间之后会自动关闭 seesion。例如：

```
HttpSession session = request.getSession(true); //参数 true 是指在没有 session 时创建一个新的
Date created = new Date(session.getCreationTime());//得到 session 对象创建的时间
out.println("ID " + session.getId()+"<br>"); //得到该 session 的 id，并打印
out.println("Created: " + created+"<br>");//打印 session 创建时间
session.setAttribute("UID","12345678"); //在 session 中添加变量 UID=12345678
session.setAttribute("Name","Tom"); //在 session 中添加变量 Name=Tom
```

11.3 MVC 模型

JSP 技术可以应用于各种事务，从最简单的 Web 应用程序到功能齐全的企业级应用程序。当然，在各种应用中，JSP 占的比例大小不一。本节将介绍一种可同时用于简单应用程序和复杂应用程序的设计模型，称为 MVC（Model-View-Controller，模型-视图-控制器）模型。

11.3.1 常用三层结构模式

随着数据库技术和 Web 技术的发展，常采用三层结构模式来开发动态网站。学习 MVC 模式之前，先了解一下三层结构模式的实施框架，如图 11.2 所示。

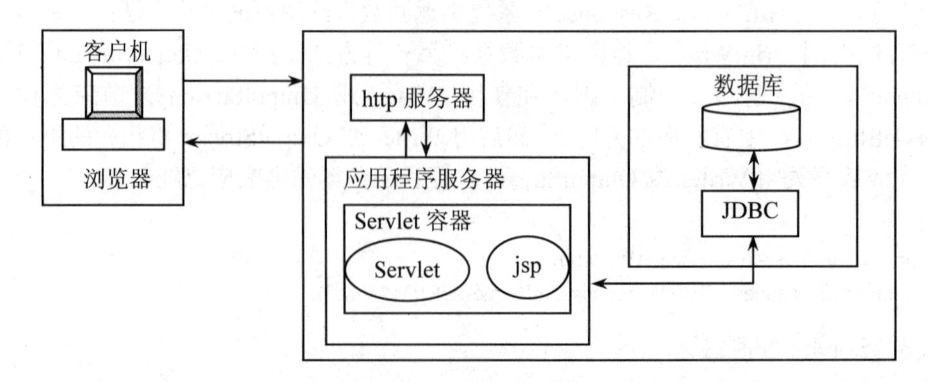

图 11.2 基于 Java 技术的 Web 应用体系结构

（1）浏览器层。浏览器是三层结构中的第一层。利用 Web 浏览器，可以使客户面对一个

统一的应用界面，降低对客户端应用平台的要求。

（2）中间层。中间层主要由 Web 服务器和 Java 应用程序组成。以往的 Web 服务器主要是提供文件服务器或者邮件服务器，现在它正在成为一个独立的应用系统开发及运行环境，使以前面向用户的复杂性从客户端转移到了 Web 服务器端，以满足配置相对较低的客户机的要求。Java 应用程序主要是采用了 Java 流行的开发 Web 动态页面的三种技术：JSP、Servlet 和 JavaBean。Web 服务器根据用户的请求，调用相应的应用程序，生成 HTML 或者 JSP 页面，返回给用户。

（3）后台数据库服务器和 JDBC。数据库服务器负责管理数据库，处理数据更新，完成数据查询要求和运行存储过程。Web 服务器与数据库服务器的分离实现了表示层（浏览器）、组件层（中间层）、数据库服务层的三层分布式结构。在应用程序与数据库服务器的交互中，采用 Java 通用的 JDBC 技术。

11.3.2 MVC 模型

MVC 首先是由 Xerox（施乐）公司在 20 世纪 80 年代后期发表的一系列论文中提出的。使用 MVC 的关键点是将逻辑分成三个各自独立的单位：模型、视图和控制器。在一个服务器应用程序中，通常将应用程序分成以下三部分：商务逻辑、外观呈现和请求处理。术语“商务逻辑（Business Logic）”指的是对应用程序的数据进行处理。

MVC 模式把数据处理、程序输入输出控制以及数据表示分离开来，并且描述了不同部分的对象之间的通信方式，使它们不必卷入彼此的数据模型和方法中，使程序结构变得清晰而灵活。由 JSP、Servlet 和 JavaBean 实现的基于 J2EE 的 MVC2 结构的出现使得 MVC 模式广泛应用于大型 Web 项目的开发中。

MVC 模式包括三个部分：模型（Model）、视图（View）和控制器（Controller），分别对应于内部数据、数据表示和输入输出控制部分。一个更为合理的缩写应该是 MdMaVC，其中 Md 指 Domain Model，是分析员和设计师所面对的部分，是对问题的描述；Ma 指 Application Model，用来记录存在的视图，获取视图信息和向视图发送消息。MVC 模式的一般结构如图 11.3 所示。

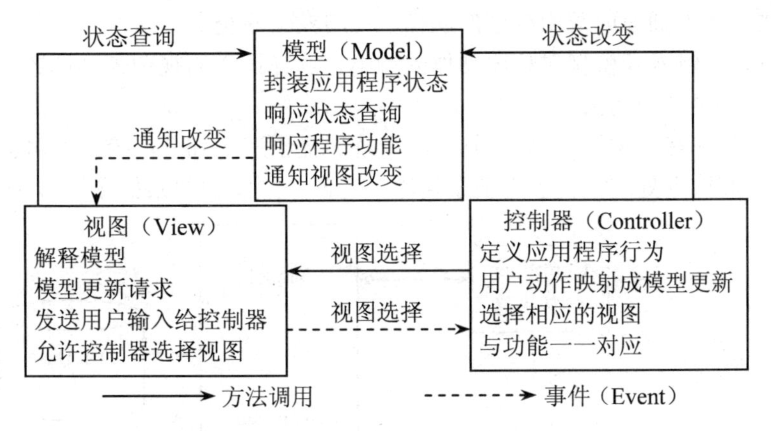

图 11.3 MVC 模式各部分的关系和功能

1. 模型（Model）

模型是问题与相关数据的逻辑抽象，代表对象的内在属性，是整个模型的核心。它采用面向对象的方法，将问题领域中的对象抽象为应用程序对象，在这些抽象的对象中封装了对象的属性和这些对象所隐含的逻辑。

模型的作用如下：

（1）抽象应用程序的功能，封装程序数据的结构及其操作。

（2）向控制器提供对程序功能的访问。

（3）接受视图的数据查询请求。

（4）当数据有变化时，通知对此数据感兴趣的视图。

2. 视图（View）

视图是模型的外在表现，一个模型可以对应一个或者多个视图，如图形用户界面视图、命令行视图、API 视图。视图具有与外界交互的功能，是应用系统与外界的接口。一方面它为外界提供输入手段，并触发应用逻辑运行。另一方面，它又将逻辑运行的结果以某种形式显示给外界。当模型变化时，它相应做出两种变化，分别对应两种方法：Push 方法，让视图在模型处注册，模型在发生变化时向已注册的视图发送更新消息，Pull 方法，视图在需要获得最新数据时调用模型的方法。

视图的作用如下：

（1）对数据的表现部分进行抽象。

（2）将数据展现给用户，获得用户输入。

（3）将用户输入转发给控制器。

（4）当接到来自模型的“数据已更新”通知后，更新显示信息。

3. 控制器（Controller）

控制器是模型与视图的联系纽带，控制器提取通过视图传输进来的外部信息，并将用户与视图的交互转换为基于应用程序行为的标准业务事件，再将标准业务事件解析为模型应执行的动作（包括激活业务逻辑和改变模型的状态）。同时，模型的更新与修改也将通过控制器来通知视图，从而保持各个视图与模型的一致性。

控制器的作用如下：

（1）抽象用户交互和应用程序语义的映射。

（2）将用户输入翻译成应用程序的动作，并转发给模型。

（3）根据用户输入和模型对程序动作的输出，选择适当的视图来展现数据。

4. MVC 三部分之间的关系

与一般的程序结构一样，MVC 有输入、处理、输出三个部分：控制器对应于输入；模型对应于数据表示和数据处理；视图对应于输出。三部分之间的关系如图 11.4 所示。

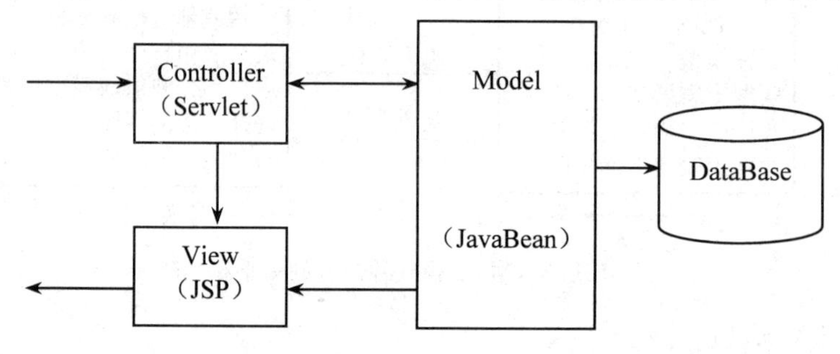

图 11.4 MVC 三部分之间的关系

（1）模型与视图。模型处理数据，并根据其状态变化的情况将要显示的数据提供给视图，视图将数据组织成各种显示样式表现给用户，它们之间是一种典型的 Observer 模式。

（2）控制器与视图。控制器根据用户输入直接调用不同视图改变响应流程，或与模型交互后获得需要显示的数据，再调用视图改变响应流程，它们之间是一种典型的 Strategy 模式。

（3）控制器与模型。控制器与模型交互，控制器将输入数据传递给模型处理，控制器也可以从模型中抽取数据。

11.3.3　MVC 模式的优缺点

1. MVC 模式的优点

分离稳定代码和易变代码是面向对象设计的一个基本原则。通常负责控制部分的对象要比负责表现部分的对象稳定，而负责业务逻辑和业务数据的对象比前两类对象更稳定。MVC 设计模式分离了程序的表现、控制和数据，具有设计清晰、易于扩展、运用可分布的特点，因此在构建 Web 应用中具有显著的优势，可适用于多用户的、可扩展的、可维护的、具有很高交互性的系统，如电子商务平台、CRM 系统和 ERP 系统等。它可以很好地表达用户与系统的交互模式以及整个系统的程序架构模式。

MVC 模式有如下优点：

（1）将数据建模、数据显示和用户交互三者分开，使得程序设计的过程更清晰，提高了可复用程度。

（2）当接口设计完成以后，可以开展并行开发，从而提高了开发效率。

（3）可以很方便地用多个视图来显示多套数据，从而使系统能方便地支持其他新的客户端类型。

（4）模式中各组件的分界线就是很自然的分发接口点，使得应用程序的发布更容易，并且支持渐进式升级。

（5）各部分的责任划分得很清楚，从而简化了测试工作，维护人员很容易了解程序的结构，便于维护工作的进行。

（6）提高了系统灵活性，因为数据模型、用户交互和数据显示等部分都可以设计为可接插组件。

（7）可以用于分布式开发，只要给模型、视图和控制器使用代理就可以封装不同计算机之间的通信。

2. MVC 模式的缺点

MVC 模式的缺点主要集中在两个方面：

（1）由于实施 MVC 模式过程而产生的开销。利用 MVC 模式，通过多产生一些类，来提高程序的可读性与健壮性，造成类的数量及文件数量的增加。

（2）由于设计 MVC 模式时分析不够、设计不当而引起相反的效果，把一个模块分开，把不相干的模块聚在一起。对属于一个实体不同方面的严格区分，导致了一个紧凑结构，使得测试和维护的工作量大幅度增加，每一次变动牵涉到许多本不相干的模块的变动。

11.4　Java 对象持久化技术

当今越来越多的 Web 应用是基于 MVC 设计模式的，此种设计模式提高了应用系统的可维护性、可扩展性和组件的可复用性。Apache 开源组织提供的 Struts 框架充分体现了 MVC 架构的优越性。Hibernate 实际上是一个用对象编程思维来操纵数据库的解决方案，提出了一种基于 Struts、Spring 和 Hibernate 架构的 Web 应用开发策略。MVC 架构中的模型部分（数据持久层）用 Hibernate 实现，Struts 设计器用于制作前台业务流程，Spring+Hibernate 来完成后台功能。这种策略真正实现了层间的松散耦合。

11.4.1 Struts 框架简介

Struts 是 Apache 组织的一个开放源代码项目，提供了一个构建基于 MVC 体系结构的 Web 应用程序的框架。Struts 继承了 MVC 的各项特性，并根据 J2EE 的特点做了相应的变化与扩展，即 Struts 框架将 MVC 的优点应用于 J2EE Web 应用的开发，可以说是传统 MVC 设计模式的一种变化类型。

Struts 的体系结构与工作原理如图 11.5 所示。

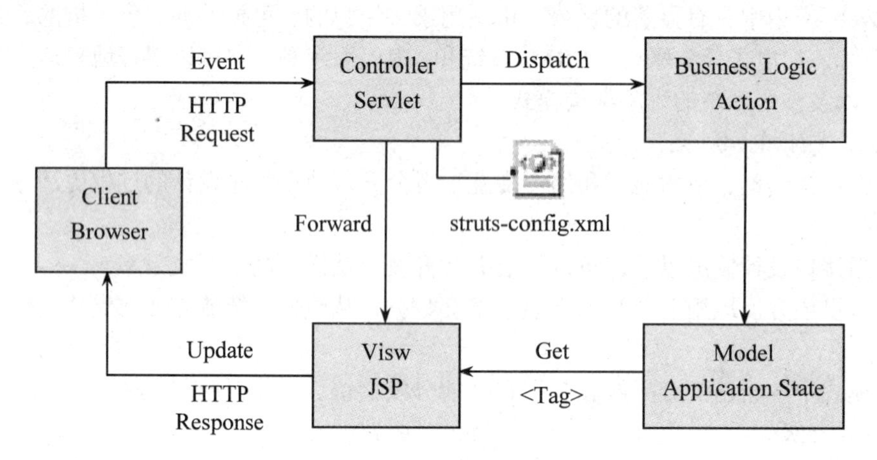

图 11.5 Struts 的体系结构与工作原理

Struts 的体系结构包括模型、视图和控制器三部分。下面从 MVC 角度来看看 Struts 的体系结构与工作原理。

（1）模型（Model）。在 Struts 的体系结构中，模型分为两个部分：系统的内部状态和可以改变状态的操作（事务逻辑）。内部状态通常由一组 ActionForm Bean 表示。根据设计或应用程序复杂度的不同，这些 Bean 可以是自包含的，并具有持续的状态，或只在需要时才获得数据（从某个数据库）。大型应用程序通常在方法内部封装事务逻辑（操作），这些方法可以被拥有状态信息的 Bean 调用。比如购物车 Bean，它拥有用户购买商品的信息，可能还有 checkOut() 方法用来检查用户的信用卡，并向仓库发定货信息。小型程序中，操作可能会内嵌在 Action 类，它是 Struts 框架中控制器角色的一部分。当逻辑简单时这个方法很适合。建议用户将事务逻辑（要做什么）与 Action 类所扮演的角色（决定做什么）分开。

（2）视图（View）。视图主要由 JSP 建立，Struts 包含扩展自定义标记符库（TagLib），可以简化创建完全国际化用户界面的过程。目前的标记符库包括：Bean Tags、HTML Tags、Logic Tags、Nested Tags 以及 Template Tags 等。

（3）控制器（Controller）。在 Struts 中，基本的控制器组件是 ActionServlet 类中的实例 Servlet，实际使用的 Servlet 在配置文件中由一组映射（由 ActionMapping 类进行描述）进行定义。对于业务逻辑的操作则主要由 Action、ActionMapping、ActionForward 这几个组件协调完成，其中 Action 扮演了真正的业务逻辑的实现者，ActionMapping 与 ActionForward 则指定了不同业务逻辑或流程的运行方向。struts-config.xml 文件配置控制器。

11.4.2　Spring 简介

Spring 是一个开源框架，是为了解决企业应用程序开发复杂性而创建的。框架的主要优势之一就是其分层架构，分层架构允许您选择使用哪一个组件，同时为 J2EE 应用程序开发提供集成的框架。

Spring 框架是一个分层架构，由 7 个定义良好的模块组成。Spring 模块构建在核心容器之上，核心容器定义了创建、配置和管理 bean 的方式，如图 11.6 所示。

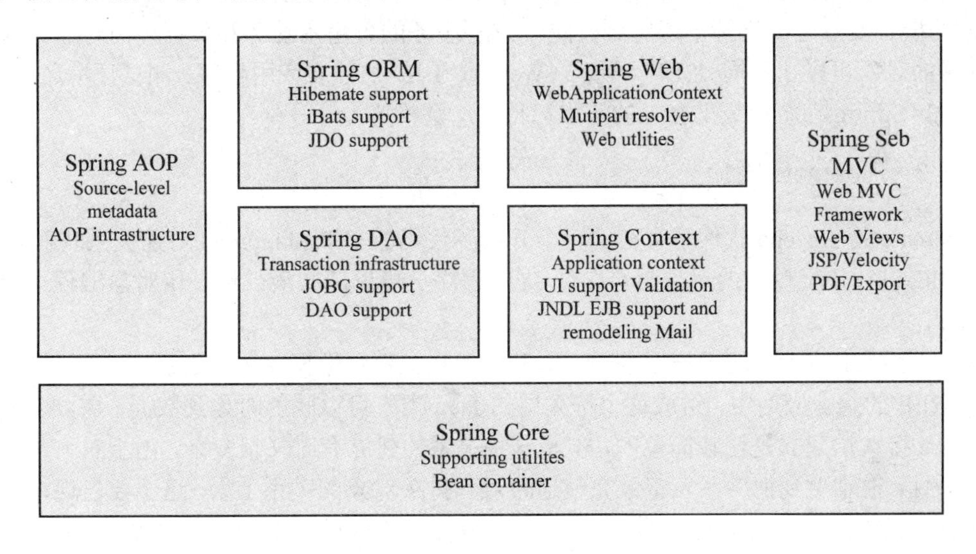

图 11.6　Spring 分层框架示意图

组成 Spring 框架的每个模块（或组件）都可以单独存在，或者与其他一个或多个模块联合实现。每个模块的功能如下：

（1）核心容器：核心容器提供 Spring 框架的基本功能。核心容器的主要组件是 BeanFactory，它是工厂模式的实现。BeanFactory 使用控制反转（IOC）模式将应用程序的配置和依赖性规范与实际的应用程序代码分开。

（2）Spring 上下文：Spring 上下文是一个配置文件，向 Spring 框架提供上下文信息。Spring 上下文包括企业服务，例如 JNDI、EJB、电子邮件、国际化、校验和调度功能。

（3）Spring AOP：通过配置管理特性，Spring AOP 模块直接将面向对象的编程功能集成到了 Spring 框架中。所以，可以很容易地使 Spring 框架管理的任何对象支持 AOP。Spring AOP 模块为基于 Spring 的应用程序中的对象提供了事务管理服务。通过使用 Spring AOP，不用依赖 EJB 组件，就可以将声明性事务管理集成到应用程序中。

（4）Spring DAO：JDBC DAO 抽象层提供了有意义的异常层次结构，可用该结构来管理异常处理和不同数据库供应商抛出的错误消息。异常层次结构简化了错误处理，并且极大地降低了需要编写的异常代码数量（例如打开和关闭连接）。Spring DAO 的面向 JDBC 的异常遵从通用的 DAO 异常层次结构。

（5）Spring ORM：Spring 框架插入了若干个 ORM 框架，从而提供了 ORM 的对象关系工具，其中包括 JDO、Hibernate 和 iBatis SQL Map。所有这些都遵从 Spring 的通用事务和 DAO 异常层次结构。

（6）Spring Web 模块：Web 上下文模块建立在应用程序上下文模块之上，为基于 Web 的应用程序提供了上下文。所以，Spring 框架支持与 Jakarta Struts 的集成。Web 模块还简化了处理多部分请求以及将请求参数绑定到域对象的工作。

（7）Spring MVC 框架：MVC 框架是一个全功能的构建 Web 应用程序的 MVC 实现。通过策略接口，MVC 框架变成为高度可配置的，MVC 容纳了大量视图技术，其中包括 JSP、Velocity、Tiles、iText 和 POI。

Spring 框架的功能可以用在任何 J2EE 服务器中，大多数功能也适用于不受管理的环境。Spring 的核心要点是：支持不绑定到特定 J2EE 服务的可重用业务和数据访问对象。毫无疑问，这样的对象可以在不同 J2EE 环境（Web 或 EJB）、独立应用程序、测试环境之间重用。总的来说，Spring 在企业级平台上的应用已得到广泛推广。

11.4.3 Hibernate 简介

Hibernate 是 Apache 软件基金会的一个开放源代码的 O/R Mapping（对象关系映射）框架，它对 JDBC 进行了轻量级的对象封装，使 Java 程序员可以随心所欲地使用对象编程思想来操纵数据库。

为了企业应用与后端数据库频繁交互，开发者在应用和数据库之间创建了一个“持久层”。在基于 J2EE 的企业应用中，组成这个持久层的 Java 类既可以映射对象到数据，也可以映射数据到对象。持久层建立是比较简单的，但是这种关系的建立有时又很复杂，由于对象数据库结构的复杂性，很难做到把关系表记录完整地映射到持久对象的关系上来，这主要表现在多表的关系无法直接映射到对持久对象的映射上来，可能是一个表映射多个持久对象，可能是多个表映射一个持久对象，也可能是表的某个字段映射到一个持久对象，另外一些字段映射到其他持久对象上。

Hibernate 相当于是对持久层数据处理的一种新的解决方案。它在许多方面类似于 EJB CMP/CMR（容器管理的持久性/容器管理的关系）和 JDO（Java Data Objects）。与 JDO 不同，Hibernate 完全着眼于关系数据库的 OR 映射，并且包括比大多数商业产品更多的功能。大多数 EJB CMP/CMR 解决方案使用代码生成实现持久性代码，而 JDO 使用字节码修饰，与之相反，Hibernate 使用反射和运行时字节码生成，使它对于最终用户几乎是透明的。

Hibernate 是一个与持久性和查询相关的框架，Hibernate 帮助基于普通的 Java 对象模型的持久对象的创建，从而允许持久对象拥有复杂的结构，如混合类型、集合和属性，还可以拥有用户自定义的类型。现在这些持久对象可以有效地反映出底层数据库模式的复杂结构。为了提高效率，Hibernate 包括了一些策略，如与数据库交互时的多重最优化，包括对象的缓存、有效外部连接的获取、必要时 SQL 语句的执行。

Hibernate 可以应用在任何使用 JDBC 的场合，既可以在 Java 的客户端程序使用，也可以在 Servlet/JSP 的 Web 应用中使用，最具革命意义的是，Hibernate 可以在应用 EJB 的 J2EE 架构中取代 CMP，完成数据持久化的重任。

图 11.7 展示了 Hibernate 使用数据库为应用程序提供持久化服务和持久化的对象。可以看出 Hibernate 的持久化服务是通过 Hibernate 与数据库直接发生关系，对数据库进行操作，而

Hibernate 则通过类映射文件将类映射到数据库的行，这样 Hibernate 就可以通过持久化的对象类直接访问数据库了。

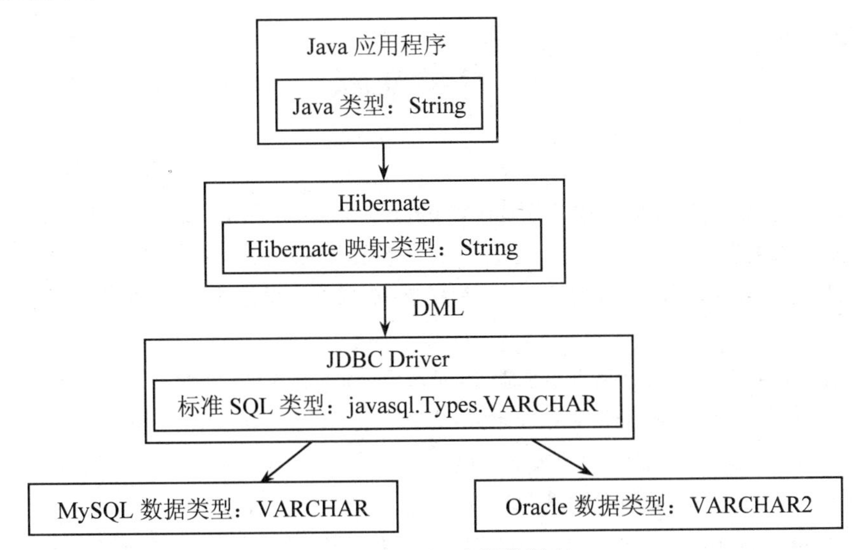

图 11.7　Hibernate 映射数据库

研究表明，通过 MVC 模式和 Struts 框架开发 Web 站点可以有效地将业务逻辑和表示层分离，如果利用较好的开源工具 Hibernate 的对象持久化服务，则可以有效地进行从数据库到业务对象的映射，从而很大程度上简化程序员在数据库逻辑方面的工作，让 Java 程序员能够使用面向对象编程的思维来操作数据库，进而可以提供更加灵活的业务逻辑，不仅较大程度上节约了开发 Web 站点的成本，而且提高了工作的效率。

Java Servlet 是一个专门用于编写网络服务器应用程序的 Java 组件。所有基于 Java 的服务器端编程都是构建在 Servlet 之上的。在 J2EE 中 Servlet 已经是一个标准的组件。Servlet 的编译和一般的 Java 程序是完全一样的，在使用 javac 编译的时候不需要任何特殊的参数。它有严格的生命周期。

前两章的两个实例实际上是运用了传统的三层开发模式（表示层、中间层、数据库服务层的三层分布式结构）。MVC 模式包括三个部分：模型（Model）、视图（View）和控制器（Controller），分别对应于内部数据、数据表示和输入输出控制部分。MVC 模式是对传统三层模式的深化。

MVC 架构中的模型部分（数据持久层）用 Hibernate 和 Spring 实现，视图和控制器的实现依托于 Struts 框架，真正地实现了层间的分离和耦合。

参考文献

[1] 陈语林，梁建武，周诚编著．JSP 程序设计实用教程．北京：中国水利水电出版社，2008．
[2] 梁建武，邹锋编著．网页制作与设计教程．北京：中国水利水电出版社，2003．
[3] [美]阿维德，艾尔斯，布里格斯等著．JSP 编程指南．黎文，袁德利，吴焱等译．北京：电子工业出版社，2001．
[4] 张琴，张千帆编著．JSP 动态网页制作基础培训教程．北京：人民邮电出版社，2005．
[5] 刘甫迎，谢春，徐虹主编．Java 程序设计实用教程．北京：科学出版社，2005．
[6] 孙佳，刘中兵，李伯华编著．JSP+Oracle 动态网站开发案例精选．北京：清华大学出版社，2005．
[7] 吴其庆编著．JSP 动态网站设计教程．北京：冶金工业出版社，2005．
[8] Vivek Chopra ，Jon Eaves，Rupert Jones 等编著．JSP 程序设计．北京：人民邮电出版社，2006．
[9] 邱加永等编著．JSP 基础与案例开发详解．北京：清华大学出版社，2009．
[10] 明日科技，卢翰鹎，王国辉等编著．JSP 项目开发案例全程实录（第二版）．北京：清华大学出版社，2011．
[11] 耿祥义，张跃平主编．JSP 大学实用教程（第二版）．北京：电子工业出版社，2012．
[12] [加]克尼亚万著．Servlet 和 JSP 学习指南．崔毅，俞哲皆，俞黎敏译．北京：机械工业出版社，2013．